みんなの
データ構造
Open Data Structures

Pat Morin［著］
堀江 慧・陣内 佑・田中康隆［共訳］

Open Data Structures

by
Pat Morin

訳者まえがき

本書は、“Open Data Structures”という本を日本語に訳したものだ。

訳者らも含め、日本語での生活に慣れていれば、英語よりも日本語で書かれた書籍のほうがだいぶスムーズに読めるだろう。とはいえ、これは訳者の個人的な意見だが、専門書を選ぶときにはついつい翻訳されたものを避けてしまう。品質のばらつきが大きかったり、むしろ読みにくかったりすることが多いと感じるからだ。

しかし、この教科書は入門書である。前提とする知識は、高校で習う数学の一部だけである（もちろん、簡単なプログラミング経験があったほうが内容に実感が持ててありがたみがわかり、楽しく読めるのは間違いない）。本書のような入門書が日本語で読めるようになっているほうが、分野の裾野を広げ、楽しくプログラムを書ける人や効率的なプログラムが書ける人を増やしてくれるだろう。

母国語で大学レベルの教科書が読める国は多くないといわれる。より専門的な内容はもっぱら英語で読むことになるのだから、さっさと崖から突き落としたほうがいいという意見も聞く。大学生になっても日本語で教科書が読めるという恵まれた環境が、日本人の英語アレルギーを支えている可能性もあるだろう。訳者自身も、「英語を読む」ところまでは受験勉強で慣れたものの、大学に入った頃はまだ「英語で読む」ことに抵抗があった。そのような抵抗を可及的速やかに取り除き、「英語で読む」ことに慣れるのは、アクセスできる知識を押し広げるために極めて重要である。

しかし、この教科書は専門分野への橋渡しの、その初っ端に位置するものだ。前提として要求される知識も多くない。それが、英語であるばかりに対象読者が大きく制限されているとしたら残念なことである。母国語でこのような入門書が読める、少なくともその選択肢があるのは望ましいことであろう。

この教科書は、300ページ程度ながら、丁寧にゆっくりと、それでいて実用的な題材が扱われている。この分野には本書より本格的な教科書も数多く出版されており、いくつかは翻訳もされている。訳者自身がいまでも折にふれ読み返すような、素晴らしい内容のものもある。例えば、“Algorithm Design”[†1]と“Introduction to Algorithms”[†2]の二冊は翻訳も良い。とはいえ、いずれも大判で1000ページ程度、価格は1万円程度という本であり、気軽に読めるものではない。こうした、より専門的な書籍への橋渡しであるこの教科書を日本語で、かつ無料でも読めるようにすることが、この翻訳プロジェクトの目的である。

†1 Kleinberg, Jon, and Eva Tardos. Algorithm design. Pearson Education, 2006.

†2 Cormen, Thomas H., et al. Introduction to algorithms. MIT press, 2009.

本書の読み方

本書『みんなのデータ構造』の想定読者は、初学者からベテランのエンジニアまで、データ構造にかかわるすべての人である。訳者らが読者に伝えたいことは次の3つである。

1. **ソフトウェアのほとんどはシンプルなデータ構造の組み合わせでできている。**
   本書で紹介するデータ構造はシンプルなものである。よくある誤解は、これらのデータ構造は理論上のものであり、実際のソフトウェアはもっと複雑なデータ構造を使っているというものだ。これはまったくの間違いである。OSやブラウザなどの複雑なソフトウェアも、その実、シンプルなデータ構造の組み合わせでできている。本書で紹介するデータ構造が理解できれば、多くのソフトウェアの骨子が理解できるようになるだろう。言い換えれば、本書が紹介するのはおもちゃのデータ構造ではなく、現実のプログラムの中で実際に使われているデータ構造である。
2. **本書の内容がだいたいわかるようになれば良いエンジニアになれる。**
   ソフトウェアのほとんどが基本的なデータ構造の組み合わせでできているということは、基本的なデータ構造を理解すれば、新しいソフトウェアをデザインし、既存のソフトウェアの改良ができるようになるということである。
3. **わからない部分は飛ばしてもよい。**
   本書には数学の理解を必要とする解析がある。理解できない部分があったら読み飛ばしても差し支えない。あるいは、詳しい知り合いや翻訳者、著者に質問するべきである。理解できない原因は読み手にはなく、書き手が問題だと考えるべきである。いずれにせよ、わからない箇所があったらそこで立ち止まるのではなく、そのまま先に進めるところまで進んでみることを勧めたい。

上記の2つめの点に関し、訳者らは、本書で扱われているデータ構造のうち実用上極めて重要な項目とそうではない項目とを明確に区別しておくことが有益だと考えた。以下に列挙する項目は、本書の中でも特に重要であると、訳者の3人全員が判断したものだ。学術研究やプログラマの実務で頻繁に登場する内容なので、すべての学習者が深く理解しておくことが望ましいだろう。

- 第2章： ArrayStack、ArrayQueue、ArrayDeque
- 第3章： SLList、DLList
- 第5章： ChainedHashTable
- 第6章： BinaryTree、BinarySearchTree
- 第9章： RedBlackTree（9.2.2節から9.2.4節は複雑なので読み飛ばしてよい）
- 第10章： BinaryHeap

- 第11章： MergeSort、QuickSort
- 第12章： 幅優先探索、深さ優先探索

上記に列挙しなかった、ややマイナーなデータ構造にも、別の意味で学ぶ価値はある。マイナーゆえに直接役立つ機会は少ないかもしれないが、その背後にあるアイデアやその解析手法は多くの場面で読者の助けになるはずだ（単純に知的な面白さのある話題も多い）。どの章を重点的に読むか、興味に応じて適宜調整してほしい。

本書の日本語版のプロジェクトページ[†3]には、本書の他言語版やプロジェクトに関する情報がある。本書の日本語版のソースコードはGitHub[†4]にある。

訳者謝辞

まずなにより、本書の原著者であるPat Morinに感謝する。Patは、Open Data Structuresを立ち上げ、再配布、改変、販売を許容するライセンスで公開してくれた。本書の日本語訳プロジェクトは、Patが書いた“My hope is that, by doing things this way, this book will continue to be a useful textbook long after my interest in the project, or my pulse, (whichever comes first) has waned.” という一文に惹かれて始めたものである。Patは、翻訳、クラウドファンディング、出版のいずれの相談にも前向きな返事をくれ、また、そのたびにencourageしてくれた。

本プロジェクトでは、成果物の品質を高めるために、書籍をプロの編集者にレビューしてもらうための資金を募るクラウドファンディングを行った。このクラウドファンディングに参加していただいた皆様にも感謝を捧げたい。次の団体、企業、個人をはじめとしてたくさんの方々からご支援いただいた（敬称略）。

- 斉藤淳（J PREP）、東京大学瀧本哲史ゼミ、株式会社バオバブ、有限会社コンセントレーション
- 上田真道、長谷川悠斗、赤野健悟、石田修平、瓜生英尚、Kiyotaka Saito、桑田誠、小林元、石畠正和、t2nis、永浦 尊信、wtokuno、katsyoshi、ysaito、前原貴憲、髙木正弘、Yoshinari Takaoka（a.k.a mumumu）、T.Miyazawa、佐藤怜、田中哲朗、Masashi Fujiwara、雪村あおい、Tetsuya Yamazaki、永本、武平佑太、Yamachan0928、新海息吹、Daiki Sugiyama、早瀬元、山口駿人、長谷川拓也、okue、飛田晃介、大坂直人、松林祐、若杉武史、Hideki Hamada、落合哲治、鈴木 研吾、redfield920、山崎宏宇、宮田潔志

皆様のおかげで本書のソースコードを原著と同様にCreative Commons Attribu-

---

†3 https://sites.google.com/view/open-data-structures-ja
†4 https://github.com/spinute/ods

tionライセンスで公開できた。また、本書の原稿は出版社でのレビューを経て、かなり読みやすくなった。さらには、余剰金で情報オリンピックの日本代表選抜に参加する学生に、書籍を献本することも計画している。この本が多くの人に読まれ、日本のプログラミングや情報科学を支える人たちの一助となることを強く願っている。

ラムダノート社の鹿野さん、高尾さんにもこの場をお借りしてお礼を申し上げたい。ラムダノートは2015年に設立された新進気鋭の技術出版社である。このプロジェクトのクラウドファンディングを見て、本書の編集作業を破格の条件で引き受けてくださった。また、出版の企画を持ちかけ、書籍としての完成度を高めるための惜しみない援助をしてくださった[†5]。

この翻訳プロジェクトは、2017年の春に堀江が個人的に始めたものである。その時点では、ただ日本語訳を作成することしか考えていなかった。その後、試しに陣内に原稿を見てもらったときに「この本は価値がある」と言われたことを受け、より多くの読者に読んでもらうためクラウドファンディングを企画した。また、陣内は共訳者として本書のすべての章をレビューし、プロジェクト自体の運営にも携わってくれた。一目置く陣内からの後押しは、GitHubの隅に眠っていたかもしれない本書の運命を変えた。堀江、陣内とは違った角度から問題を解決する能力のある田中も、本書のレビューとプロジェクトの運営との両面で協力してくれた。クラウドファンディングでの成功には人望の厚い田中の協力が欠かせなかった。また、多くの修正や訳注を加えて本書をより理解しやすくしてくれた。大学を卒業した後も、またこの二人と仕事ができて嬉しい。

2018年7月

堀江 慧（@spinute）

[†5] 本書の原稿はオープンソースであり、GitHubで公開されている。プロの編集者の手にかかると書籍がどう変貌するのかに興味がある読者は、2018年1月時点の原稿と、いまのこの本を比較してみると感動するのではないかと思う。

なぜこの本を書いたのか

いろいろなデータ構造の入門書がある。出来の良いものもある。ほとんどはタダではないので、コンピュータサイエンスを学ぶ学部生はデータ構造の本にお金を払うだろう。

オンラインで公開されているデータ構造の本もある。名作もあるのだが古くなってきているものが多い。ほとんどは著者や出版社が更新をやめるときに無料になったものである。これらの本は次の理由からふつうは内容を更新できない。(1) 著者または出版社が著作権を持っていて、いずれかの許可を得られないため。(2) 書籍の**ソースコード**が提供されていないため。つまり、本のWord、WordPerfect、FrameMaker、またはLaTeXソースコードが手に入らない、またはそれを扱えるソフトウェアのバージョンが手に入らないため。

このプロジェクトの目標は、コンピュータサイエンスを専攻する学部生が負担するデータ構造の入門書代をゼロにすることだ。そのため、オープンソースのソフトウェアプロジェクトのようにこの本を作ることにした。この本のLaTeXソース、C++ソース、およびビルドスクリプトを、著者のWebサイト[†6]、あるいは信頼できるソースコード管理サイト[†7]からダウンロードできる。

ソースコードはCreative Commons Attributionライセンスで公開されている。つまり、誰でも自由にコピー、配布、送信してよい。内容を取り入れて別の何かを作ってもよい。そしてそれを商業的に利用してもよい。唯一の条件は**帰属の表示(attribution)**である。つまり、派生した作品が`opendatastructures.org`のコードやテキストを含むことを明記しなければならない。

ソースコード管理システム`git`による修正を通して、誰でも本書に貢献できる。本のソースをフォークして、別のバージョンを作ってもよい(例えば、別のプログラミング言語を題材にした版を作れる)。こうしたやり方で、私のやる気や興味が衰えたあとでも、この本が役立つものであり続けることを望んでいる。

Pat Morin

[†6] `http://opendatastructures.org`［訳注］日本語版のWebサイトは`https://sites.google.com/view/open-data-structures-ja`

[†7] `https://github.com/patmorin/ods`［訳注］日本語版のソースコードは`https://github.com/spinute/ods`

謝辞

次の方々に感謝を捧げたい。夏に多くの章を勤勉に校正してくれたNima Hoda、この本の初稿を読んで誤字や誤りをたくさん指摘してくれた2011年秋のCOMP2402/2002の受講生たち、完成に近づいた頃の数稿を根気強く校閲してくれたAthabasca University PressのMorgan Tunzelmannである。

C++版のまえがき

この本は基本的なデータ構造の設計と解析の手法、そしてオブジェクト指向言語での実装方法を教えるために書かれた。具体的なオブジェクト指向言語としてはC++を採用している。

この本はC++を初めて学ぶ人のために書かれた本ではない。一方で、C++あるいは似た言語の基本的な文法に馴染みがあれば、この本を読むには十分だ。もし付属のソースコードにまで目を通したければ、C++でのプログラミング経験があったほうがいいだろう。

この本はC++の標準テンプレートライブラリ（STL）や、その背景にあるジェネリックプログラミングの手ほどきをするものでもない。しかし、この本で実装を紹介するデータ構造の中には、STLでも使われているものも多く含まれている。STLを使うプログラマは、STLではどうデータ構造を実装していて、それがなぜ効率的なのかを理解できるだろう。

目次

第1章

イントロダクション

データ構造とアルゴリズムに関する授業は全世界でコンピュータサイエンスの課程に含まれている。データ構造はそれほど重要だ。生活の質を上げるだけでなく、毎日のように人の命さえ救っている。データ構造によって数百万ドル、数十億ドルの規模にまでなった企業も多い。

なぜデータ構造はこんなにも重要なのだろう？ 考えてみれば私たちは普段からさまざまなデータ構造と接している。

- ファイルを開く：ファイルシステムのデータ構造を使って、ファイルをハードディスクなどの上に配置し、検索できる。ハードディスクには数億ものブロックがあり、ファイルの内容はどのブロックに保存されていてもおかしくないので、これは簡単なことではない。
- 電話番号を検索する：入力の途中で連絡先リストから電話番号を検索するためにデータ構造が使われている。連絡先リストには膨大な情報（過去に電話や電子メールをやり取りした全員）が含まれている可能性があること、電話端末には高速なプロセッサや潤沢なメモリは搭載されていないことを考えると、これは簡単なことではない。
- SNSにログインする：ネットワークサーバーではログイン情報からアカウント情報を検索する。利用者が多いSNSには何億人ものアクティブなユーザーがいるので、これは簡単なことではない。
- Webページを検索する：検索エンジンは検索語からWebページを見つけるためにデータ構造を使う。インターネットには85億以上のWebページがあり、それぞれのページに検索対象になりうる語句が大量に含まれているので、これは簡単なことではない。
- 緊急通報用番号（9-1-1）に電話する：緊急通報電話では、パトカー、救急車、消防車を速やかに現場に手配できるよう、電話番号と住所を対応付けるためにデータ構造を使う。電話をかけた人は正確な住所を伝えられないかもしれず、この場面での遅れは生死を分かつこともあるので、これは重要な問題だ。

1.1　効率の必要性

次節では、よく使うデータ構造に対してどんな操作ができるのかを見ていく。ちょっとしたプログラミング経験があれば、正しい結果を返す操作を実装するのは難しくないだろう。データを配列や連結リストに入れ、すべての要素について順番に処理し、必要なら要素を追加したり削除したりするという実装にすればよい。

この実装は簡単だが、効率がよくない。とはいえ、効率について考える価値はあるだろうか？　コンピュータはどんどん速くなっている。簡単な実装で十分かもしれない。それを確認するためにざっくりと計算をしてみよう。

● 操作の数：

まあまあの大きさのデータセット、例えば100万（10^6）個の要素を持つアプリケーションがあるとする。各要素を少なくとも一回は見たくなるというのは、それなりに妥当な仮定だろう。この場合、少なくとも100万（10^6）回、このデータセットから要素を探すことになる。100万回にわたって100万個の要素をすべて確認すると、データを読み出す回数は合計で1兆（$10^6 \times 10^6 = 10^{12}$）回になる。

● プロセッサの速度：

本書執筆時点では、かなり高速なデスクトップコンピュータでも、毎秒10億（10^9）回以上の操作は実行できない[†1]。よって、このアプリケーションの完了には、少なくとも$10^{12}/10^9 = 1000$秒、すなわち約16分40秒かかる。コンピュータにとって16分は非常に長い時間だが、人間ならコーヒーブレイクを挟んでそれくらいの時間は待っていられるだろう。

● 大きなデータセット：

Googleについて考えてみよう。Googleでは85億ものWebページを対象にした検索を扱っている。先ほどの計算では、このデータに対する問い合わせには少なくとも8.5秒かかる。これは私たちが知っているGoogleとは違う。GoogleのWeb検索には8.5秒もかからないし、Googleでは特定のページがインデックスに含まれているか以上に複雑な問い合わせを実行している。本書執筆時点で、Googleは1秒間に約4,500クエリを受け付ける。つまり、少なくとも$4{,}500 \times 8.5 = 38{,}250$ものサーバーが必

---

†1 コンピュータの速度はせいぜい数ギガヘルツ（数十億回/秒）であり、各操作にふつうは数サイクルが必要だ。

要だ。

● **解決策：**

以上の例からは、安直な実装のデータ構造だと、要素数nとデータ構造に対する操作数mが共に大きくなったときに性能が追いつかなくなることがわかる。これらの例の実行にかかる時間は、機械命令の数にしておよそn×mだ。

解決策はもちろん、データ構造内のデータを上手に並べ、各操作のたびに全要素を扱わないようにすることだ。一見すると不可能に思えるかもしれないが、要素がどれだけ多くても平均して2つの要素だけを参照すれば探していたデータが見つかるというデータ構造をのちに紹介する。毎秒10億回の命令を実行できるとして、10億個の要素、あるいは兆、京、垓におよぶ数の要素が含まれていても、検索にわずか0.000000002秒しかかからないのだ。

要素を整列して保持するデータ構造についても紹介する。このデータ構造では、何らかの操作の実行中に参照される要素の数が、データ構造に格納されている要素数に対する関数として見たときに非常にゆっくりとしか増えない。例えば、どんな操作であれ実行中に最大で60個のアイテムしか参照しないで済むように、このデータ構造を整列された状態に維持できる。毎秒10億回の命令を実行できるコンピュータであれば、このデータ構造に対する操作がほんの0.00000006秒のうちに実行できることになる。

この章の残りの部分では、この本を通して使う主な概念の一部を簡単に解説する。1.2節については、この本で説明するデータ構造で実装するインターフェースをすべて説明するので、必ず読んでほしい。残りの節では以下の内容を説明する。

- 指数、対数、階乗関数や漸近（ビッグオー）記法、確率、ランダム化などの数学の復習
- 計算のモデル
- 正しさと実行時間、メモリ使用量
- 残りの章の概要
- サンプルコードと組版の規則

これらの内容については、背景知識がある人もない人も、いったん読み飛ばしてから必要に応じて読み直してもらえばよい。

1.2 インターフェース

データ構造について議論するときは、データ構造のインターフェースとその実装との違いを理解することが重要だ。インターフェースはデータ構造が何をするかを、実

▶ 図 1.1 FIFO キュー

装はデータ構造がそれをどのようにやるかを表現する。

インターフェース（**interface**）は、**抽象データ型**（**abstract data type**）とも呼ばれ、あるデータ構造がサポートしている操作一式と、それらの操作の意味（セマンティクス）を定義するものである。インターフェースを見ても、データ構造がサポートしている操作がどう実装されているかはわからない。インターフェースからわかるのは、そのデータ構造がサポートしている操作の一覧と、それらの操作に対する引数および返り値の特徴だけである。

一方、データ構造の**実装**（**implementation**）には、データ構造の内部表現と、実際に操作を行うアルゴリズムの定義が含まれる。そのため、1つのインターフェースに対して複数の実装がありうる。例えば本書では、第2章では配列を使って`List`インターフェースを実装し、第3章ではポインタを使って`List`インターフェースを実装する。どちらも同じ`List`インターフェースだが、実装の方法が異なるというわけだ。

1.2.1 Queue、Stack、Deque インターフェース

Queue インターフェースは、要素の集まりを表しており、その集まりに対して要素の追加および特定のルールに従った削除ができる。より正確に言うと、Queue インターフェースには次の操作が実行できる。

- `add(x)`：値 x を Queue に追加する
- `remove()`：（以前に追加された）「次の値」y を Queue から削除し、y を返す

`remove()` は引数を取らない。Queue では、さまざまな**取り出し規則**に従って削除する要素が決まる。代表的な取り出し規則としては、FIFO、優先度付き、LIFO、といったものがある。

図 1.1 に **FIFO キュー**を示す。FIFO は first-in-first-out（先入れ先出し）を意味し、追加したのと同じ順番で要素を削除する。これはコンビニのレジに並ぶ列と同じように動作する。最も一般的な Queue なので、FIFO を付けずに単に「キュー」といえば、ふつうはこのデータ構造のことを指す。FIFO キューにおける `add(x)`、`remove()` を、それぞれ `enqueue(x)`、`dequeue()` と呼ぶ流儀の教科書もある。

図 1.2 に**優先度付きキュー**（**priority queue**）を示す。優先度付きキューでは、Queue から要素を削除するとき、最小のものを削除する。同じ優先度を持つ要素が複

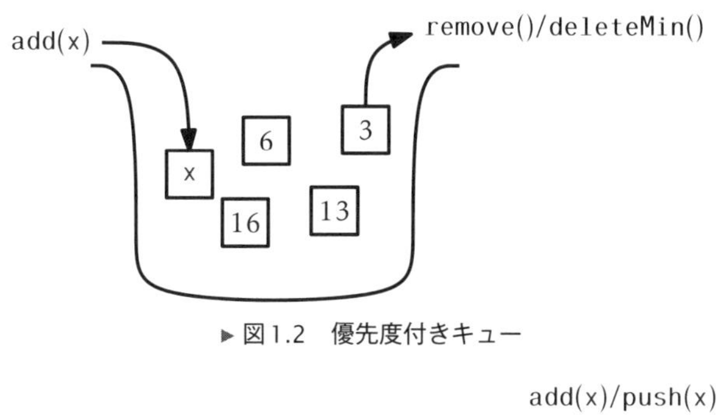

▶図1.2　優先度付きキュー

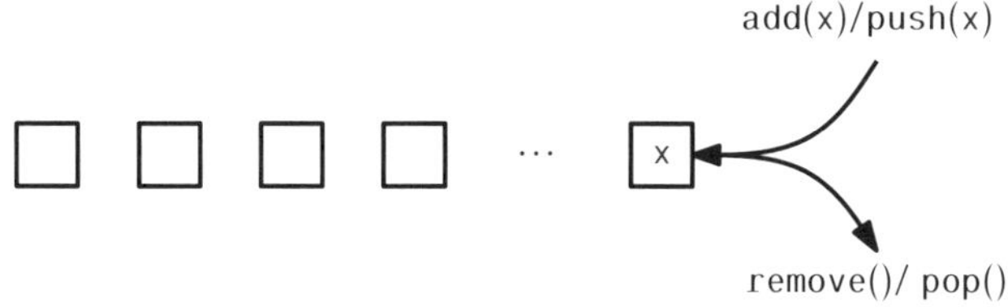

▶図1.3　LIFOキュー（スタック）

数あるときは、そのうちのどれを削除してもよい。優先度付きキューの動作は、病院の救急室で重症患者を優先的に治療する場面に似ている。患者が到着したらまず症状の深刻さを見定め、待合室で待機してもらい、医師の手が空いたら最も重篤な患者から治療するという具合だ。優先度付きキューにおける remove() 操作を deleteMin() と呼ぶ流儀の教科書もある。

キューに対する取り出し規則でもうひとつよく使うのは、図1.3に示すLIFO（last-in-first-out、後入れ先出し）だ。この**LIFOキュー**では、最後に追加された要素が次に削除される。LIFOキューの動作は、皿を積んだ状態として視覚化できる。積み上げられた皿を1つずつ取るとき、皿は上から順に持っていく。この構造はとてもよく見かけるので、Stack（スタック）という特別な名前が付いている。Stackと呼ぶ場合は、add(x)とremove()のことを、それぞれpush(x)およびpop()と呼ぶ。これによりLIFOとFIFOの取り出し規則を区別できる。

FIFOキューとLIFOキュー（スタック）を一般化したDequeというインターフェースもある。Dequeは双方向キューと呼ばれ、先頭と末尾を持った要素の列を表しており、先頭または末尾に要素を追加できる。Dequeにおける操作には、addFirst(x)、removeFirst()、addLast(x)、removeLast()というわかりやすい名前が付いている。addFirst()およびremoveFirst()だけを使ってスタックを実装できることは覚えておくとよいだろう。一方、addLast(x)およびremoveFirst()だけを使えばFIFOキューを実装できる。

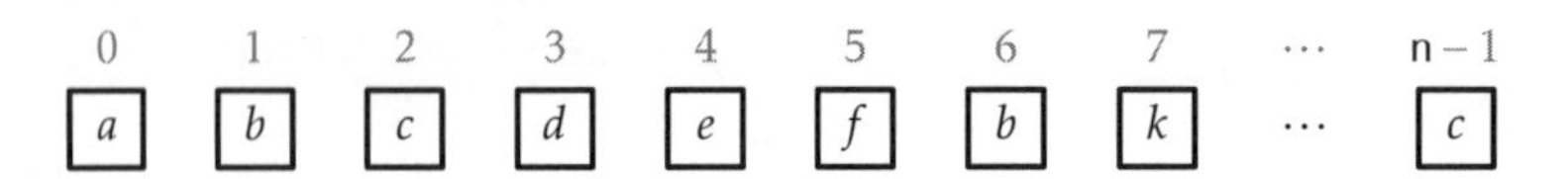

▶ 図1.4 Listは$0,1,2,\ldots,\mathsf{n}-1$で添字づけられた列を表現する。このListでget(2)を実行すると値cが返ってくる

1.2.2 Listインターフェース：線形シーケンス

この本にはQueue（FIFOキュー）やStack（LIFOキュー）、Dequeといったインターフェースの話はあまり出てこない。なぜなら、これらのインターフェースはListインターフェースとしてまとめられるからだ。図1.4にListインターフェースを示す。Listインターフェースは、値の列$\mathsf{x}_0,\ldots,\mathsf{x}_{\mathsf{n}-1}$と、その列に対する以下のような操作からなる。

1. size()：リストの長さnを返す
2. get(i)：x_iの値を返す
3. set(i,x)：x_iの値をxにする
4. add(i,x)：xをi番め[†2]として追加し、$\mathsf{x}_\mathsf{i},\ldots,\mathsf{x}_{\mathsf{n}-1}$を後ろにずらす。
   すなわち、$j\in\{\mathsf{i},\ldots,\mathsf{n}-1\}$について$\mathsf{x}_{j+1}=\mathsf{x}_j$とし、nをひとつ増やし、$\mathsf{x}_i=\mathsf{x}$とする
5. remove(i)：x_iを削除し、$\mathsf{x}_{\mathsf{i}+1},\ldots,\mathsf{x}_{\mathsf{n}-1}$を前にずらす。
   すなわち、$j\in\{\mathsf{i},\ldots,\mathsf{n}-2\}$について$\mathsf{x}_j=\mathsf{x}_{j+1}$とし、nをひとつ減らす

これらの操作を使ってDequeインターフェースを実装できる。

$$
\begin{aligned}
\mathtt{addFirst(x)} &\Rightarrow \mathtt{add(0,x)}\\
\mathtt{removeFirst()} &\Rightarrow \mathtt{remove(0)}\\
\mathtt{addLast(x)} &\Rightarrow \mathtt{add(size(),x)}\\
\mathtt{removeLast()} &\Rightarrow \mathtt{remove(size()-1)}
\end{aligned}
$$

以降の章では、Queue（FIFOキュー）、Stack（LIFOキュー）、Dequeの各インターフェースについての話はほぼ出てこない。しかし、StackとDequeという用語を「Listインターフェースを実装したデータ構造」の名前として後の章で使うことがある。その場合は、StackとDequeという名前で呼ぶデータ構造を使うことで、それぞれStackとDequeのインターフェースを非常に効率良く実装できるという事実を強

[†2] コンピュータサイエンスでは序数を0から始めることがある。例えば、ここで配列のi番めの要素とは、先頭から数えて$i+1$個めの要素のことである。

調している。例えば、ArrayDequeはListインターフェースの実装であると同時にDequeの実装でもあり、Dequeの操作をいずれも定数時間で実行できる[†3]。

1.2.3 USetインターフェース：順序付けられていない要素の集まり

USetインターフェースは、重複がなく順序付けられていない要素の集まりを表現する（USetのUはunorderedの意味）。USetインターフェースは数学における**集合**（**set**）のようなものだ。USetには、n個の**互いに相異なる**要素が含まれる。つまり、同じ要素が複数入っていることはない。また、USetでは要素の並び順は決まっていない。USetには以下の操作を実行できる。

1. size()：集合の要素数nを返す
2. add(x)：要素xが集合に入っていなければ集合に追加する。
   x = yを満たす集合の要素yが存在しないなら、集合にxを加える。xが集合に追加されたらtrueを返し、そうでなければfalseを返す
3. remove(x)：集合からxを削除する。
   x = yを満たす集合の要素yを探し、集合から取り除く。そのような要素が見つかればyを、見つからなければnull[†4]を返す
4. find(x)：集合にxが入っていればそれを見つける。
   x = yを満たす集合の要素yを見つける。そのような要素が見つかればyを、見つからなければnullを返す

上の定義で、探したいxと、見つかる（かもしれない）要素yとを、わざわざ区別する必要はないように感じるかもしれない。これらを区別する理由は、別のもの（オブジェクト）であるxとyとを、何らかの基準で等しいと判定したい場合があるからだ。そのような判定ができると、キーを値に対応付けるインターフェースを実装するのに都合がいい。そうしたインターフェースは**辞書**（**dictionary**）や**マップ**（**map**）と呼ばれる。

辞書（マップ）を作るために、まずはPairという、**キー**と**値**が対になったオブジェクトを作る。2つのPairは、キーが等しければ（その値が等しいかどうかにかかわらず）等しいとみなす。Pairである(k,v)をUSetに入れてから、x = (k,null)としてfind(x)を実行すると、y = (k,v)が返ってくる。すなわち、キーkだけから値vが手に入る。

[†3] 実行時間についてはこの章の後半で説明する。「定数時間で実行できる」とは、要素がいくつあっても一定の時間で実行できるということであり、非常に効率が良いことを表す。

[†4] 訳注：nullとは何もないことを示す記号である。

1.2.4 SSetインターフェース：ソートされた要素の集まり

SSetインターフェースは順序付けされた要素の集まりを表現する（SSetのSはsortedの意味）。SSetには全順序集合の要素が入る。全順序集合とは、任意の2つの要素xとyについて大小を比較できるような集合をいう。本書のサンプルコードでは、以下のように定義されるcompare(x,y)メソッドで比較を行うものとする。

$$\texttt{compare(x,y)}\begin{cases} <0 & \text{if } x<y \\ >0 & \text{if } x>y \\ =0 & \text{if } x=y \end{cases}$$

SSetは、USetとまったく同じセマンティクスを持つ操作size()、add(x)、remove(x)をサポートする。USetとSSetの違いはfind(x)にある。

4. find(x)：順序付けられた集合からxの位置を特定する。
   すなわち$y \geq x$を満たす最小の要素yを見つける。もしそのようなyが存在すればそれを返し、存在しないならnullを返す

SSetのfind(x)は**後継探索（successor search）**と呼ばれることがある。xに等しい要素がなくても意味のある結果を返すという点で、USetのfind(x)とは異なる。

USet、SSetにおけるfind(x)の区別は、重要だが見落とされることが多い。SSetは、USetより機能が多いが、それだけ実装が複雑で実行時間が長くなりがちだ。例えば、この本で述べるSSetのfind(x)の実装は、いずれも集合に含まれる要素数の対数オーダーの時間がかかる。一方、第5章のChainedHashTableによるUSetの実装では、find(x)の実行時間の期待値は定数オーダーである。USetにはないSSetの機能が必要でない限り、SSetではなくUSetを使うほうがよいだろう。

1.3 数学的背景

この節では本書で使う数学の記法や基礎知識を復習する。例えば対数やビッグオー記法、確率論などについて説明する。知っておいてほしい項目をまとめるに留め、丁寧な手ほどきはしない[50]。背景知識が足りないと感じた読者はコンピュータサイエンスで使う数学の良い（無料の）教科書を読んでほしい。必要に応じて適切な箇所を読み、練習問題を解いてみるとよいだろう。

1.3.1 指数と対数

b^xと書いてbのx乗を表す。xが正の整数なら、bにそれ自身を$x-1$回掛けた値になる。

$$b^x = \underbrace{b \times b \times \cdots \times b}_{x}$$

xが負の整数なら、$b^x = 1/b^{-x}$である。$x = 0$なら、$b^x = 1$である。bが整数でないときも、指数関数e^xを使って冪乗を定義できる（eについては後述する）。このe^xの定義は、指数級数による。こういう話をもっと知りたい人は微分積分学の教科書を読んでほしい。

この本では、$\log_b k$と書いて**bを底とする対数**を表す。これは次の式を満たすxとして一意に決まる。

$$b^x = k$$

底が2の対数を**二進対数**（**binary logarithm**）という。この本に出てくる対数のほとんどは二進対数なので、底に何も書かずに$\log k$とある場合は、$\log_2 k$の省略記法とする。

対数の大雑把だがわかりやすいイメージを紹介しよう。$\log_b k$とは、kを何回bで割ると1以下になるかを表す数だと考えればよい。例えば、1回の比較で答えの候補を半分に絞り、最終的に答えの候補が1つに絞られるまでこれを繰り返すとして、最終的に何回の比較が必要になるかを見積もりたいとする。1回の比較で候補の数を2で割ることになるので、最初に$n+1$個の答えの候補があるなら、比較の回数は$\lceil \log_2(n+1) \rceil$以下だ（なお、このような手法を二分探索という）[†5]。

次のように定義される**オイラーの定数**（**Euler's constant**）eを底とする対数もよく使う[†6]。そこで、$\log_e k$のことを$\ln k$と書き、**自然対数**（**natural logarithm**）と呼ぶ。

$$e = \lim_{n \to \infty} \left(1 + \frac{1}{n}\right)^n \approx 2.71828$$

自然対数は、次の一般的な積分の値がeになることから、よく登場する。

$$\int_1^k 1/x \, \mathrm{d}x = \ln k$$

対数に関してよく使う操作は2つある。1つめは冪指数にある対数の除去だ。

$$b^{\log_b k} = k$$

もう1つは底の変換操作だ。

$$\log_b k = \frac{\log_a k}{\log_a b}$$

これら2つの操作を使うと、例えば自然対数と二進対数とを比較できる。

$$\ln k = \frac{\log k}{\log e} = \frac{\log k}{(\ln e)/(\ln 2)} = (\ln 2)(\log k) \approx 0.693147 \log k$$

[†5] 訳注：xを実数とするとき、$\lceil x \rceil$はx以上の最小の整数を表す。$\lfloor x \rfloor$はx以下の最大の整数である。

[†6] 訳注：eはネイピア数とも呼ぶ。

1.3.2 階乗

この本には**階乗関数（factorials）**を使う場面がいくつかある。n が非負整数のとき、n の階乗 $n!$ は次のように定義される。

$$n! = 1 \cdot 2 \cdot 3 \cdot \cdots \cdot n$$

$n!$ は、相異なる n 要素の置換の総数である。つまり、n 個の要素を並べ変えたときの順列の総数が階乗になる。なお、$n = 0$ のとき、$0!$ は 1 と定義される。

$n!$ の大きさは**スターリングの近似（Stirling's Approximation）**を使って見積もれる[†7]。

$$n! = \sqrt{2\pi n}\left(\frac{n}{e}\right)^{n} e^{\alpha(n)}$$

ここで $\alpha(n)$ は次の条件を満たす。

$$\frac{1}{12n+1} < \alpha(n) < \frac{1}{12n}$$

スターリングの近似を使って $\ln(n!)$ の近似値も計算できる。

$$\ln(n!) = n\ln n - n + \frac{1}{2}\ln(2\pi n) + \alpha(n)$$

（実際、$\ln(n!) = \ln 1 + \ln 2 + \cdots + \ln n$ を $\int_1^n \ln n \, \mathrm{d}n = n\ln n - n + 1$ で近似するというのが、スターリングの近似の簡単な証明方法でもある。）

階乗関数に関連して、ここで**二項係数（binomial coefficients）**について説明する。n を非負整数、k を $\{0,\ldots,n\}$ の要素とするとき、二項係数 $\binom{n}{k}$ は次のように定義される。

$$\binom{n}{k} = \frac{n!}{k!(n-k)!}$$

二項係数 $\binom{n}{k}$ は、大きさ n の集合における大きさ k の部分集合の個数である。言い換えると、集合 $\{1,\ldots,n\}$ から相異なる k 個の整数を取り出すときの場合の数を表す値と解釈できる。

1.3.3 漸近記法

データ構造を分析するときは、さまざまな操作の実行時間について考察したい。しかし、正確な実行時間はコンピュータによって異なる。同じコンピュータ上でさえ実行のたびに異なるだろう。この本で操作の実行時間といったら、操作に際してコンピュータが実行する命令の数とする。この数を正確に計算するのは、単純なコードで

[†7] 訳注：以下、スターリングの近似に関する議論は、初学者は飛ばしてもよいと思われる。

あっても困難な場合がある。そのため、正確な実行時間を求めるのではなく、**漸近記法**（**asymptotic notation**）あるいは**ビッグオー記法**（**big-Oh notation**）と呼ばれる方法で実行時間を見積もる。この方法では、ある関数 $f(n)$ について、次のように定義される関数の集合 $O(f(n))$ を考える。

$$O(f(n)) = \left\{ \begin{array}{l} g(n): \text{ある } c > 0 \text{ と } n_0 \text{ が存在し、} \\ \quad \text{任意の } n \geq n_0 \text{ について } g(n) \leq c \cdot f(n) \text{ を満たす} \end{array} \right\}$$

イメージとしては、n が十分に大きいとき（つまりグラフの右のほうを見たとき）に $c \cdot f(n)$ のほうが上にくるような関数 $g(n)$ を集めたものが集合 $O(f(n))$ だ。

漸近記法は、関数を単純な形にするのに使う。例えば、$5n\log n + 8n - 200$ の代わりに $O(n\log n)$ と書ける。これは次のように証明できる。

$$\begin{aligned} 5n\log n + 8n - 200 &\leq 5n\log n + 8n \\ &\leq 5n\log n + 8n\log n \quad n \geq 2 \text{ のとき（このとき } \log n \geq 1\text{）} \\ &\leq 13n\log n \end{aligned}$$

$c = 13$ および $n_0 = 2$ とすれば、関数 $f(n) = 5n\log n + 8n - 200$ が集合 $O(n\log n)$ に含まれることがわかる。

漸近記法の便利な性質をいくつか挙げる。まずは、任意の定数 $c_1 < c_2$ について以下が成り立つ。

$$O(n^{c_1}) \subset O(n^{c_2})$$

続いて、任意の定数 $a, b, c > 0$ について以下が成り立つ。

$$O(a) \subset O(\log n) \subset O(n^b) \subset O(c^n)$$

これらの包含関係は、それぞれに正の値を掛けても保たれる。例えば n を掛けると次のようになる。

$$O(n) \subset O(n\log n) \subset O(n^{1+b}) \subset O(nc^n)$$

一般的な慣習に従って、本書でもビッグオー記法を濫用する。すなわち、$f_1(n) = O(f(n))$ と書いて $f_1(n) \in O(f(n))$ であることを表す。そして、「この操作の実行時間は集合 $O(f(n))$ に**含まれる**」ことを、単に「この操作の実行時間は $O(f(n))$ だ」と言う。これらの表現を認めると、冗長な記述が不要になるし、一連の等式で漸近記法を使えるようになる。

ビッグオー記法を濫用することで、例えば次のような不思議な書き方ができる。

$$T(n) = 2\log n + O(1)$$

これは正確に書くとこうなる。

$$T(n) \leq 2\log n + [O(1)\text{のある要素}]$$

$O(1)$ という記法には別の問題もある。この記法には変数が入ってないので、どの変数が大きくなるのかわからないのだ。これは文脈から読み取る必要がある。上の例では、方程式の中に変数は n しかないので、$T(n) = 2\log n + O(f(n))$ のうちで $f(n) = 1$ の場合であると読み取ることになる。

ビッグオー記法は、新しい記法でもコンピュータサイエンス独自の記法でもない。1894年には数学者のPaul Bachmannがこの記法を使っていた。その後しばらくして、コンピュータサイエンスにおいてアルゴリズムの実行時間を論ずる際に、この記法が非常に便利なことがわかったのだ。次のコードを考えてみよう。

Simple
```
void  snippet() {
  for (int i = 0; i < n; i++)
    a[i] = i;
}
```

この関数を1回実行すると以下の処理が行われる。

- 代入1回（int i = 0）
- 比較n + 1回（i < n）
- インクリメントn回（i++）
- 配列のオフセット計算n回（a[i]）
- 間接代入n回（a[i] = i）

よって実行時間は以下のようになる。

$$T(\mathrm{n}) = a + b(\mathrm{n}+1) + c\mathrm{n} + d\mathrm{n} + e\mathrm{n}$$

a、b、c、d、e はプログラムを実行するマシンに依存する定数で、それぞれ代入、比較、インクリメント、配列のオフセット計算、間接代入にかかる実行時間を表す。たった2行のコードについて実行時間を表すのに、こうも複雑な式がいるようでは、さらに複雑なコードやアルゴリズムは到底扱えないだろう。ビッグオー記法を使えば、実行時間を次のように簡潔に表せる。

$$T(\mathrm{n}) = O(\mathrm{n})$$

この式は、簡潔な表現にもかかわらず、最初の式と同じくらいの内容を表している。正確な実行時間は定数 a、b、c、d、e に依存しており、これらの値がすべて判明しないと知りようがないからだ。がんばって値を実測してみても、得られる結論はそのマシンでしか有効でない。

ビッグオー記法を使えば、より抽象的な分析ができ、より複雑な関数も扱える。2つのアルゴリズムの実行時間がビッグオー記法で同じなら、どちらが速いか優劣はつけられない。一方のアルゴリズムが速いマシンもあれば、もう一方のアルゴリズムが速いマシンもあるだろう。しかし、2つのアルゴリズムの実行時間がビッグオー記法で異なるなら、**nが十分大きい場合**、実行時間が小さいアルゴリズムのほうがどのようなマシンにおいても速いといえる。

ビッグオー記法を使って2つの異なる関数を比べる例を図1.5に示す。これは $f_1(\mathrm{n}) = 15\mathrm{n}$ と $f_2(n) = 2\mathrm{n}\log\mathrm{n}$ のグラフである。$f_1(\mathrm{n})$ は複雑な線形時間アルゴリズムの実行時間を表し、$f_2(\mathrm{n})$ は分割統治に基づくシンプルなアルゴリズムの実行時間を表している。これを見ると、nが小さいうちは $f_1(\mathrm{n})$ のほうが $f_2(\mathrm{n})$ より大きいが、nが大きくなると大小関係が逆転することがわかる。つまり、nが十分大きいなら、実行時間が $f_1(\mathrm{n})$ であるアルゴリズムのほうが圧倒的に性能がよい。ビッグオー記法の式 $O(\mathrm{n}) \subset O(\mathrm{n}\log\mathrm{n})$ は、この事実を示している。

多変数関数に対して漸近記法を使うこともある。標準的な定義はないようだが、この本では次の定義を用いる。

$$O(f(n_1,\ldots,n_k)) = \left\{\begin{array}{l} g(n_1,\ldots,n_k) : \text{ある } c>0 \text{ と } z \text{ が存在し、} \\ \quad g(n_1,\ldots,n_k) \geq z \text{ を満たす任意の } n_1,\ldots,n_k \text{ について、} \\ \quad g(n_1,\ldots,n_k) \leq c \cdot f(n_1,\ldots,n_k) \text{ が成り立つ} \end{array}\right\}$$

興味があるのは引数 $n_1,\ldots,n_k$ によって g が大きくなるときの状況であり、その状況はこの定義で把握できる。$f(n)$ が n に関する増加関数なら、この定義は1変数の場合の $O(f(n))$ の定義とも合致する。この本ではこの程度の考察で十分だが、教科書によっては多変数関数と漸近記法に別の定義を与えている可能性もあるので注意してほしい。

1.3.4 ランダム性と確率

この本で扱うデータ構造には**乱択化**（**randomization**）を利用するものがある。乱択化では、格納されているデータや実行する操作に加えて、サイコロの出目も踏まえて実際の処理を決める。そのため、同じことをしても実行時間が毎回同じとは限らない。このようなデータ構造を分析するときは**期待実行時間**（**expected running time**）を考えるのがよい。

乱択化を利用するデータ構造における操作の実行時間は形式的には確率変数であり、その**期待値**（**expected value**）を知りたい。可算個の事象全体を U とし、その上で定義された離散確率変数を X とすると、X の期待値 $E[X]$ は次のように定義される。

$$\mathrm{E}[X] = \sum_{x \in U} x \cdot \Pr\{X = x\}$$

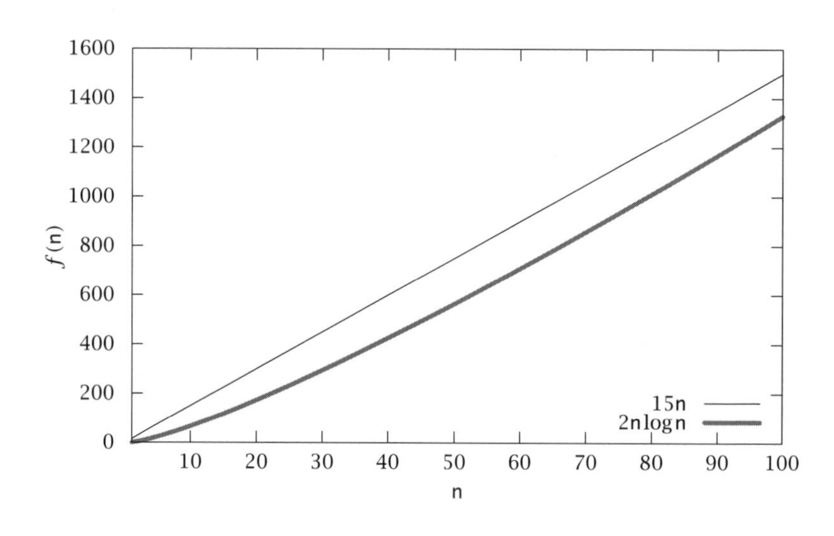

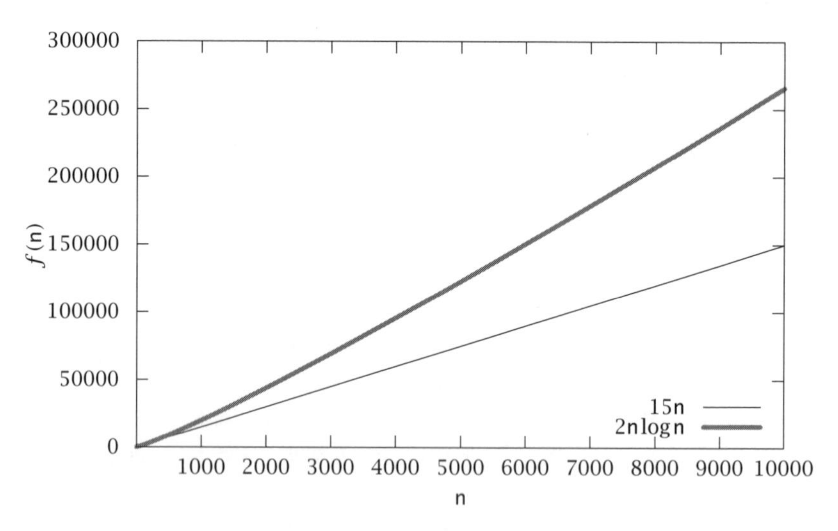

▶図1.5　15nと2nlognの比較

ここで、$\Pr\{\mathcal{E}\}$ は事象 $\mathcal{E}$ の発生確率とする。この本におけるすべての例では、乱択化されたデータ構造におけるランダムな選択についてのみ、これらの確率が関係している。つまり、データ構造に入ってくるデータや実行される操作列がランダムであるような状況は想定していない。

期待値の最も重要な性質のひとつは**期待値の線形性（linearity of expectation）**である。任意の2つの確率変数 X と Y について次の式が成り立つ。

$$\mathrm{E}[X+Y] = \mathrm{E}[X] + \mathrm{E}[Y]$$

より一般的には、任意の確率変数 $X_1,\ldots,X_k$ について次の関係が成り立つ。

$$\mathrm{E}\left[\sum_{i=1}^{k} X_i\right] = \sum_{i=1}^{k} \mathrm{E}[X_i]$$

期待値の線形性によって、（上の式の左辺のように）複雑な確率変数の期待値を、（右辺のような）より単純な確率変数の和に分解できる。

便利でよく使う手法に、**インジケータ確率変数（indicator random variable）**と呼ばれる二値の変数を定義するというものがある。この二値変数は、何かを数えるときに役立つ。例を見るとよくわかるだろう。表と裏が等しい確率で出るコインを k 回投げたとき、表が出る回数の期待値を知りたいとする。直観的な答えは $k/2$ だが、これを期待値の定義を使って証明すると次のようになる。

$$\begin{aligned}
\mathrm{E}[X] &= \sum_{i=0}^{k} i \cdot \Pr\{X = i\} \\
&= \sum_{i=0}^{k} i \cdot \binom{k}{i}/2^k \\
&= k \cdot \sum_{i=0}^{k-1} \binom{k-1}{i}/2^k \\
&= k/2
\end{aligned}$$

この計算をするには、$\Pr\{X=i\} = \binom{k}{i}/2^k$ および二項係数の性質 $i\binom{k}{i} = k\binom{k-1}{i-1}$ や $\sum_{i=0}^{k}\binom{k}{i} = 2^k$ を知っている必要がある。

インジケータ確率変数と期待値の線形性を使えば、この期待値をはるかに簡単に求められる。$\{1,\ldots,k\}$ の各 i に対し、以下のインジケータ確率変数を定義する。

$$I_i = \begin{cases} 1 & i\text{番めのコイントスの結果が表のとき} \\ 0 & \text{そうでないとき} \end{cases}$$

そして、I_i の期待値を計算する。

$$\mathrm{E}[I_i] = (1/2)1 + (1/2)0 = 1/2$$

ここで、$X = \sum_{i=1}^{k} I_i$ なので次のように所望の値が得られる。

$$
\begin{aligned}
\mathrm{E}[X] &= \mathrm{E}\left[\sum_{i=1}^{k} I_i\right] \\
&= \sum_{i=1}^{k} \mathrm{E}[I_i] \\
&= \sum_{i=1}^{k} 1/2 \\
&= k/2
\end{aligned}
$$

少し長い計算ではあるが、不思議な変数はどこにも出てこないし、込み入った確率の計算もない。また、各コイントスでは1/2の確率で表が出るので、試行回数の半分くらいは表が出るだろうという直観にも合致する。

1.4 計算モデル

この本では、データ構造における操作の実行時間を理論的に分析する。その正確な分析には、計算についての数学的なモデルが必要だ。そのような数学的モデルとして、**wビットのワードRAM（word-RAM）**を使うことにする。ここでいうRAMは、Random Access Machineの頭字語である。wビットのワードRAMモデルでは、それぞれにwビットのワードを格納できるセルを集めたランダムアクセスメモリを使える。これはすなわち、メモリの各セルでw桁の2進数を表せる、つまり集合$\{0,\ldots,2^{w}-1\}$のうちのいずれかひとつをメモリの各セルで表せるということである。

ワードRAMモデルでは、ワードに対する基本的な操作に一定の時間を要する。ここでいう基本的な操作とは、算術演算（+、−、∗、/、%）や比較（<、>、=、≤、≥）、ビット単位の論理演算（ビット単位の論理積ANDや論理和OR、排他的論理和XOR）を指す。

ランダムアクセスメモリでは、どのセルも一定の時間で読み書きできる。コンピュータのメモリはメモリ管理システムによって管理されており、このメモリ管理システムを通じて必要なサイズのメモリブロックの割り当てや解除ができる。サイズkのメモリブロックの割り当てには$O(k)$の時間がかかり、新しく割り当てられたメモリブロックへの参照（ポインタ）が返される。この参照は1ワードに収まるビットで表現できるものとする。

ワード幅wは、このモデルにとって重要なパラメータである。この本では、wについて、データ構造に格納されうる要素数がnであれば$w > \log n$ということしか仮定しない。これは控えめな仮定である。なぜなら、せめてこれが成り立たないと、データ構造の要素数を1ワードで表すことすらできないからである。

メモリ使用量はワード単位で測るので、データ構造で使うワード数がそのままデータ構造のメモリ使用量になる。この本のデータ構造は、すべて型Tの値を格納し、T型の要素は1ワードのメモリで表現できると仮定する。

wビットのワードRAMモデルは、$w = 32$または$w = 64$とすると、現代のデスクトップコンピュータ環境によく似ている。すなわち、この本に載っているデータ構造は、いずれも一般的なコンピュータ上で動作するように実装できる。

1.5 正しさ、時間計算量、空間計算量

データ構造の性能を考えるとき重要な項目が3つある。

- 正しさ：
  データ構造はそのインターフェースを正しく実装しなければならない。
- 時間計算量（time complexity）：
  データ構造における操作の実行時間は短いほどよい。
- 空間計算量（space complexity）：
  データ構造のメモリ使用量は小さいほどよい。

この本は入門書なので、上記のうち「正しさ」については大前提とする。つまり、不正確な出力が得られるデータ構造や、適切に更新されないデータ構造については考えない。一方で、メモリ使用量を小さく抑えるための工夫を施したデータ構造については紹介していく。通常、そうした工夫によって操作の（漸近的な）実行時間が変わることはないが、実際のデータ構造の動作が少し遅くなる可能性はある。

データ構造に関して実行時間を議論するときは、次の三種類のいずれかを保証するという話になることが多い。

- 最悪実行時間（worst-case running time）：
  実行時間に対する保証の中で、最も強力なもの。あるデータ構造の操作について最悪実行時間が$f(n)$であるといったら、そのような操作の実行時間が$f(n)$より長くなることは**決して**ない。
- 償却実行時間（amortized running time）：
  償却実行時間が$f(n)$であるとは、典型的な操作にかかるコストが$f(n)$を超えないことを意味する。より正確には、m個の操作にかかる実行時間を合計しても、$mf(n)$を超えないことを意味する。いくつかの操作には$f(n)$より長い時間がかかるかもしれないが、操作の列全体として考えれば、1つあたりの実行時間は$f(n)$という意味だ。

- **期待実行時間（expected running time）：**
  期待実行時間が$f(n)$であるとは、実行時間が確率変数（1.3.4節を参照）であり、その確率変数の期待値が$f(n)$であることを意味する。この期待値を計算する際に考えるランダム性は、そのデータ構造内で起こる選択におけるランダム性である。

最悪実行時間、償却実行時間、期待実行時間の違いを理解するには、お金の例で考えてみるとよい。家を購入する費用について考えてみよう。

● 最悪コストと償却コスト

家の価格が12万ドルだとする。毎月1200ドルを120ヶ月（10年）にわたって支払うという住宅ローンを組むことで、この家が手に入るとしよう。この場合、月額費用は最悪でも月1200ドルだ。

十分な現金を持っていれば、12万ドルの一括払いでこの家を買うこともできる。その場合、この家の購入代金を10年で償却すると考えて月額費用を計算すれば、以下のようになる。

$$120{,}000\text{ドル}/120\text{ヶ月} = \text{毎月}\ \$1{,}000$$

これはローンの場合に支払う月額1200ドルよりだいぶ少ない。

● 最悪コストと期待コスト

次に、12万ドルの家に火災保険をかけることを考えてみよう。保険会社が何十万件もの事例を調べた結果、大多数の家では火事を起こさず、いくつかの家では煙による被害程度で済むボヤを起こし、ごく少数の家では全焼被害に至ることがわかった。保険会社は、この情報に基づいて12万ドルの家における火災被害額の期待値を月額10ドル相当と判断し、自社の儲けを考慮して、火災保険の掛金を月額15ドルに設定した。あなたは保険会社に勤めていて、それらの数字を知っていたと仮定しよう。

決断のときだ。最悪コストが月額15ドルのこの火災保険に入るべきだろうか？　それとも、期待コストである月額10ドルを自分で積み立てることにして、月額5ドルを節約するという賭けに出るべきだろうか？　明らかに、自分で積み立てるほうが安上がりになると期待できるが、いざという場合のコストがはるかに高くなる可能性を考慮しなければならない。すなわち、低い確率ではあるが、家が全焼して実際のコストが12万ドルになる可能性がある。

この2つの例からわかるように、どちらのコストを優先するかは場合によって変わる[†8]。償却実行時間と期待実行時間は、最悪実行時間より小さいことが多い。最悪

[†8] 訳注：火災保険の例では、いざという場合のコストが大幅に低くなること、月額の差が5ドルと比較的少額であることから、火災保険を選ぶ人が多いかもしれない。しかし驚くべきことに**データ構造の世界では、最悪実行時間よりも償却実行時間や期待実行時間が低いことを優先する**ことも多い。

実行時間の長さに目をつむり、償却実行時間や期待実行時間が小さいからと妥協すれば、はるかに単純なデータ構造を採用できる場合がよくあるのだ。

1.6 コードサンプル

この本のサンプルコードはC++で書いた。ただし、C++に親しみのない人でも読めるよう、簡潔に書いたつもりだ。例えば、`public`や`private`は出てこない。オブジェクト指向を前面に押し出すこともない。

B、C、C++、C#、Objective-C、D、Java、JavaScriptといったALGOL系の言語を書いたことのある人なら、本書のコードの意味はわかるだろう。完全な実装に興味がある読者は、この本に付属するC++のソースコードを見てほしい。

この本には、数学的な実行時間の解析と、対象のアルゴリズムを実装したC++のコードが両方とも含まれている。そのため、ソースコードと数式とで同じ変数が出てくる。このような変数は同じ書式で書く[†9]。特によく出てくるのは、変数`n`である。`n`は常にデータ構造に格納されている要素の個数を表す。

1.7 データ構造の一覧

表1.1と表1.2に、この本で扱うデータ構造の性能を要約する。これらは、1.2節で説明した`List`、`USet`、`SSet`を実装する。図1.6には、この本の各章の依存関係を示す。破線の矢印は、章のごく一部の内容や結果のみに依存することを示す。

いざという場合の損害が家屋の全焼ほど大きくなく、また、その確率も家屋の全焼よりはるかに小さく制御できることが多いからだろう。

[†9] 訳注：ソースコード中に現れる変数名は、英語のままにしている。

▶表1.1　List、USetの実装の要約

Listの実装			
	get(i)/set(i,x)	add(i,x)/remove(i)	
ArrayStack	$O(1)$	$O(1+n-i)^A$	2.1節
ArrayDeque	$O(1)$	$O(1+\min\{i,n-i\})^A$	2.4節
DualArrayDeque	$O(1)$	$O(1+\min\{i,n-i\})^A$	2.5節
RootishArrayStack	$O(1)$	$O(1+n-i)^A$	2.6節
DLList	$O(1+\min\{i,n-i\})$	$O(1+\min\{i,n-i\})$	3.2節
SEList	$O(1+\min\{i,n-i\}/b)$	$O(b+\min\{i,n-i\}/b)^A$	3.3節
SkiplistList	$O(\log n)^E$	$O(\log n)^E$	4.3節

USetの実装			
	find(x)	add(x)/remove(x)	
ChainedHashTable	$O(1)^E$	$O(1)^{A,E}$	5.1節
LinearHashTable	$O(1)^E$	$O(1)^{A,E}$	5.2節

[A] 償却実行時間を表す
[E] 期待実行時間を表す

▶表1.2　SSet、優先度付きQueueの実装の要約

SSetの実装			
	find(x)	add(x)/remove(x)	
SkiplistSSet	$O(\log n)^E$	$O(\log n)^E$	4.2節
Treap	$O(\log n)^E$	$O(\log n)^E$	7.2節
ScapegoatTree	$O(\log n)$	$O(\log n)^A$	8.1節
RedBlackTree	$O(\log n)$	$O(\log n)$	9.2節
BinaryTrie[Int]	$O(w)$	$O(w)$	13.1節
XFastTrie[Int]	$O(\log w)^{A,E}$	$O(w)^{A,E}$	13.2節
YFastTrie[Int]	$O(\log w)^{A,E}$	$O(\log w)^{A,E}$	13.3節

（優先度付き）Queueの実装			
	findMin()	add(x)/remove()	
BinaryHeap	$O(1)$	$O(\log n)^A$	10.1節
MeldableHeap	$O(1)$	$O(\log n)^E$	10.2節

[A] 償却実行時間を表す
[E] 期待実行時間を表す
[Int] このデータ構造はwビットで表現できる整数のみを格納できる

1.8 ディスカッションと練習問題

1.2節で説明したList、USet、SSetの各インターフェースは、Java Collections Framework [54] の影響を受けている。これらは、Java Collections Framework にお

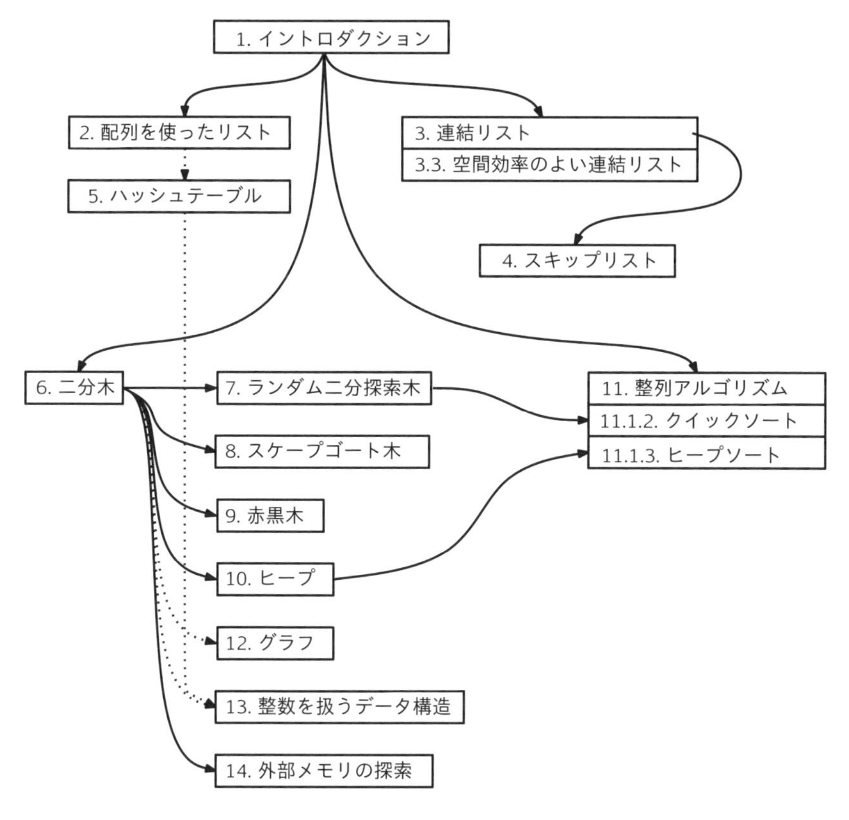

▶ 図1.6　この本の内容の依存関係

けるList、Set、Map、SortedSet、SortedMapを単純化したものだと考えられる。

この章で扱った漸近記法、対数、階乗、スターリングの近似、確率論の基礎などは、Leyman, Leighton, and Meyerによる素晴らしい（そして無料の）書籍[50]で扱われている。微積分のわかりやすい無料の教科書としては、Thompsonによる古典的な教科書[71]がある。この本には指数や対数の形式的な定義が書かれている。

確率論の基礎については、特にコンピュータサイエンスに関連するものとして、Rossの教科書[63]がおすすめである。漸近記法や確率論については、Graham, Knuth, and Patashnikの教科書[37]も参考になるだろう。

問 1.1：　この練習問題は、読者が問題に対する正しいデータ構造を選ぶ練習をするためにある。利用可能な実装やインターフェース（JavaならばJava Collections Framework、C++ならばStandard Template Library）があれば、それを使って解いてみてほしい。

以下の問題は、テキストの入力を1行ずつ読み、各行で適切なデータ構造の操作を実行することで解いてほしい。ファイルが百万行であっても数秒以内に処理できる程度には効率的な実装にすること。

1. 入力を1行ずつ読み、その逆順で出力せよ。すなわち、最後の入力行を最初に書き出し、最後から2行めを2番めに書き出す、というように出力せよ。
2. 先頭から50行の入力を読み、それを逆順で出力せよ。その後、続く50行を読み、それを逆順で出力せよ。これを読み取る行がなくなるまで繰り返し、最後に残った行（50行未満かもしれない）もやはり逆順で出力せよ。
   つまり、出力は50行めから始まり、49行め、48行め、…、1行めが続く。その次は、100行め、99行め、…、51行めが続く。
   なお、プログラムの実行中に50行より多くの行を保持してはならない。
3. 入力を1行ずつ読み取り、42行め以降で空行を見つけたら、その42行前の行を出力せよ。例えば、242行めが空行であれば200行めを出力せよ。なお、プログラムの実行中に43行以上の行を保持してはならない。
4. 入力を1行ずつ読み取り、それまでに読み込んだことがある行と重複しない行を見つけたら出力せよ。重複が多いファイルを読む場合でも、重複なく行を保持するのに必要なメモリより多くのメモリを使わないように注意せよ。
5. 入力を1行ずつ読み取り、それまでに読み込んだことがある行と同じなら出力せよ（最終的には、ある行が入力ファイルに初めて現れた箇所をそれぞれ除いたものが出力になる）。重複が多いファイルを読む場合でも、重複なく行を保持するのに必要なメモリより多くのメモリを使わないように注意せよ。
6. 入力をすべて読み取り、短い順に並べ替えて出力せよ。同じ長さの行があるときは、それらの行は辞書順に並べるものとする。また、重複する行は一度だけ出力するものとする。
7. 直前の問題で、重複する行については現れた回数だけ出力するように変更せよ。
8. 入力をすべて読み取り、すべての偶数番めの行を出力したあとに、すべての奇数番めの行を出力せよ（最初の行を0行めと数える）。
9. 入力をすべて読み取り、ランダムに並べ替えて出力せよ。どの行の内容も書き換えてはならない。また、入力より行が増えたり減ったりしてもいけない。

問 1.2：　**Dyck word**とは、$+1$と-1からなる列で、先頭から任意のk番めの値までの部分列（プレフィックス）の和がいずれも非負なものとする。例えば、$+1,-1,+1,-1$はDyck wordだが、$+1,-1,-1,+1$は$+1-1-1<0$なのでDyck wordではない。Dyck wordと、スタックのpush(x)操作およびpop()操作との関係を説明せよ。

問 1.3： **マッチした文字列**とは{, }, (,), [,] からなる列で、すべての括弧が適切に対応しているものとする。例えば、「{{()[]}}」はマッチした文字列だが、「{{()]}」は2つめの{に対応する括弧が] であるためマッチした文字列ではない。長さ n の文字列が与えられたとき、この文字列がマッチしているかどうかを $O(n)$ で判定するのにスタックをどう使えばよいかを説明せよ。

問 1.4： push(x) 操作と pop() 操作のみが可能なスタック s が与えられたとする。FIFO キュー q だけを使って s の要素を逆順にする方法を説明せよ。

問 1.5： USet を使って Bag を実装せよ。Bag は、USet によく似たインターフェースで、add(x) 操作、remove(x) 操作、find(x) 操作をサポートする。USet との違いは、Bag では重複する要素も格納する点である。Bag の find(x) 操作では、x に等しい要素が1つ以上含まれているとき、そのうちの1つを返す。さらに、Bag は findAll(x) 操作もサポートする。これは、Bag に含まれる x に等しいすべての要素のリストを返す操作である。

問 1.6： List インターフェース、USet インターフェース、SSet インターフェースを実装せよ。効率的な実装でなくてもよい。ここで実装するものは、後の章のより効率的な実装の正しさや性能をテストするのに役立つ（最も簡単なのは要素を配列に入れておく方法だ）。

問 1.7： 直前の問題の実装について、性能をアップする工夫として思いつくものをいくつか試みよ。実験してみて、List インターフェースの add(i,x) 操作と remove(i) 操作の性能がどう向上したかを考察せよ。どうすれば、USet インターフェースと SSet インターフェースの find(x) 操作の性能を向上できそうか考えてみよ。この問題は、インターフェースの効率的な実装がどれくらい難しいかを実感するためのものである。

第2章

配列を使ったリスト

この章では**backing array**と呼ばれる配列にデータを入れて、Listインターフェースと Queue インターフェースを実装する方法を解説する[†1]。次の表に、この章で説明するデータ構造の操作にかかる実行時間を要約する。

	get(i)/set(i,x)	add(i,x)/remove(i)
ArrayStack	$O(1)$	$O(\mathtt{n}-\mathtt{i})$
ArrayDeque	$O(1)$	$O(\min\{\mathtt{i},\mathtt{n}-\mathtt{i}\})$
DualArrayDeque	$O(1)$	$O(\min\{\mathtt{i},\mathtt{n}-\mathtt{i}\})$
RootishArrayStack	$O(1)$	$O(\mathtt{n}-\mathtt{i})$

データを1つの配列に入れて動作するデータ構造には、一般に以下のような利点と欠点がある。

- 配列では任意の要素に一定の時間でアクセスできる。そのため、get(i) 操作と set(i,x) 操作を定数時間で実行できる
- 配列はそれほど動的ではない。リストの中ほどに要素を追加、削除するには、隙間を作ったり埋めたりするため、配列に含まれる多くの要素を移動させる必要がある。add(i,x) 操作と remove(i) 操作の実行時間が n と i に依存するのは、これが原因である
- 配列は伸び縮みしない。backing array のサイズより多くの要素をデータ構造に入れるには、新しい配列を割り当てて古い配列の要素をそちらにコピーしなければならず、この操作のコストは大きい

[†1] 訳注：訳者が知る限り、backing array には広く通用する訳語がない。意訳するならば、「裏でも要素が一並びになっている配列」となるだろう。頻出用語ではなく、単に配列（array）と読み替えても問題はないだろう。重要なのは、裏でも要素が一並びになっているので、この章で述べる利点と欠点が生じることである。

3つめは特に重要だ。上記の表の実行時間には、backing arrayの拡大と縮小にかかるコストが含まれていない。後述するように、注意深く設計すれば、backing arrayの拡大と縮小にかかるコストを加味しても**平均的な**実行時間にはほぼ影響しない。より正確に言うと、空のデータ構造から始めて、add(i,x)とremove(i)をm回実行するとき、backing arrayを拡大、縮小するのにかかる時間の合計は$O(m)$である。コストが大きい操作もあるが、m個の操作にわたって均せば、1つの操作あたりの償却コストは$O(1)$なのだ。

この章、そしてこの本では、要素数を保持する配列が使えると便利なことが多い。C++のふつうの配列は要素数を保持していないので、要素数を保持する配列のクラスarrayを定義する[†2]。このクラスは標準的なC++の配列aと整数lengthにより簡単に実装できる。

```
array
T *a;
int length;
```

arrayの大きさは作成時に指定する。

```
array
array(int len) {
  length = len;
  a = new T[length];
}
```

配列の要素は添字により指定できる。

```
array
T& operator[](int i) {
  assert(i >= 0 && i < length);
  return a[i];
}
```

また、ある配列を他の配列に割り当てる操作は、ポインタの操作により定数時間で実行できる。

```
array
array<T>& operator=(array<T> &b) {
  if (a != NULL) delete[] a;
  a = b.a;
  b.a = NULL;
  length = b.length;
  return *this;
}
```

---

†2 訳注：このarrayクラスにおける=の実装では、右辺の配列をNULLにしている。つまり、他のarrayに代入したarrayは、その後使えなくなってしまうことに注意する。

2.1 ArrayStack：配列を使った高速なスタック操作

ArrayStackは、**backing array**を使ったListインターフェースの実装だ。以降では、ArrayStackの実装に利用するbacking arrayを配列aと呼ぶ。リストのi番めの要素は、a[i]に格納する。配列aの大きさは、通常は厳密に必要な要素数より大きいので、実際にaに入っているリストの要素数は整数nで表す。つまり、リストの要素はa[0],...,a[n − 1]に格納されている。このとき常にa.length ≥ nである。

```
ArrayStack
array<T> a;
int n;
int size() {
  return n;
}
```

2.1.1 基本

get(i)やset(i,x)を使ってArrayStackの要素を読み書きする方法は簡単だ。必要に応じて境界チェック[†3]をしたあと、単にa[i]を返すか、a[i]を書き換えるかすればよい。

```
ArrayStack
T get(int i) {
  return a[i];
}
T set(int i, T x) {
  T y = a[i];
  a[i] = x;
  return y;
}
```

ArrayStackに要素を追加、削除するための実装を図2.1に示す。add(i,x)では、まずaがすでに一杯かどうかを調べる。もしそうならresize()を呼び出してaを大きくする。resize()の実装方法は後述する。いまのところ、resize()の直後にはa.length > nとなっている点だけ了解しておけばよい。あとは、xを入れるためにa[i],...,a[n − 1]を1つずつ右に移動させ、a[i]をxにして、nを1増やす。

[†3] 訳注：get(i)やset(i,x)における境界チェック（bounds-checking）とは、添字iが、最初の要素の添字である0以上であり、かつ、最後の要素の添字以下である、つまりa.length − 1以下であると確認することである。

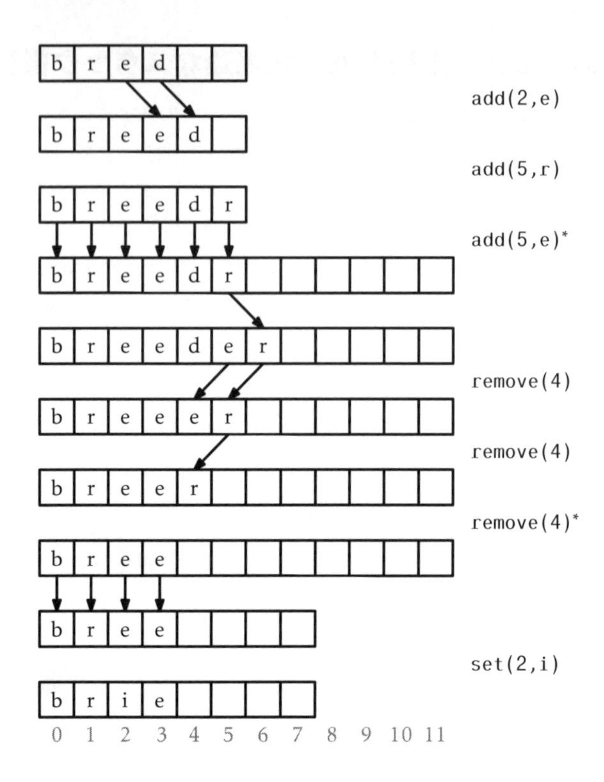

▶ 図2.1　ArrayStackに対するadd(i,x)とremove(i)の実行例。矢印は要素のコピーを表す。resize()を呼ぶ操作にはアスタリスクを付した

ArrayStack
```
void add(int i, T x) {
  if (n + 1 > a.length) resize();
  for (int j = n; j > i; j--)
    a[j] = a[j - 1];
  a[i] = x;
  n++;
}
```

resize()のコストを無視すれば、add(i,x)のコストはxを入れる場所を作るためにシフトする要素数に比例する。つまり、この操作の（resize()のコストを無視した）実行時間は、$O(\mathtt{n}-\mathtt{i})$である。

remove(i)も同様に実装できる。a[i+1],...,a[n−1]を左に1つシフトし、nの値を1つ小さくする（a[i]は書き換えられる前に控えておく）。そして、配列の長さに対して要素数が少なすぎないか、具体的にはa.length ≥ 3nかどうかを確認する。もしそうならresize()を呼んでaを小さくする。

ArrayStack
```
T remove(int i) {
  T x = a[i];
  for (int j = i; j < n - 1; j++)
    a[j] = a[j + 1];
  n--;
  if (a.length >= 3 * n) resize();
  return x;
}
```

resize() が呼ばれるかもしれないが、そのコストを無視すれば、remove(i) のコストはシフトする要素数に比例し、$O(\mathtt{n}-\mathtt{i})$ である。

2.1.2 拡張と収縮

resize() の実装は単純だ。大きさ2nの新しい配列bを割り当て、n個のaの要素をbの先頭のn個としてコピーする。そしてaをbに置き換える。よって、resize() の呼び出し後はa.length = 2nが成り立つ[†4]。

ArrayStack
```
void resize() {
  array<T> b(max(2 * n, 1));
  for (int i = 0; i < n; i++)
    b[i] = a[i];
  a = b;
}
```

resize() の実際のコストの計算も簡単だ。大きさ2nの配列bを割り当て、n個の要素をコピーする。これには$O(\mathtt{n})$ の時間がかかる。

前節の実行時間分析ではresize() のコストを無視していた。この節では**償却解析（amortized analysis）**と呼ばれる手法でこれを解決する。この手法は、個々のadd(i,x) およびremove(i) におけるresize() のコストを求めるわけではない。代わりに、add(i,x) とremove(i) からなるm個の一連の操作の間に呼ばれるresize() の実行時間の合計を考える。特に、次の補題を示す。

補題 2.1：

空のArrayStackが作られたあと、$m \geq 1$回のadd(i,x) およびremove(i) からなる操作の列が順に実行されるとき、resize() の実行時間は合計$O(m)$である。

証明： resize() が呼ばれるとき、その前のresize() の呼び出しからaddおよびremoveが実行された回数が$\mathtt{n}/2-1$回以上であることを後半で示す。

このとき、resize() のi回めの呼び出しの際のnを$\mathtt{n}_i$、resize() の呼び出し回数をrと

[†4] 訳注：補題 2.1の証明でも言及されているが、n = 0かつa.length = 1のときに限ってこの式は成り立たないことがある。

すれば、add(i,x)およびremove(i)の呼び出し回数の合計は次の関係を満たす。

$$\sum_{i=1}^{r}(\mathtt{n}_i/2-1) \le m$$

これを変形すると次の式が得られる。

$$\sum_{i=1}^{r}\mathtt{n}_i \le 2m+2r$$

$r \le m$なので、resize()の呼び出しにかかる実行時間の合計は次のようになる。

$$\sum_{i=1}^{r}O(\mathtt{n}_i) \le O(m+r) = O(m)$$

あとは$(i-1)$回めのresize()からi回めのresize()の間に、add(i,x)かremove(i)が呼ばれる回数の合計が$\mathtt{n}_i/2-1$以上であることを示せばよい。

これは2つの場合に分けて考えられる。1つめは、resize()がadd(i,x)の中で呼ばれる場合で、これはbacking arrayが一杯になるとき、つまり$\mathtt{a.length} = \mathtt{n} = \mathtt{n}_i$が成り立つ場合だ。この1つ前に行ったresize()操作について考えよう。そのresize()の直後、aの大きさはa.lengthだが、aの要素数は$\mathtt{a.length}/2 = \mathtt{n}_i/2$以下であった。しかし、aの要素数はいまでは$\mathtt{n}_i = \mathtt{a.length}$なのだから、前のresize()から$\mathtt{n}_i/2$回以上はadd(i,x)が呼ばれたことがわかる。

もう1つ考えられるのは、resize()がremove(i)の中で呼ばれる場合で、このとき$\mathtt{a.length} \ge 3\mathtt{n} = 3\mathtt{n}_i$である。この1つ前、つまり$i-1$回めのresize()の直後では、aの要素数は$\mathtt{a.length}/2-1$以上であった[†5]。いま、aには$\mathtt{n}_i \le \mathtt{a.length}/3$個の要素が入っている。よって、直前のresize()以降に実行されたremove(i)の回数の下界は次のように計算できる。

$$\begin{aligned}R &\ge \mathtt{a.length}/2-1-\mathtt{a.length}/3\\ &= \mathtt{a.length}/6-1\\ &= (\mathtt{a.length}/3)/2-1\\ &\ge \mathtt{n}_i/2-1\end{aligned}$$

いずれの場合も、$(i-1)$からi回めのresize()の間にadd(i,x)かremove(i)が呼ばれる回数の合計は$\mathtt{n}_i/2-1$以上である。 □

2.1.3 要約

次の定理はArrayStackの性能について整理したものだ。

†5 この数式における -1は、特別なケースである$\mathtt{n}=0$かつ$\mathtt{a.length}=1$を考慮したものだ。

定理 2.1：
ArrayStackはListインターフェースを実装する。resize()にかかる時間を無視した場合のArrayStackにおける各操作の実行時間を以下にまとめる。

- get(i)およびset(i,x)の実行時間は$O(1)$である
- add(i,x)およびremove(i)の実行時間は$O(1+n-i)$である

空のArrayStackに対して任意のm個のadd(i,x)およびremove(i)からなる操作の列を実行する。このときresize()にかかる時間の合計は$O(m)$である。

ArrayStackというデータ構造は、Stackインターフェースを実装する効率的な方法である。特に、push(x)はadd(n,x)に相当し、pop()はremove(n − 1)に相当する。これらいずれの操作の償却実行時間も$O(1)$である。

2.2 FastArrayStack：最適化されたArrayStack

ArrayStackで主にやっていることは、（add(i,x)とremove(i)のために）データをシフトすることと、（resize()のために）データをコピーすることである。上記の実装では、これにforループを使った。しかし実際には、データのシフトやコピーに特化したもっと効率的な機能が使えることが多い。C言語には、memmove(d,s,n)とmemcpy(d,s,n)関数がある[†6]。C++には、std::copy(a0,a1,b)アルゴリズムがある。Javaには、System.arraycopy(s,i,d,j,n)メソッドがある。

FastArrayStack
```
void resize() {
  array<T> b(max(1, 2*n));
  std::copy(a+0, a+n, b+0);
  a = b;
}
void add(int i, T x) {
  if (n + 1 > a.length) resize();
  std::copy_backward(a+i, a+n, a+n+1);
  a[i] = x;
  n++;
}
```

これらの関数は最適化されており、forループを使う場合と比べてかなり高速にデータのコピーが可能な機械語の命令を使っている可能性がある。これらの関数を使っても漸近的な実行時間は小さくならないが、最適化として試してみる価値はある。

ここで示したC++の実装では、組み込みのstd::copy(a0,a1,b)関数の利用により、操作の種類によっては2〜3倍の高速化に繋がる。自分の手元の環境でどれくら

[†6] 訳注：memmove(d,s,n)は、移動先（destination）に移動元（source）からnバイトをコピーする関数である。memcpy(d,s,n)との違いは、移動元と移動先の領域が重なっていてもよいことである。

い速くなるか、ぜひ試してみてほしい。

2.3 ArrayQueue：配列を使ったキュー

この節ではFIFO（先入れ先出し）キューを実装するデータ構造ArrayQueueを紹介する。このデータ構造では、(add(x)によって) 追加された要素が、同じ順番で(remove()によって) 削除される。

FIFOキューの実装にArrayStackを使うのは好ましくない。これが賢明な選択でないのは、ArrayStackでは先頭か末尾のいずれかを要素を追加する側に、他方を削除する側に選ばなければならず、2つの操作のいずれかがリストの先頭を変更することになるからだ。そうすると、$i = 0$でadd(i,x)かremove(i)を呼び出すことになり、nに比例する実行時間がかかってしまうのである。

もし無限長の配列aがあれば、配列を使った効率的なキューを簡単に実装できるだろう。次に削除する要素を追跡するインデックスjと、キューの要素数nを記録しておけばよい。そうすれば、キューの要素は以下の場所に入っていることになる。

$$a[j], a[j+1], \ldots, a[j+n-1]$$

まずj, nを0に初期化する。要素を追加するときは、$a[j+n]$に要素を入れて、nを1つ増やす。要素を削除するときは、a[j]から要素を取り出し、jを1つ増やして、nを1つ減らす。

この方法の明らかな問題点は、無限長の配列が必要なことだ。ArrayQueueを使うことで、無限長の配列を、有限長の配列aと**剰余算術**で模倣できる。剰余算術というのは、時刻に対して使うような計算だ。例えば、10:00に5時間を足すと3:00になる。これを形式的に書けば次のようになる。

$$10 + 5 = 15 \equiv 3 \pmod{12}$$

上の数式の後半は、「12を法として15と3は合同である」と読む。modは次のような二項演算と考えてもよい。

$$15 \bmod 12 = 3$$

整数aと正整数mについて、ある整数kが存在し$a = km + r$を満たす整数$r \in \{0, \ldots, m-1\}$を$a \bmod m$と書く。簡単に言うと、rはaをmで割った余りである。C++を含む多くのプログラミング言語では、mod演算子を%で表す[†7]。

---

†7 これは第一引数が負の場合について数学におけるmod演算子を正確に実装したものではないので、時として**脳死**したmod演算子と呼ばれることがある。

剰余算術は無限長の配列を模倣するのに便利である。i mod a.length が常に $0,\ldots,$a.length -1 の値を取ることを利用して、配列の中にキューの要素をうまく入れられるのだ。

$$a[j\%a.length], a[(j+1)\%a.length], \ldots, a[(j+n-1)\%a.length]$$

ここではaを**循環配列**として使っている。配列の添字が a.length -1 を超えると、配列の先頭に戻ってくるわけである。

残りの問題はArrayQueueの要素数がaの大きさを超えてはならないことだ。

```
array<T> a;
int j;
int n;
```

ArrayQueueに対してadd(x)およびremove()からなる操作の列を実行する様子を図2.2に示す。add(x)の実装では、まずaが一杯かどうかを確認し、必要に応じてresize()を呼んでaの容量を増やす。続いて、xを a[(j+n)%a.length] に入れて、nを1つ増やせばよい。

```
bool add(T x) {
  if (n + 1 > a.length) resize();
  a[(j+n) % a.length] = x;
  n++;
  return true;
}
```

remove()の実装では、まずa[j]をあとで返せるように保存しておく。続いてnを1減らし、j = (j+1) mod a.length とすることでjを1増やす（a.lengthを法として計算している）。最後に保存しておいたa[j]を返す。もし必要ならresize()を呼んでaを小さくする。

```
T remove() {
  T x = a[j];
  j = (j + 1) % a.length;
  n--;
  if (a.length >= 3*n) resize();
  return x;
}
```

resize()操作はArrayStackのresize()とよく似ている。大きさ2nの新しい配列bを割り当て、

$$a[j], a[(j+1)\%a.length], \ldots, a[(j+n-1)\%a.length]$$

を

$$b[0], b[1], \ldots, b[n-1]$$

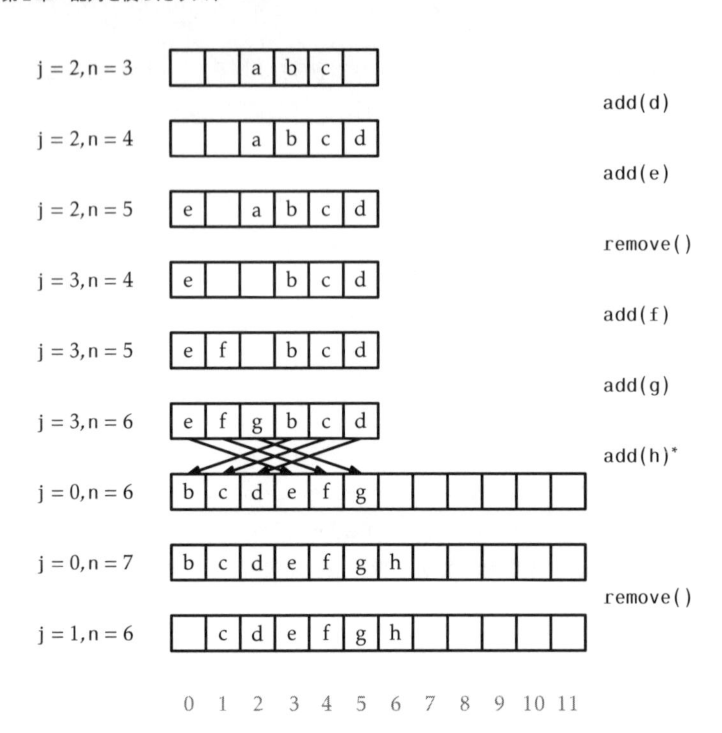

▶ 図2.2　ArrayQueueに対するadd(x)、remove()の実行例。矢印は要素のコピーを表す。resize()が発生する呼び出しにはアスタリスクを付した

にコピーし、j = 0とする。

```
void resize() {
  array<T> b(max(2*n, 1));
  for (int k = 0; k < n; k++)
    b[k] = a[(j+k)%a.length];
  a = b;
  j = 0;
}
```

2.3.1　要約

次の定理はArrayQueueの性能について整理したものだ。

定理 2.2：

ArrayQueueは、（FIFOの）Queueインターフェースの実装である。resize()のコストを無視すると、ArrayQueueはadd(x)、remove()の実行時間は$O(1)$である。さ

らに、空のArrayQueueに対して長さmの任意のadd(x)およびremove()からなる操作の列を実行するとき、resize()にかかる時間の合計は$O(m)$である。

2.4 ArrayDeque：配列を使った高速な双方向キュー

前節のArrayQueueは、一方の端からは追加だけを、他方の端からは削除だけを効率的に実行できるような列を表すデータ構造であった。この節で紹介するArrayDequeは、両端に対して追加と削除が効率的に実行できるデータ構造である。このデータ構造により、ArrayQueueを実装するのに使ったのと同じく、循環配列を使ってListインターフェースを実装する[†8]。

```
array<T> a;
int j;
int n;
```
ArrayDeque

ArrayDequeに対するget(i)とset(i,x)は簡単だ。配列の要素a[(j + i) mod a.length]を読み書きすればよい。

```
T get(int i) {
  return a[(j + i) % a.length];
}
T set(int i, T x) {
  T y = a[(j + i) % a.length];
  a[(j + i) % a.length] = x;
  return y;
}
```
ArrayDeque

add(i,x)の実装には工夫が必要になる。まずaが一杯かどうかを確認し、必要に応じてresize()を呼ぶ。いま、add(i,x)操作については、iが小さいとき（0に近いとき）とiが大きいとき（nに近いとき）に特に効率が良くなるようにしたい。そこで、i < n/2かどうかを確認する。もしそうなら、左からi個の要素をいずれも1つずつ左にずらす。そうでないなら、右からn − i個の要素をいずれも1つずつ右にずらす。ArrayDequeに対するadd(i,x)とremove(x)を図2.3に示す。

[†8] 訳注：1.2.2節で言及したように、ArrayDequeはListインターフェースを実装するデータ構造である。ArrayDequeという名称は、Dequeインターフェースのすべての操作の実行時間が$O(1)$であることを強調するために付けられている。

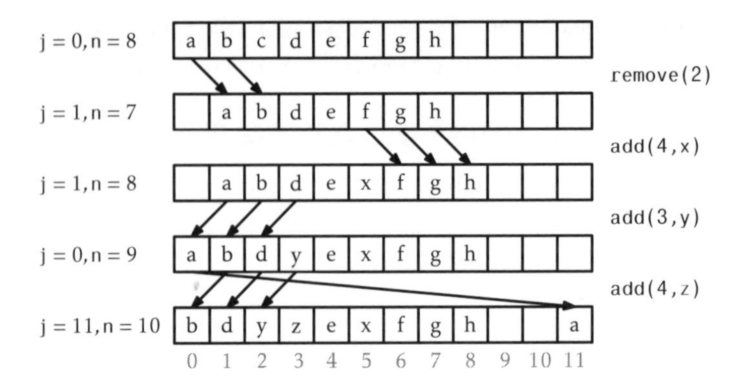

▶ 図 2.3　ArrayDequeに対するadd(i,x)、remove(i)の実行例。矢印は要素のコピーを表す

```
ArrayDeque
void add(int i, T x) {
  if (n + 1 > a.length)  resize();
  if (i < n/2) { // a[0],..,a[i-1] を左に1つずらす
    j = (j == 0) ? a.length - 1 : j - 1;
    for (int k = 0; k <= i-1; k++)
      a[(j+k)%a.length] = a[(j+k+1)%a.length];
  } else { // a[i],..,a[n-1] を右に1つずらす
    for (int k = n; k > i; k--)
      a[(j+k)%a.length] = a[(j+k-1)%a.length];
  }
  a[(j+i)%a.length] = x;
  n++;
}
```

このように要素をずらせば、add(i,x)によって移動する要素の数が高々$\min\{$i,n$-$i$\}$個に保証される。そのため、add(i,x)の実行時間は、resize()を無視すれば$O(1+\min\{$i,n$-$i$\})$である。

remove(i)も同様に実装できる。i < n/2かどうかに応じて、左からi個の要素をいずれも1つずつ右にシフトするか、右からn − i − 1個の要素をいずれも1つずつ左にシフトする。remove(i)の実行時間も、やはり$O(1+\min\{$i,n$-$i$\})$である。

ArrayDeque
```
T remove(int i) {
  T x = a[(j+i)%a.length];
  if (i < n/2) { // a[0],..,[i-1] を右に1つずらす
    for (int k = i; k > 0; k--)
      a[(j+k)%a.length] = a[(j+k-1)%a.length];
    j = (j + 1) % a.length;
  } else { // a[i+1],..,a[n-1] を左に1つずらす
    for (int k = i; k < n-1; k++)
      a[(j+k)%a.length] = a[(j+k+1)%a.length];
  }
  n--;
  if (3*n < a.length) resize();
  return x;
}
```

2.4.1 要約

次の定理はArrayDequeの性能について整理したものだ。

> 定理 2.3：
> ArrayDequeはListインターフェースを実装する。resize()のコストを無視すると、ArrayDequeにおける各操作の実行時間は下記のようになる。
>
> - get(i)およびset(i,x)の実行時間は$O(1)$である
> - add(i,x)およびremove(i)の実行時間は$O(1+\min\{i,n-i\})$である[†9]
>
> さらに、任意のadd(i,x)およびremove(i)からなる長さmの操作の列を空のArray-Dequeに対して実行するとき、resize()にかかる時間の合計は$O(m)$である。

2.5 DualArrayDeque：2つのスタックから作った双方向キュー

次は、2つのArrayStackを使うことでArrayDequeに近い性能を実現する、Dual-ArrayDequeというデータ構造を紹介する。漸近的な性能がArrayDequeより向上するわけではないが、2つのシンプルなデータ構造を組み合わせてより高度なデータ構造を作る例として取り上げる。

DualArrayDequeでは、リストを表現するのに2つのArrayStackを使う。ArrayStackに対する操作は、終端付近の要素に対して高速だったことを思い出してほしい。両端の要素に対する操作を高速にするため、DualArrayDequeではfront

[†9] 訳注：これらの結果から、ArrayDequeが確かにDequeインターフェースのすべての操作を$O(1)$で実現していることを確認できる。つまり、両端に対するadd(i,x)およびremove(i)の実行時間は、$O(1)$で済む。

とbackという名前の2つのArrayStackを背中合わせに配置する。

```
DualArrayDeque
ArrayStack<T> front;
ArrayStack<T> back;
```

DualArrayDequeでは、要素数nを明示的に保持しない。要素数はn = front.size() + back.size()により求められるからだ。ただし、DualArrayDequeの解析に際しては、いままで通り要素数をnで表すことにする。

```
DualArrayDeque
int size() {
  return front.size() + back.size();
}
```

1つめのArrayStackであるfrontには、0,...,front.size()−1番めの要素を逆順に入れる。もう1つのArrayStackであるbackには、front.size(),...,size()−1番めの要素をそのままの順番で入れる。あとは、frontまたはbackに対してget(i)やset(i,x)を適切に呼べば、get(i)およびset(i,x)を$O(1)$の時間で実行できる。

```
DualArrayDeque
T get(int i) {
  if (i < front.size()) {
    return front.get(front.size() - i - 1);
  } else {
    return back.get(i - front.size());
  }
}
T set(int i, T x) {
  if (i < front.size()) {
    return front.set(front.size() - i - 1, x);
  } else {
    return back.set(i - front.size(), x);
  }
}
```

frontには逆順に要素が入っているので、DualArrayDequeのi番め（i < front.size()）は、frontのfront.size() − i − 1番めの要素である。

DualArrayDequeに対する要素の追加と削除については、図2.4を見てほしい。add(i,x)により、frontまたはbackのいずれか適切なほうが操作される。

```
DualArrayDeque
void add(int i, T x) {
  if (i < front.size()) {
    front.add(front.size() - i, x);
  } else {
    back.add(i - front.size(), x);
  }
  balance();
}
```

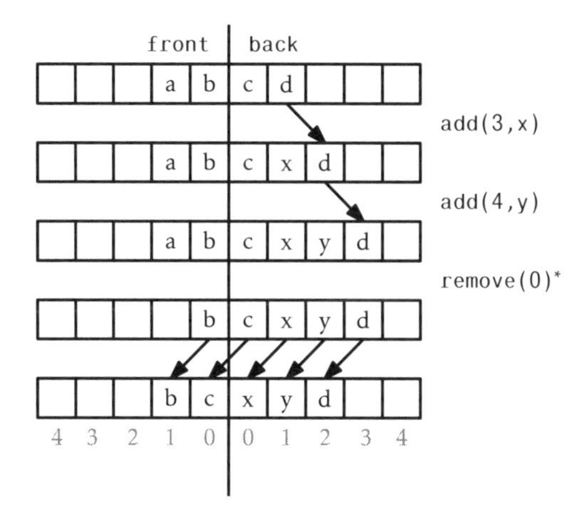

▶ 図2.4 DualArrayDequeに対するadd(i,x)およびremove(i)の実行例。矢印は要素のコピーを表す。balance()の発生する呼び出しにはアスタリスクを付した

add(i,x)では、frontとbackの要素数を均すためにbalance()を呼び出す。balance()の実装は後述する。いまのところは、balance()のおかげでfront.size()とback.size()の差が三倍より大きくなることはないと理解しておけばよい（size() < 2の場合を除く）。具体的には、balance()により、$3\cdot$front.size() $\geq$ back.size()かつ$3\cdot$back.size() $\geq$ front.size()であることが保証される。

では、balance()のコストを無視したadd(i,x)の実行時間を求めよう。i < front.size()のときは、add(i,x)によりfront.add(front.size() − i,x)が実行されるだけである。frontはArrayStackなので、この実行時間は次のようになる。

$$O(\texttt{front.size()} - (\texttt{front.size()} - \texttt{i}) + 1) = O(1 + \texttt{i}) \tag{2.1}$$

一方、i ≥ front.size()のときには、add(i,x)によりback.add(i − front.size(),x)が実行されるだけである。このときの実行時間は次のようになる。

$$O(\texttt{back.size()} - (\texttt{i} - \texttt{front.size()}) + 1) = O(1 + \texttt{n} - \texttt{i}) \tag{2.2}$$

i < n/4のときは、1つめのケース式(2.1)に該当する。i ≥ 3n/4のときは、2つめのケース式(2.2)に該当する[†10]。n/4 ≤ i < 3n/4のときは、frontとbackのどちらが操作されるかわからない。しかし、いずれの場合も高々n個の要素をずらして新た

[†10] 訳注：例えば、$i = 0$かつ$n = 0$の場合は式(2.2)に該当する。

な要素を配列に入れるので、実行時間は$O(\mathtt{n})$である。以上をまとめると次のようになる。

$$\mathtt{add(i,x)}\text{の実行時間} \le \begin{cases} O(1+\mathtt{i}) & \text{if } \mathtt{i} < \mathtt{n}/4 \\ O(\mathtt{n}) & \text{if } \mathtt{n}/4 \le \mathtt{i} < 3\mathtt{n}/4 \\ O(1+\mathtt{n}-\mathtt{i}) & \text{if } \mathtt{i} \ge 3\mathtt{n}/4 \end{cases}$$

ゆえに、add(i,x)の実行時間は、balance()のコストを無視すれば$O(1+\min\{\mathtt{i},\mathtt{n}-\mathtt{i}\})$である。

remove(i)についても、add(i,x)と同様に実行時間を解析できる。

DualArrayDeque
```
T remove(int i) {
    T x;
    if (i < front.size()) {
        x = front.remove(front.size()-i-1);
    } else {
        x = back.remove(i-front.size());
    }
    balance();
    return x;
}
```

2.5.1 バランスの調整

最後に、add(i,x)とremove(i)の操作において実行されるbalance()について説明する。このbalance()操作により、frontとbackの要素数が極端に偏らないことが保証される。具体的には、要素数が2以上のとき、frontもbackもn/4以上の要素を含むようにする。front、backいずれかの要素数がn/4未満のときには、要素を動かして、frontとbackにそれぞれちょうど$\lfloor \mathtt{n}/2 \rfloor$個および$\lceil \mathtt{n}/2 \rceil$個の要素が含まれるようにする。

DualArrayDeque

```
void balance() {
  if (3*front.size() < back.size()
      || 3*back.size() < front.size()) {
    int n = front.size() + back.size();
    int nf = n/2;
    array<T> af(max(2*nf, 1));
    for (int i = 0; i < nf; i++) {
      af[nf-i-1] = get(i);
    }
    int nb = n - nf;
    array<T> ab(max(2*nb, 1));
    for (int i = 0; i < nb; i++) {
      ab[i] = get(nf+i);
    }
    front.a = af;
    front.n = nf;
    back.a = ab;
    back.n = nb;
  }
}
```

balance()の実行時間は簡単に解析できる。balance()によってバランスが調整されるときは、$O(\mathtt{n})$個の要素が動かされるので、実行時間は$O(\mathtt{n})$である。これは一見すると都合が悪い。balance()はadd(i,x)およびremove(i)のたびに実行されるからだ。しかし次の補題により、balance()の実行時間は平均的には定数であることがわかる。

補題 2.2：

空のDualArrayDequeに対して、add(i,x)およびremove(i)からなる長さmの任意の操作の列を実行する。このときresize()にかかる時間の合計は$O(\mathtt{m})$である。

証明： balance()によって要素が動かされてから、次にbalance()によって要素が動かされるまでに、add(i,x)およびremove(i)が実行される回数が$\mathtt{n}/2-1$以上であることを示す。補題 2.1の証明と同様に、これを示せばbalance()の合計実行時間が$O(\mathtt{m})$であることを示したことになる。

ここでは**ポテンシャル法**（**potential method**）という技法を使う。DualArrayDequeの**ポテンシャル**Φを、frontとbackの要素数の差と定義する。

$$\Phi = |\mathtt{front.size()} - \mathtt{back.size()}|$$

add(i,x)およびremove(i)の処理でバランスを調整しない場合、ポテンシャルΦの増加が高々1であることに注目しよう。

次の式が成り立つので、要素を動かすbalance()を呼び出した直後のポテンシャルΦ_0は1以下である点に注目しよう。

$$\Phi_0 = |\lfloor \mathtt{n}/2 \rfloor - \lceil \mathtt{n}/2 \rceil| \le 1$$

balance() が呼び出されて要素が動く直前の状況について考えよう。このとき、一般性を失うことなく、3front.size() < back.size() であったと仮定できる。この場合、次の式が成り立つ。

$$\begin{aligned} \mathtt{n} &= \mathtt{front.size}() + \mathtt{back.size}() \\ &< \mathtt{back.size}()/3 + \mathtt{back.size}() \\ &= \frac{4}{3}\mathtt{back.size}() \end{aligned}$$

このときのポテンシャル Φ_1 は次のように評価できる。

$$\begin{aligned} \Phi_1 &= \mathtt{back.size}() - \mathtt{front.size}() \\ &> \mathtt{back.size}() - \mathtt{back.size}()/3 \\ &= \frac{2}{3}\mathtt{back.size}() \\ &> \frac{2}{3} \times \frac{3}{4}\mathtt{n} \\ &= \mathtt{n}/2 \end{aligned}$$

以上より、add(i,x) および remove(i) が呼ばれる回数は、それ以前に balance() によって要素が動かされてから $\Phi_1 - \Phi_0 > \mathtt{n}/2 - 1$ 以上である。 □

2.5.2　要約

次の定理はDualArrayDequeの性質を整理したものだ。

定理 2.4：
DualArrayDequeはListインターフェースを実装する。resize()とbalance()のコストを無視すると、DualArrayDequeにおける各操作の実行時間は次のようになる。

- get(i) および set(i,x) の実行時間は $O(1)$ である
- add(i,x) および remove(i) の実行時間は $O(1 + \min\{\mathtt{i}, \mathtt{n} - \mathtt{i}\})$ である

また、空のDualArrayDequeに対して長さmの任意のadd(i,x) および remove(i) からなる操作の列を実行するとき、resize() にかかる時間の合計は $O(\mathtt{m})$ である。

2.6　RootishArrayStack：メモリ効率に優れた配列スタック

これまでに紹介したデータ構造には共通の欠点がある。データの格納に配列を1つ、もしくは2つしか使っておらず、しかも頻繁なサイズ変更を避けていることから配列に空きがたくさんある状況が多いという点である。例えば、resize() 直後のArrayStackでは配列が半分しか埋まっていない。3分の1しか埋まっていない状況

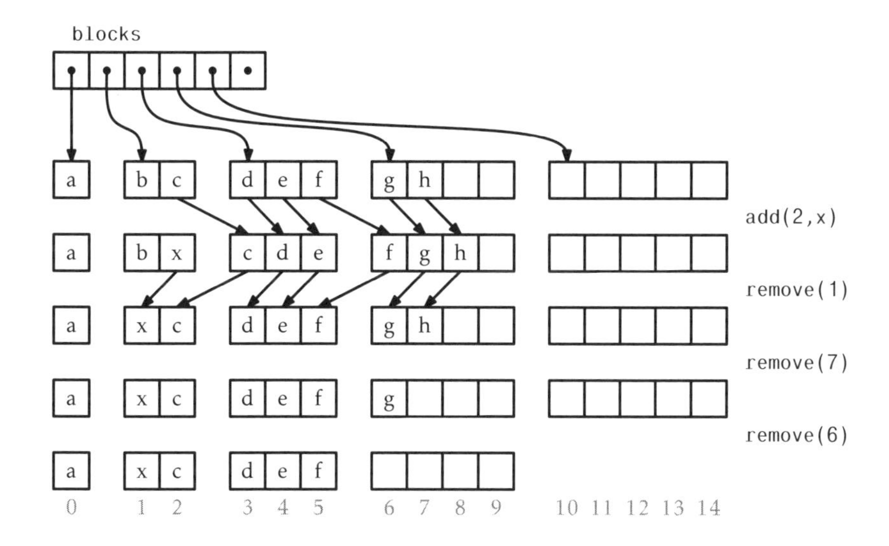

▶ 図2.5　RootishArrayStackに対するadd(i,x)およびremove(i)の実行例。矢印は要素のコピーを表す

さえある。

この節では、無駄なスペースが少ないRootishArrayStackというデータ構造を紹介する[†11]。RootishArrayStackでは、n個の要素を$O(\sqrt{n})$個の配列に入れる。このとき、配列内の空きは、すべての配列で合計しても$O(\sqrt{n})$以下である。残りのすべての場所にはデータが入っているのだ。つまり、n個の要素を入れるときに無駄になるスペースは$O(\sqrt{n})$以下である。

RootishArrayStackでは**ブロック**と呼ぶr個の配列に要素を入れる。これらの配列には$0,1,\ldots,r-1$と番号を付ける。図2.5を見てほしい。b番めのブロックにはb + 1個の要素を入れる。すなわち、r個のブロックに含まれる要素数の合計は次のように計算できる。

$$1+2+3+\cdots+r = r(r+1)/2$$

この等式が成り立つことは図2.6を見ればわかるだろう。

```
RootishArrayStack
ArrayStack<T*> blocks;
int n;
```

[†11] 訳注：RootishArrayStackは、前節までのデータ構造と比べると、実際に目にする機会は少ないように思える。そのため、初学者は読み飛ばしてもよい。ただし課題設定と設計アイデアは興味深い。

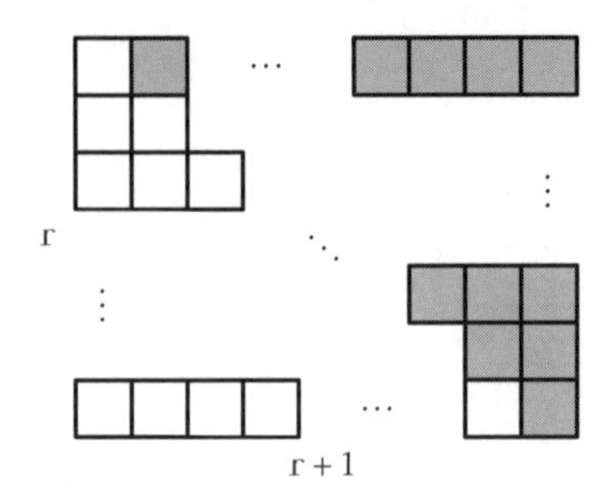

▶ 図2.6　白い正方形の数は合わせて$1+2+3+\cdots+r$である。斜線を引いた正方形の数も同じである。白い正方形と斜線を引いた正方形を合わせてできる正方形全体は、$r(r+1)$個の正方形からなる

リストの要素はブロックに順番に入れる。リストの0番めの要素はブロック0に、1番めと2番めの要素はブロック1に、3番めと4番めと5番めの要素はブロック2に格納する。リスト全体で見たときにi番めの要素がどのブロックのどの位置に入っているか、どうすればわかるだろうか？

i番めの要素がどのブロックに入っているかさえわかれば、ブロック内での位置は簡単に計算できる。i番めの要素がb番めのブロックに入っているなら、$0,\ldots,b-1$番めの各ブロックにおける要素数の合計は$b(b+1)/2$である。そのため、i番めの要素は、b番めのブロックにおいて下記のように計算できるj番めの位置に入っている[†12]。

$$j = i - b(b+1)/2$$

iからbを求める、つまりi番めの要素がどのブロックに入っているのかを計算する方法はもう少しややこしい。i以下のインデックスを持つ要素は$i+1$個ある。一方、$0,\ldots,b$番めのブロックに入っている要素数の合計は$(b+1)(b+2)/2$である。よって、bは次の式を満たす最小の整数である。

$$(b+1)(b+2)/2 \geq i+1$$

この式は次のように変形できる。

$$b^2 + 3b - 2i \geq 0$$

二次方程式$b^2+3b-2i = 0$は、2つの解$b = (-3+\sqrt{9+8i})/2$と$b = (-3-\sqrt{9+8i})/2$を持つ。2つめの解は常に負の値なので捨ててよい。よって、解は$b = (-3+$

†12 訳注：例えば、$b = 2$かつ$i = 3$のとき、$j = 3-3 = 0$となり、iに対応するのは2番めのブロックの0番めの要素である。

$\sqrt{9+8\mathtt{i}})/2$ である。この解は一般に整数とは限らない。とはいえ、元の不等式に立ち戻って考えれば、欲しかったのは $\mathtt{b} \geq (-3+\sqrt{9+8\mathtt{i}})/2$ を満たす最小の b である。これは次のように書ける。

$$\mathtt{b} = \left\lceil (-3+\sqrt{9+8\mathtt{i}})/2 \right\rceil$$

RootishArrayStack
```
int i2b(int i) {
  double db = (-3.0 + sqrt(9 + 8*i)) / 2.0;
  int b = (int)ceil(db);
  return b;
}
```

インデックス i からブロック番号 b への変換関数 i2b を用いれば、get(i) と set(i,x) を実装するのは簡単だ。まず b を計算し、そのブロック内のインデックス j を求め、適切な操作を実行すればよい。

RootishArrayStack
```
T get(int i) {
  int b = i2b(i);
  int j = i - b*(b+1)/2;
  return blocks.get(b)[j];
}
T set(int i, T x) {
  int b = i2b(i);
  int j = i - b*(b+1)/2;
  T y = blocks.get(b)[j];
  blocks.get(b)[j] = x;
  return y;
}
```

この章に出てくるデータ構造のどれかを使って blocks のリストを表現すれば、get(i) も set(i,x) も実行時間は定数である。

add(i,x) については、これまで紹介した他のデータ構造と同じように考えればよい。まずデータ構造が一杯かどうか、つまり $\mathtt{r}(\mathtt{r}+1)/2 = \mathtt{n}$ かどうかを確認する。もしそうなら、新たなブロックを追加するために、grow() というメソッドを呼び出す。その後、$\mathtt{i},\ldots,\mathtt{n}-1$ 番めの要素をそれぞれ右に 1 つずらし、新たな i 番めの要素を入れるための隙間を作る。

RootishArrayStack
```
void add(int i, T x) {
  int r = blocks.size();
  if (r*(r+1)/2 < n + 1) grow();
  n++;
  for (int j = n-1; j > i; j--)
    set(j, get(j-1));
  set(i, x);
}
```

grow() メソッドにより新しいブロックが追加される。

RootishArrayStack
```
void grow() {
  blocks.add(blocks.size(), new T[blocks.size()+1]);
}
```

grow() のコストを無視すれば、シフト操作の回数を数えることで、add(i,x) の実行時間が $O(1+n-i)$ であるとわかる。したがって、ArrayStack と同じである。

remove(i) も add(i,x) と同様だ。$i+1,\ldots,n$ 番めの要素をそれぞれ左に1つずつシフトし、2つ以上の空のブロックがあれば shrink() を呼び出して、使われていないブロックを1つだけ残して削除する。

RootishArrayStack
```
T remove(int i) {
  T x = get(i);
  for (int j = i; j < n-1; j++)
    set(j, get(j+1));
  n--;
  int r = blocks.size();
  if ((r-2)*(r-1)/2 >= n) shrink();
  return x;
}
```

RootishArrayStack
```
void shrink() {
    int r = blocks.size();
    while (r > 0 && (r-2)*(r-1)/2 >= n) {
            delete [] blocks.remove(blocks.size()-1);
            r--;
    }
}
```

shrink() のコストを無視すれば、シフト操作の回数を数えることで、remove(i) の実行時間が $O(n-i)$ であるとわかる[†13]。

2.6.1　拡張、収縮の分析

add(i,x) と remove(i) の解析では grow() と shrink() を考慮していなかった。ArrayStack.resize() の場合とは違い、grow() と shrink() では要素がコピーされないことに注意しよう。つまり、grow() と shrink() は、それぞれ大きさ r の配列の割り当ておよび解放をするだけである。環境によって、これは定数時間で実行できたり、r に比例する時間がかかったりする。

grow() と shrink() を呼んだ直後の状況はわかりやすい。最後のブロックは空で、

[†13] 訳注：remove(i) の場合は常に $i < n$、すなわち $n-i > 0$ が成り立つので、add(i,x) の計算量のように1を足す必要がない。

それ以外のブロックが一杯になっている。そのため、次のgrow()とshrink()が呼ばれるのは、少なくとも$r-1$回だけ要素が追加および削除されたあとである。よって、grow()およびshrink()に$O(r)$だけ時間がかかっても、そのコストは$r-1$回のadd(i,x)およびremove(i)で償却され、grow()とshrink()の償却コストは$O(1)$である。

2.6.2 空間使用量

RootishArrayStackが使う無駄な領域の量を解析する。RootishArrayStackが確保している配列の中で、データが入っていない箇所を数えたい。そのような箇所を**無駄な領域**ということにする。

remove(i)があるので、RootishArrayStackで空きのあるブロックは高々2つしかないことが保証される。よって、n個の要素を含むRootishArrayStackのブロック数をrとすれば、次の関係が成り立つ。

$$(r-2)(r-1)/2 \le n$$

やはり二次方程式の解を考えることで次の式が成り立つ。

$$r \le (3+\sqrt{1+8n})/2 = O(\sqrt{n})$$

末尾の2つのブロックの大きさはrと$r-1$なので、これらのブロックによる無駄な領域の量は高々$2r-1=O(\sqrt{n})$である。もし、これらのブロックを（例えば）ArrayStackに入れれば、r個のブロックを格納するListによる無駄な領域の量も$O(r)=O(\sqrt{n})$である。nの値など、その他の情報を保持するのに使う領域は、$O(1)$である。以上より、RootishArrayStackの無駄な領域の量は合計$O(\sqrt{n})$である。

この領域の量が、空から始めて要素を1つずつ追加できるデータ構造のうちで最適であることを示そう。厳密には、n個の要素を追加する際にはどこかのタイミングで（ほんの一瞬かもしれないが）$\sqrt{n}$以上の無駄な領域が生じることを示す。

空のデータ構造にn個の要素を1つずつ追加していくとする。追加が完了した時点ではn個のアイテムがすべてデータ構造に格納されており、それがr個のブロックに分散している。$r \ge \sqrt{n}$なら、r個のブロックを追跡するためにr個のポインタ（参照）を使うしかない。これらのポインタは無駄な領域である[†14]。一方で、$r < \sqrt{n}$なら、鳩の巣原理により大きさ$n/r > \sqrt{n}$以上のブロックが存在する。このブロックが初めて割り当てられた瞬間を考える。このブロックは、割り当てられたときは空なので、

---

†14 訳注：例えば、第3章ではこの考えをさらに進めて、r=n個のブロックを追跡するためにn個のポインタを用いる連結リストと呼ばれるデータ構造を紹介する。

$\sqrt{n}$の無駄な領域が生じている。以上より、nの個の要素を挿入するまでのあるタイミングで、データ構造には$\sqrt{n}$の無駄な領域が生じる。

2.6.3 要約

次の定理はRootishArrayStackについて整理したものだ。

定理 2.5：
RootishArrayStackはListインターフェースを実装する。grow()およびshrink()のコストを無視すると、RootishArrayStackにおける各操作の実行時間は下記のようになる。

- get(i)およびset(i,x)の実行時間は$O(1)$である
- add(i,x)およびremove(i)の実行時間は$O(1+n-i)$である

空のRootishArrayStackに対して、add(i,x)およびremove(i)からなる長さmの任意の操作の列を実行するとき、grow()およびshrink()にかかる時間の合計は$O(m)$である。
要素数nのRootishArrayStackが使う（ワード単位で測った）空間使用量[†15]は$n+O(\sqrt{n})$である。

2.6.4 平方根の計算方法

計算モデルは、計算を理論的に調べるための道具である。ここまでは、wビットのワードRAMモデルという計算モデルに基づいて操作の実行時間やデータ構造のメモリ使用量を調べてきた。1.4節によれば、ワードRAMモデルの基本的な操作は算術演算、比較、ビット単位の論理演算であり、平方根の算出は含まない。平方根を計算しているRootishArrayStackは、ワードRAMモデルに適合しないことに気づいた読者がいるかもしれない。

この節では、平方根の算出が効率的に実装できることを示す。具体的には、長さが$O(\sqrt{n})$の2つの配列（sqrttabとlogtab）を実行時間$O(\sqrt{n})$の前処理で作っておけば、どんな自然数$x \in \{0,\ldots,n\}$についても定数時間で$\lfloor\sqrt{x}\rfloor$が計算できることを示す。

次の補題は、xの平方根の計算を、xに関係する値x'の平方根の計算に帰着できることを示すものだ。

[†15] 1.4節で説明した、どのようにメモリ量を測るかという話を思い出してほしい。

補題 2.3：
2つの数$x \geq 1$と$x' = x - a$について、$0 \leq a \leq \sqrt{x}$だと仮定する。このとき、$\sqrt{x'} \geq \sqrt{x} - 1$である。

証明： 以下を示せばよい。

$$\sqrt{x - \sqrt{x}} \geq \sqrt{x} - 1$$

両辺の二乗を取ると、下記のようになる。

$$x - \sqrt{x} \geq x - 2\sqrt{x} + 1$$

整理すると下記のようになる。

$$\sqrt{x} \geq 1$$

これはどんな$x \geq 1$についても成り立つ。 □

あらゆる自然数$x \in \{0, \ldots, n\}$の平方根について考える前に、少し問題を制約しよう。自然数xが$2^r \leq x < 2^{r+1}$を満たす場合、すなわち$\lfloor \log x \rfloor = r$である場合を考える。このとき自然数$x$は、$r+1$ビットの二進表記で表せる[†16]。ここで、$x' = x - (x \bmod 2^{\lfloor r/2 \rfloor})$とおくと、$x$と$x'$の関係は補題 2.3 の仮定を満たすので、$\sqrt{x} - \sqrt{x'} \leq 1$が成り立つ。$x'$の下位$\lfloor r/2 \rfloor$ビットはすべて0であるため、$x'$が取りうる値としては、$2^{r+1-\lfloor r/2 \rfloor}$通りの可能性が考えられる。その可能性は、下記により、$O(\sqrt{n})$で抑えられることがわかる[†17]。

$$2^{r+1-\lfloor r/2 \rfloor} \leq 4 \cdot 2^{r/2} \leq 4\sqrt{x}$$

x'として可能性があるのは高々$O(\sqrt{n})$通りなので、$\lfloor \sqrt{x'} \rfloor$として可能性がある値をすべて格納する配列sqrttabを用意することにしよう。この配列sqrttabの各要素の値は、具体的には下記のようにする。

$$\mathtt{sqrttab}[i] = \left\lfloor \sqrt{i 2^{\lfloor r/2 \rfloor}} \right\rfloor$$

こうすれば、$x \in \{i2^{\lfloor r/2 \rfloor}, \ldots, (i+1)2^{\lfloor r/2 \rfloor} - 1\}$のそれぞれについて、$\sqrt{x}$の値と$\mathtt{sqrttab}[i]$の値の差が2より大きくなることはない。言い換えれば、配列のある要素$\mathtt{sqrttab}[x{>>}\lfloor r/2 \rfloor]$ [†18]は、$\lfloor \sqrt{x} \rfloor$か、$\lfloor \sqrt{x} \rfloor - 1$か、$\lfloor \sqrt{x} \rfloor - 2$のいずれかになる。

---

†16 訳注：例えばrが2なら、$x = 5, 6, 7$をそれぞれ3ビットで**101, 110, 111**と表せる。

†17 訳注：左辺に2を掛けると、左辺と中辺に関する不等号が導出できる。中辺と右辺の不等号については、$2^r \leq x < 2^{r+1}$から導出される$2^{r/2} \leq \sqrt{x}$を用いて得られる。

†18 訳注：負でない整数xについて考える。$x{>>}n$は（符号付き）右シフト演算と呼ばれ、xを表すビットのそれぞれをnビットずつ右にずらす。算術上は、xから$x \bmod 2^n$を引いた（すなわち、下位nビットをすべて0にした）あとに2^nで割った場合と同じ効果を持つ。

この要素をsと呼ぶことにする。$(s+1)^2 > x$となるまでsの値をインクリメントすることで、xの平方根を下に丸めた自然数$\lfloor\sqrt{x}\rfloor$の値を特定できる[†19]。

```
FastSqrt
int sqrt(int x, int r) {
  int s = sqrtab[x>>r/2];
  while ((s+1)*(s+1) <= x) s++; // 高々二回だけ実行する
  return s;
}
```

ここまでの議論で設計した`sqrt(intx,intr)`は$x \in \{2^r, \ldots, 2^{r+1}-1\}$の場合についてのみ動く。また、`sqrttab`は$r = \lfloor\log x\rfloor$についてのみ使えるものであった。これを一般化するには、$\lfloor\log n\rfloor$個の`sqrttab`を$\lfloor\log x\rfloor$の各値に対して準備すればよさそうだ。各`sqrttab`の大きさは等比数列で、最大のものの大きさは高々$4\sqrt{n}$である。そのため、すべての`sqrttab`の大きさを合計すると$O(\sqrt{n})$である。

しかし、実は`sqrttab`は1つで十分である。$r = \lfloor\log n\rfloor$の場合の`sqrttab`だけがあればよい。

$\log x = r' < r$であるxについては、$2^{r-r'}$を掛けてアップグレードした上で、次の等式を参考にすればよい。

$$\sqrt{2^{r-r'}x} = 2^{(r-r')/2}\sqrt{x}$$

$2^{r-r'}x$という数は$\{2^r, \ldots, 2^{r+1}-1\}$に含まれるので、その平方根、すなわち上式の左辺は`sqrttab`を使って値を求められる。あとは右辺を参考にその値を$2^{(r-r')/2}$で割れば、そのようなxについても平方根が求まる。次のコードは、$\{0, \ldots, 2^{30}-1\}$に含まれる任意のxについて、大きさ2^{16}の配列`sqrttab`を使って$\lfloor\sqrt{x}\rfloor$を計算するものである。

```
FastSqrt
int sqrt(int x) {
  int rp = log(x);
  int upgrade = ((r-rp)/2) * 2;
  int xp = x << upgrade;  // xp は r ビットまたは r-1 ビット
  int s = sqrtab[xp>>(r/2)] >> (upgrade/2);
  while ((s+1)*(s+1) <= x) s++;  // 高々二回だけ実行する
  return s;
}
```

$r' = \lfloor\log x\rfloor$の計算方法も説明しておく。平方根の場合と同様に、大きさ$2^{r/2}$の配列`logtab`を使う。$\lfloor\log x\rfloor$がxを二進表記したときに1となる最大の桁の添字である

[†19] 訳注：平方根はプログラム中で何千回も使いまわされる可能性がある処理だから、空間計算量を少し犠牲にして中間結果を配列`sqrttab`に入れることで、時間計算量を改善しようという算段である。x'の数が高々$2^{r+1-\lfloor r/2\rfloor}$通り（例えば一般的なコンピュータにおける$r = 32$の場合は10万通り程度）しかなく、$2^{r+1-\lfloor r/2\rfloor} \leq 4\sqrt{x}$という結果からビッグオー記法でいえば$O(\sqrt{n})$通りしかないのだから、この工夫は実を結ぶ。

ことに気づけば、実装は難しくない。すなわち、$x > 2^{r/2}$のとき x を r/2 ビットだけ右にシフトし、logtab の添字とする。次のコードは、$\{0,\ldots,2^{32}-1\}$に含まれる任意の x について、大きさ2^{16}の配列 logtab を使って$\lfloor \log x \rfloor$を計算するものである。

```
FastSqrt
int log(int x) {
  if (x >= halfint)
    return 16 + logtab[x>>16];
  return logtab[x];
}
```

最後に、logtab および sqrttab を初期化するコードを掲載しておく。

```
FastSqrt
void inittabs() {
  sqrtab = new int[1<<(r/2)];
  logtab = new int[1<<(r/2)];
  for (int d = 0; d < r/2; d++)
    for (int k = 0; k < 1<<d; k++)
      logtab[1<<d+k] = d;
  int s = 1<<(r/4);                    // sqrt(2^(r/2))
  for (int i = 0; i < 1<<(r/2); i++) {
    if ((s+1)*(s+1) <= i << (r/2)) s++; // 平方根の値を増やす
    sqrtab[i] = s;
  }
}
```

まとめると、ワード RAM では、$O(\sqrt{n})$の余分なメモリを使って sqrttab および logtab という配列を作ることで、i2b(i) を用いる各操作を定数時間で実行できる。この配列は、n が 2 倍または 2 分の 1 の大きさになるたびに拡大または縮小してもよい。その場合の実行時間は、ArrayStack のときと同様に、add(i,x) および remove(i) を実行する回数にわたって償却できる。

2.7 ディスカッションと練習問題

この章で説明したデータ構造の大半は古くから知られているもので、多くの議論がなされてきた。30 年以上前の実装さえ見つかる。例えば、Knuth による [46, Section 2.2.2] で述べられているスタック、キュー、双方向キューの実装は、一般化すればここで説明した ArrayStack、ArrayQueue、ArrayDeque になる。

RootishArrayStack について記述し、2.6.2 節で述べた下界$\sqrt{n}$を示した最初の文献は、おそらく Brodnik らによる [13] である。彼らは、この章で説明した方法とは異なる巧妙なブロックサイズの選び方も示しており、このやり方では i2b(i) の中で平方根の計算をせずに済む。彼らのやり方では、i を含むブロックのインデックスが$\lfloor \log(i+1) \rfloor$番めとなり、このインデックスは$i+1$を二進表記したときの最高位の桁である。これはコンピュータアーキテクチャによっては専用の命令があり、効率的に計算できる。

RootishArrayStackに関連するデータ構造として、GoodrichとKlossによる[35]で示された二段階の**階層ベクトル（tiered-vector）**というものがある。このデータ構造では、get(i,x)およびset(i,x)の実行時間は定数である。add(i,x)およびremove(i)の実行時間は$O(\sqrt{n})$である。問2.10では、RootishArrayStackをさらに改良し、これに近い実行時間を達成する。

問 2.1： ListのaddAll(i,c)操作は、Collectioncの要素をすべてリストのi番めの位置に順に挿入する（add(i,x)は$c = \{x\}$とした特殊な場合である）。この章で説明したデータ構造において、add(i,x)を繰り返し実行してaddAll(i,c)を実装すると効率がよくない理由を説明せよ。また、より効率的な実装を考えて実装せよ。

問 2.2： **RandomQueue**を設計、実装せよ。RandomQueueはQueueインターフェースの実装であり、そのremove()では、そのときにキューに入っている要素から一様な確率で1つを選んで取り出す（カバンに要素を入れておき、中を見ずに適当に要素を取り出すようなものだと考えればよい）。

ただし、RandomQueueにおけるadd(x)およびremove()の償却実行時間は定数でなければならないとする。

問 2.3： Treque（triple-ended queue）を設計、実装せよ。TrequeはListの実装であり、get(i)とset(i,x)は定数時間で実行できる。Trequeのadd(i,x)およびremove(i)の実行時間は次のように表せる。

$$O(1 + \min\{i, n - i, |n/2 - i|\})$$

つまり、Trequeは、両端あるいは中央に近い位置の修正が高速なデータ構造である。

問 2.4： 配列aを「回転」するrotate(a,r)を実装せよ。すなわち、すべての$i \in \{0, \ldots, a.length - 1\}$について、a[i]を$a[(i + r) \bmod a.length]$に動かす操作を実装せよ。

問 2.5： Listを回転するrotate(r)を実装せよ。すなわち、リストのi番めの要素を$(i + r) \bmod n$番めに移す操作を実装せよ。ただし、ArrayDequeやDualArrayDequeに対するrotate(r)の実行時間は$O(1 + \min\{r, n - r\})$でなければならないとする。

問 2.6： ArrayDequeを実装せよ。ただし、add(i,x)、remove(i)、resize()におけるシフト処理では高速なSystem.arraycopy(s,i,d,j,n)を利用すること。

問 2.7： %演算を用いずにArrayDequeを実装せよ（この演算に時間がかかる環境もある）。a.lengthが2の冪なら次の式が成り立つことを利用してよい。

$$k\%a.length = k\&(a.length - 1)$$

なお、&はビット単位のand演算オペレータである。

問 2.8： 剰余演算を一切使わないArrayDequeの実装を考えよ。すべてのデータは配列内の連続した領域に順番に並んでいることを利用してよい。データがこの配列の先頭もしくは末尾の外にはみ出したときは、rebuild()操作を実行する。すべての操作の償却実行時間はArrayDequeと同じになるように注意すること。
ヒント：rebuild()の実装方法がポイントだ。n/2回以下の操作では、データが端からはみ出さないようにすればよい。

実装したプログラムの性能を、元のArrayDequeと比較せよ。実装を（System.arraycopy(a,i,b,i,n)を使って）最適化し、ArrayDequeの性能を上回るかどうか確認せよ。

問 2.9： RootishArrayStackを修正し、無駄な領域の量は$O(\sqrt{n})$だがadd(i,x)およびremove(i,x)の実行時間が$O(1+\min\{i,n-i\})$であるデータ構造を設計、実装せよ。

問 2.10： RootishArrayStackを修正し、無駄な領域の量は$O(\sqrt{n})$だがadd(i,x)およびremove(i,x)の実行時間が$O(1+\min\{\sqrt{n},n-i\})$であるデータ構造を設計、実装せよ（3.3節が参考になるだろう）。

問 2.11： RootishArrayStackを修正し、無駄な領域の量は$O(\sqrt{n})$だがadd(i,x)およびremove(i,x)の実行時間が$O(1+\min\{i,\sqrt{n},n-i\})$であるデータ構造を設計、実装せよ（3.3節が参考になるだろう）。

問 2.12： CubishArrayStackを設計、実装せよ。CubishArrayStackはListインターフェースを実装する三段階のデータ構造であり、無駄な領域の量が$O(n^{2/3})$である。CubishArrayStackでは、get(i)およびset(i,x)が定数時間で実行できる。add(i,x)およびremove(i)の償却実行時間は$O(n^{1/3})$である。

第3章

連結リスト

この章でも`List`インターフェースの実装を扱う。ただし今度は配列ではなくポインタを使う方法である。この章のデータ構造は、リストの要素を収めたノードの集まりである。参照（ポインタ）を使ってノードを繋げ、列を作る。まずは単方向連結リストを紹介する。これを使うと`Stack`と（FIFO）`Queue`の操作を定数時間で実行できる。次に双方向連結リストを紹介する。これを使うと`Deque`の操作を定数時間で実行できる。

`List`インターフェースの実装に連結リストを使うことには、配列を使う場合と比較して、次のような短所と長所がある。連結リストを使う主な短所は、`get(i)`や`set(i,x)`がすべての要素に対して定数時間ではなくなることだ。配列とは違って、`i`番めの要素を読み書きする際に、そこまでリストをひとつずつ辿らなければならないのである。連結リストを使う主な長所は、動的な操作がしやすいことだ。リストのノードへの参照`u`があれば、`u`の削除や`u`の隣へのノードの挿入が定数時間でできる。このとき`u`はリストの中のどのノードであってもよい[†1]。

3.1 SLList：単方向連結リスト

`SLList`（singly-linked list、単方向連結リスト）は、`Node`（ノード）からなる列である。各ノード`u`は、データ`u.x`と参照`u.next`を保持している。参照は、列における次のノードを指している。列の末尾のノード`w`においては`w.next = null`である。

[†1] 訳注：これも第2章におけるbacking arrayを用いた`List`インターフェースの実装とは対照的である。第2章では、削除と挿入をどれだけ高速に実行できるかは、どのデータ構造も添字`i`に依存していた。

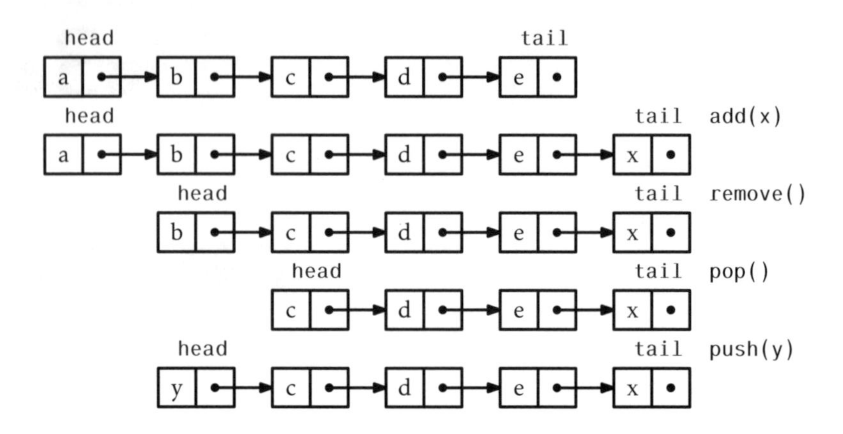

▶ 図3.1　SLListにおける、Queue操作（add(x)、remove()）と、Stack操作（push(x)、pop()）

```
class Node {
public:
  T x;
  Node *next;
  Node(T x0) {
    x = x0;
    next = NULL;
  }
};
```

効率のため、SLListでは、列の先頭と末尾のノードへの参照を保持する変数headおよびtailを利用する。また、列の長さを表す変数nも利用する。

```
Node *head;
Node *tail;
int n;
```

SLListにおけるStack操作とQueue操作を図3.1に示す。

SLListを使うとStackのpush(x)とpop()を効率的に実装できる。列の先頭に対して追加もしくは削除をすればよい。push(x)は新しいノードuを作り、そのデータには値xを、参照u.nextにはそれまでの先頭を設定する。そしてuを新しい先頭にする。最後に、SLListの要素が1つ増えたので、nを1だけ大きくする。

SLList
```
T push(T x) {
  Node *u = new Node(x);
  u->next = head;
  head = u;
  if (n == 0)
    tail = u;
  n++;
  return x;
}
```

pop() では、SLList が空でないことを確認してから head = head.next として先頭を削除し、n を 1 だけ小さくする。最後の要素を削除する場合は特別で、tail を null に設定する。

SLList
```
T pop() {
  if (n == 0)  return null;
  T x = head->x;
  Node *u = head;
  head = head->next;
  delete u;
  if (--n == 0) tail = NULL;
  return x;
}
```

push(x) と pop() の実行時間は、いずれも明らかに $O(1)$ である。

3.1.1 キュー操作

SLList を使って、定数時間で add(x) と remove() を実行できる FIFO キュー操作も実装できる。削除についてはリストの先頭から行うので pop() と同じである。

SLList
```
T remove() {
  if (n == 0)  return null;
  T x = head->x;
  Node *u = head;
  head = head->next;
  delete u;
  if (--n == 0) tail = NULL;
  return x;
}
```

一方、要素の追加はリストの末尾に対して行う。新たに加えるノードを u とすると、ほとんどの場合は tail.next = u とすればよい。しかし n = 0 の場合は特別で、tail = head = null とする[†2]。この場合、tail も head も u になる。

[†2] 訳注：tail が null の場合に tail.next にアクセスするとエラーとなるので別の対応が必要となる。

```
SLList
bool add(T x) {
  Node *u = new Node(x);
  if (n == 0) {
    head = u;
  } else {
    tail->next = u;
  }
  tail = u;
  n++;
  return true;
}
```

add(x) と remove() はいずれも明らかに定数時間で実行できる。

3.1.2　要約

次の定理はSLListの性能を整理したものである。

> **定理 3.1：**
> **SLListは、Stackと（FIFO）Queueインターフェースを実装する。push(x)、pop()、add(x)、remove() の実行時間はいずれも $O(1)$ である。**

SLListでDequeの操作もほぼすべて実装できる。足りないのはSLListの末尾を削除する操作だ。SLListの末尾を削除するのは難しい。これは、新しい末尾を現在の末尾の1つ前のノードに設定しなければならないためである。末尾の1つ前のノードwでは、w.next = tailとなる。困ったことに、このようなwを見つけるには、SLListの各ノードをheadから順にn − 2回辿っていかなければならない。

3.2　DLList: 双方向連結リスト

DLList（doubly-linked list、双方向連結リスト）は、SLListに似たノードの列である。違いは、ノードuが直後のノードu.nextへの参照だけでなく、直前のノードu.prevへの参照も持っている点だ。

```
DLList
struct Node {
  T x;
  Node *prev, *next;
};
```

SLListの実装では特別扱いが必要なケースがいくつかあった。例えば、SLListの最後のノードを削除するときや、空のSLListにノードを追加するときは、headとtailをふつうと違うやり方で更新する必要があった。DLListでは、このような特別なケースがさらに増える。そこで、DLListにおける特別なケースをシンプルに書くために、ダミーノードを使う。ダミーノードとは、データを含まず、ただ場所を占め

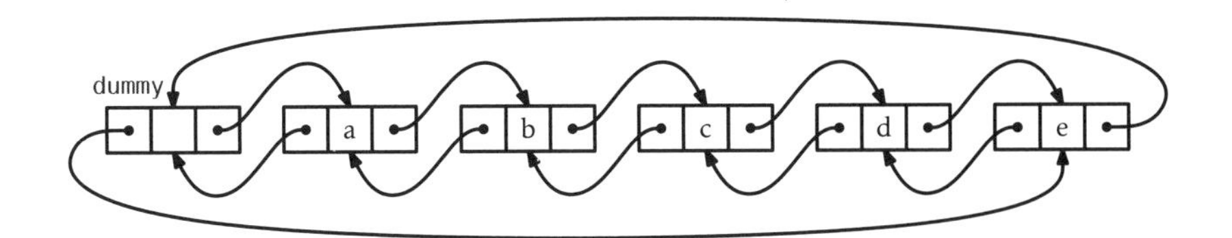

▶ 図3.2 a,b,c,d,eからなるDLList

るだけの空のノードであり、DLListで特別扱いが必要なノードをなくすための仕掛けである。各ノードはその前後のノードをnextとprevに保持する。dummyは、リストの最後のノードの直後にあり、かつ最初のノードの直前にあるとみなす。これにより、双方向連結リストでは、図3.2に示すようにノードが循環する。

```
DLList
Node dummy;
int n;
DLList() {
  dummy.next = &dummy;
  dummy.prev = &dummy;
  n = 0;
}
```

DLListでは、添字を指定して簡単にノードを見つけられる。先頭（dummy.next）から順方向に列を辿るか、末尾（dummy.prev）から逆方向に列を辿ればよい。こうすれば、i番めのノードを見つけるのにかかる時間は$O(1 + \min\{i, n - i\})$である。

```
DLList
Node* getNode(int i) {
  Node* p;
  if (i < n / 2) {
    p = dummy.next;
    for (int j = 0; j < i; j++)
      p = p->next;
  } else {
    p = &dummy;
    for (int j = n; j > i; j--)
      p = p->prev;
  }
  return (p);
}
```

get(i)とset(i,x)も簡単である。i番めのノードを見つけ、その値を読み書きすればよい。

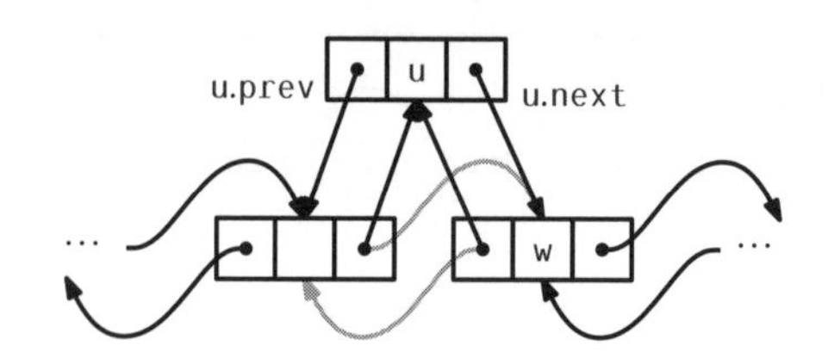

▶図3.3　DLListにおいて、uをノードwの直前に挿入する

```
T get(int i) {
    return getNode(i)->x;
}
T set(int i, T x) {
  Node* u = getNode(i);
  T y = u->x;
  u->x = x;
  return y;
}
```

これらの操作の実行時間は、i番めのノードを見つける時間に大きく左右されるので、$O(1+\min\{i,n-i\})$ である。

3.2.1　追加と削除

DLListにおいてノードwの直前にノードuを追加したいとき、ノードwの参照がわかっているなら、u.next = wおよびu.prev = w.prevとし、u.prev.nextとu.next.prevを適切に調整すればよい（図3.3参照）。ダミーノードがあるので、w.prevやw.nextがない場合を特別扱いせずに済む。

```
Node* addBefore(Node *w, T x) {
  Node *u = new Node;
  u->x = x;
  u->prev = w->prev;
  u->next = w;
  u->next->prev = u;
  u->prev->next = u;
  n++;
  return u;
}
```

add(i,x)操作の実装は自明だ。DLListのi番めのノードを見つけ、データxを持つ新しいノードuをその直前に挿入すればよい。

```
void add(int i, T x) {
  addBefore(getNode(i), x);
}
```

add(i,x)の処理のうち、実行時間が定数でないのは、(getNode(i)を使って)i番めのノードを見つける処理だけだ。よって、add(i,x)の実行時間は$O(1+\min\{$i,n−i$\})$である。

DLListからノードwを削除するのは簡単である。w.nextとw.prevのポインタをwをスキップするように調整すればよい。ここでもダミーノードのおかげで複雑な場合分けの必要がなくなっている。

```
DLList
void remove(Node *w) {
  w->prev->next = w->next;
  w->next->prev = w->prev;
  delete w;
  n--;
}
```

ここまでくるとremove(i)も自明だ。i番めのノードを見つけ、これを削除すればよい。

```
DLList
T remove(int i) {
  Node *w = getNode(i);
  T x = w->x;
  remove(w);
  return x;
}
```

remove(i)の実行時間は、getNode(i)によってi番めのノードを見つける処理に左右されるので、$O(1+\min\{$i,n−i$\})$である。

3.2.2 要約

次の定理はDLListの性能をまとめたものである。

定理 3.2：

DLListは、Listインターフェースを実装する。get(i)、set(i,x)、add(i,x)、remove(i)の実行時間はいずれも$O(1+\min\{$i,n−i$\})$である。

DLListの操作の実行時間は、getNode(i)のコストを無視すると、いずれも定数時間である。つまり、DLListの操作において時間のかかる部分は、目的のノードを見つける処理だけだ。目的のノードさえ見つかれば、追加、削除、データの読み書きはいずれも定数時間で実行できる。

これは、第2章で説明した配列を使ったListの実装とは対照的である。第2章では、目的のノードは定数時間で見つかるが、要素を追加したり削除したりするために配列内の要素をシフトする必要があり、結果として各処理は非定数時間であった。

このことからわかるように、連結リストは何か別の方法でノードの参照が得られるようなアプリケーションに適している。例えば、連結リストのノードへの参照をUSetに格納しておくという手法がある。そうすれば、連結リストからxを削除したい場合にはxを含むノードをUSetから素早く探し出し、当該のノードを連結リストから定数時間で削除できる。

3.3 SEList：空間効率の良い連結リスト

連結リストの欠点のひとつは、リストの中央付近の要素へのアクセスに時間がかかる点を除けば、メモリ使用量が多いことである。DLListのノードは、いずれも前後2つのノードへの参照を持つ。Nodeのフィールドのうち2つがリストを維持するために占められ、データを入れるのに使われるのが残りの1つだけなのである。

SEList（space-efficient list）は、この無駄な領域をシンプルなアイデアで削減するデータ構造だ。DLListのように要素を1個ずつノードに入れるのではなく、複数の要素を含むブロック（配列）をデータとしてノードに入れる。もう少し正確に説明しよう。SEListには**ブロックサイズ**を表す変数bがある。SEListの個々のノードは、b+1個の要素を収容できる配列をデータとして持つのである。

あとで詳しく説明するが、個々のブロックに対してDequeの操作を実行できると都合がよい。そこで、BDeque（bounded deque）というデータ構造を使うことにする。BDequeは、2.4節で説明したArrayDequeに似たデータ構造だが、少しだけ異なる点がある。具体的には、新しいBDequeを作るときに用意する配列aの大きさはb+1であり、その後は拡大も縮小もされない。BDequeの重要な特徴は、先頭や末尾に対する要素の追加や削除を定数時間で実行できることだ。これは要素を他のブロックから移動するうえで都合がよい。

SEList
```
class BDeque : public ArrayDeque<T> {
public:
  BDeque(int b) {
    n = 0;
    j = 0;
    array<int> z(b+1);
    a = z;
  }
  ~BDeque() { }
  void add(int i, T x) {
    ArrayDeque<T>::add(i, x);
  }
  bool add(T x) {
    ArrayDeque<T>::add(size(), x);
    return true;
  }
  void resize() {}
};
```

SEListはブロックの双方向連結リストである。

```
class Node {
public:
  BDeque d;
  Node *prev, *next;
  Node(int b) : d(b) { }
};
```
SEList

```
int n;
Node dummy;
```
SEList

3.3.1 必要なメモリ量

SEListでは、ブロックに含められる要素数に次のような強い制限がある。すなわち、末尾以外のブロックはすべて$\mathtt{b}-1$個以上$\mathtt{b}+1$個以下の要素を含む。つまり、SEListがn要素を含むなら、ブロック数は次の値以下である[†3]。

$$\mathtt{n}/(\mathtt{b}-1)+1=O(\mathtt{n}/\mathtt{b})$$

末尾以外の各ブロックのBDequeは$\mathtt{b}-1$個以上の要素を含むので、各ブロック内の無駄な領域は高々定数である。ブロックが使う余分なメモリも定数である。よって、SEListの無駄な領域は$O(\mathtt{b}+\mathtt{n}/\mathtt{b})$である[†4]。bを$\sqrt{\mathtt{n}}$の定数倍にすれば、SEListの無駄な領域を2.6.2節で導出した下界に等しくすることができる。

3.3.2 要素を検索

SEListの最初の課題は、リストのi番めの要素を見つけることである。要素の位置は次の2つから決まる。

1. i番めの要素を含むブロックをデータとして持つノードu
2. そのブロックの中の要素の添字j

[†3] 訳注：1が足されているのは$n=0$のような特殊な場合への対応と考えられる。
[†4] 訳注：最初の項bは、末尾のブロック内の無駄な領域を表す。

SEList
```
class Location {
public:
  Node *u;
  int j;
  Location() { }
  Location(Node *u, int j) {
    this->u = u;
    this->j = j;
  }
};
```

ある要素を含むブロックを見つけるには、DLListのときと同じ方法を使う。つまり、目的のノードを先頭から順方向に、もしくは末尾から逆方向に探す。唯一の違いは、ノードからノードに移るたびにブロックをまるごとスキップできる点だ。

SEList
```
void getLocation(int i, Location &ell) {
  if (i < n / 2) {
    Node *u = dummy.next;
    while (i >= u->d.size()) {
      i -= u->d.size();
      u = u->next;
    }
    ell.u = u;
    ell.j = i;
  } else {
    Node *u = &dummy;
    int idx = n;
    while (i < idx) {
      u = u->prev;
      idx -= u->d.size();
    }
    ell.u = u;
    ell.j = i - idx;
  }
}
```

どのブロックにも少なくとも $b-1$ 個の要素が入っている（そうなっていないブロックは高々1つである）ことを考えれば、毎回のステップで、探している要素に最低でも $b-1$ 個ずつは近づいていく。よって、順方向に探索するときは、目的のノードに $O(1+i/b)$ ステップで到達する。一方、逆方向では $O(1+(n-i)/b)$ ステップである。この2つの値の小さいほうが、このアルゴリズムの実行時間を決める。つまり、i番めの要素を特定するのに要する時間は $O(1+\min\{i,n-i\}/b)$ である。

i番めの要素を含むブロックさえ特定できれば、あとは目的のブロックの中でノードを取得するなり設定するなりしてget(i)もしくはset(i,x)を実行できる。

SEList
```
T get(int i) {
  Location l;
  getLocation(i, l);
  return l.u->d.get(l.j);
}
T set(int i, T x) {
  Location l;
  getLocation(i, l);
  T y = l.u->d.get(l.j);
  l.u->d.set(l.j, x);
  return y;
}
```

get(i)とset(i,x)の実行時間は、i番めの要素を含むブロックを探す時間に左右されるので、$O(1+\min\{i,n-i\}/b)$である。

3.3.3 要素の追加

SEListへの要素の追加はもう少し複雑だ。一般的な場合を考える前に、より簡単な操作である末尾への要素の追加add(x)を考えよう。末尾のブロックが一杯（あるいはそもそもブロックが1つもない）ときは、新しいブロックを割り当ててリストの末尾に追加する。すると、末尾のブロックが一杯でないことが保証されるので、xをその末尾のブロックに追加できる。

SEList
```
void add(T x) {
  Node *last = dummy.prev;
  if (last == &dummy || last->d.size() == b+1) {
    last = addBefore(&dummy);
  }
  last->d.add(x);
  n++;
}
```

add(i,x)でリストの中に要素を追加しようとすると話が複雑になる。まず、リストにおけるi番めの要素が入るはずのノードuを特定する。ここで問題になるのは、ノードuのブロックがすでにb+1個の要素を含んでおり、xを入れる隙間がない場合である。

$u_0,u_1,u_2,\ldots$がそれぞれu,u.next,u.next.next,...を表すとする。xを入れる余地があるノードがないか、$u_0,u_1,u_2,\ldots$を探索する。この探索の過程で3つの場合が考えられる（図3.4参照）。

1. すぐ（$r+1\le b$ステップ以内）に、一杯でないブロックを持つノードu_rが見つかる。この場合は、r回のシフトによって要素を次のブロックに移し、u_rの空いたスペースをu_0に持ってくる。すると、xをu_0のブロックに挿入できるようになる

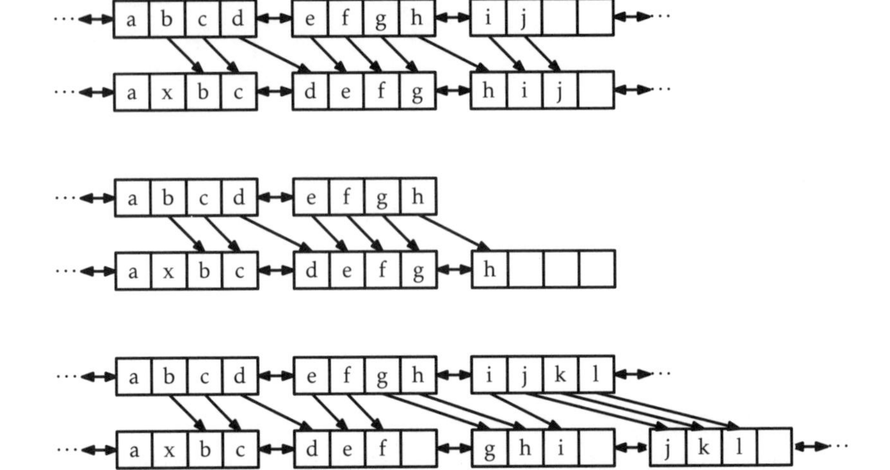

▶ 図3.4　SEListに対する要素xの追加で起こりえる3つの状況（このSEListではブロックの大きさbは3である）

2. すぐ（$r+1 \le b$ ステップ以内）に、ブロックのリストの末尾に到達する。この場合には、新しい空のブロックをリストの末尾に追加し、最初のケースと同様の処理を行う
3. bステップ探しても空きがあるブロックが見つからない。この場合、$u_0,\ldots,u_{b-1}$ はいずれも $b+1$ 個の要素を含むブロックの列である。新しいブロック u_b をこの列の直後に追加し、もともとあった $b(b+1)$ 個の要素を、$u_0,\ldots,u_b$ がいずれも b 個の要素を含むように分配する。すると、u_0 のブロックは b 個の要素しか含まないので、ここに x を挿入できる

SEList
```
void add(int i, T x) {
  if (i == n) {
    add(x);
    return;
  }
  Location l; getLocation(i, l);
  Node *u = l.u;
  int r = 0;
  while (r < b && u != &dummy && u->d.size() == b+1) {
    u = u->next;
    r++;
  }
  if (r == b) { // b+1 要素を含むブロックが b 個あった
    spread(l.u);
    u = l.u;
  }
  if (u == &dummy) { // 末尾まで到達したので新たなノードを加える
    u = addBefore(u);
  }
  while (u != l.u) { // 逆方向に要素をシフトする
    u->d.add(0, u->prev->d.remove(u->prev->d.size()-1));
    u = u->prev;
  }
  u->d.add(l.j, x);
  n++;
}
```

add(i,x)の実行時間は、上の3つの場合のどれが起きるかによって決まる。最初の2つの場合では、最大bブロックにわたって要素を探してシフトするので、実行時間はO(b)である。3つめの場合では、spread(u)を呼び出してb(b + 1)個の要素を動かすので、実行時間は$O(\mathtt{b}^2)$である。3つめの場合のコストを無視すれば、i番めの位置に要素xを挿入するときの実行時間は$O(\mathtt{b} + \min\{\mathtt{i},\mathtt{n}-\mathtt{i}\}/\mathtt{b})$である（3つめの場合のコストはあとで償却法で説明する）。

3.3.4 要素の削除

SEListから要素を削除する操作は、要素を追加する操作に似ている。すなわち、まずi番めの要素を含むノードuを特定し、そのうえでuから要素を削除した結果としてuのブロックの要素数がb − 1より小さくなってしまう場合への対策が必要だ。

やはりu,u.next,u.next.next,...を$\mathtt{u}_0,\mathtt{u}_1,\mathtt{u}_2,\ldots$で表そう。$\mathtt{u}_0$のブロックの要素数をb − 1以上にするため、$\mathtt{u}_0,\mathtt{u}_1,\mathtt{u}_2,\ldots$を順番に調べていって、要素を持ってくるノードを見つける。ここでも考えられる可能性は3つある（図3.5参照）。

1. すぐ（$r+1 \le \mathtt{b}$ステップ以内）に、b − 1より多くの要素を含むノードが見つかる。この場合は、r回のシフトで要素をあるブロックから後方のブロックに送り、$\mathtt{u}_r$の余った要素を$\mathtt{u}_0$に持ってくる。すると、$\mathtt{u}_0$のブロックから目的の要素を削除できるようになる

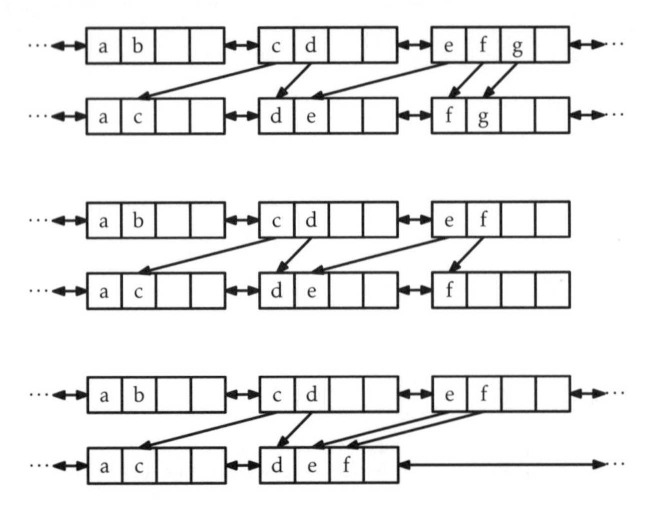

▶ 図3.5　SEListに対する要素xの削除で起こりうる3つの状況（このSEListではブロックの大きさbは3である）

2. すぐ（$r+1 \leq$ bステップ以内）に、リストの末尾に到達する。この場合、u_r は末尾のノードであり、そのブロックにはb − 1個以上の要素を含むという制約がない。そのため、1つめの場合と同様に u_r から要素を借りてきて u_0 に足してよい。その結果として u_r のブロックが空になったら削除する
3. bステップの間にb − 1個より多くの要素を含むブロックが見つからない。この場合、$u_0,\ldots,u_{b-1}$ はいずれも要素数b − 1のブロックの列である。そこでgather()を呼び、b(b − 1)要素を $u_0,\ldots,u_{b-2}$ に集める。これらのb − 1個のブロックは、いずれもちょうどb個の要素を含むようになる。空になった u_{b-1} を削除すれば、u_0 のブロックがb要素を含むようになるので、ここから適当な要素を削除すればよい

SEList
```
T remove(int i) {
  Location l; getLocation(i, l);
  T y = l.u->d.get(l.j);
  Node *u = l.u;
  int r = 0;
  while (r < b && u != &dummy && u->d.size() == b - 1) {
    u = u->next;
    r++;
  }
  if (r == b) { // b-1 要素を含むブロックが b 個あった
    gather(l.u);
  }
  u = l.u;
  u->d.remove(l.j);
  while (u->d.size() < b - 1 && u->next != &dummy) {
    u->d.add(u->next->d.remove(0));
    u = u->next;
  }
  if (u->d.size() == 0)
    remove(u);
  n--;
  return y;
}
```

3つめの場合における gather(u) を無視すれば、add(i,x) と同様に、remove(i) の実行時間は $O(b + \min\{i, n - i\}/b)$ である。

3.3.5 spreadとgatherの償却解析

続いて、add(i,x) と remove(i) で実行される可能性がある gather(u) と spread(u) のコストを考える。はじめにコードを示す。

SEList
```
void spread(Node *u) {
  Node *w = u;
  for (int j = 0; j < b; j++) {
    w = w->next;
  }
  w = addBefore(w);
  while (w != u) {
    while (w->d.size() < b)
      w->d.add(0, w->prev->d.remove(w->prev->d.size()-1));
    w = w->prev;
  }
}
```

SEList
```
void gather(Node *u) {
  Node *w = u;
  for (int j = 0; j < b-1; j++) {
    while (w->d.size() < b)
      w->d.add(w->next->d.remove(0));
    w = w->next;
  }
  remove(w);
}
```

いずれの実行時間でも、支配的なのは二段階ネストしたループである。内側と外側いずれのループも最大b + 1回実行されるので、これらの操作の実行時間はどちらも$O((b+1)^2) = O(b^2)$である。しかし次の補題により、これらのメソッドはadd(i,x)およびremove(i)の呼び出しb回につき多くとも1回しか呼ばれないことがわかる。

補題 3.1：

空のSEListが作られ、$m \geq 1$回のadd(i,x)およびremove(i)が実行されるとする。このとき、spread()およびgather()に要する時間の合計は$O(bm)$である。

証明： ここでは償却解析のためのポテンシャル法を使う。ノードuのブロックの要素数がbでないとき、uは**不安定（unstable）**であるという（すなわち、uは末尾のノードか、要素数がb − 1またはb + 1である）。ブロックの要素数がちょうどbであるノードは**安定（stable）**であるという。SEListの**ポテンシャル**を不安定なノードの数で定義する。ここではadd(i,x)とspread(u)の呼び出し回数の関係だけを議論する。remove(i)とgather(u)の解析も同様である。

add(i,x)の1つめの場合分けでは、ブロックの大きさが変化するノードはu_rだけである。よって高々1つのノードだけが安定から不安定になる。2つめの場合分けでは新しいノードが作られ、そのノードは不安定である。一方、他のノードの大きさは変わらず、不安定なノードの数は1つだけ増える。以上より、1つめ、2つめいずれの場合でも、SEListのポテンシャルの増加は高々1である。

最後に3つめの場合分けでは、$u_0,\ldots,u_{b-1}$はいずれも不安定である。spread(u_0)が呼ばれると、これらのb個の不安定なノードはb + 1個の安定なノードに置き換えられる。そしてxがu_0のブロックに追加され、u_0は不安定になる。ポテンシャルの減少は、合計でb − 1である。

まとめると、ポテンシャルは0から始まる（リストに1つもノードがない状態）。1つめと2つめの場合分けでは、ポテンシャルは高々1増える。3つめの場合分けでは、ポテンシャルはb − 1減る。不安定なノードの数を表すポテンシャルが0より小さくなることはない。つまり、3つめの場合分けのたびに、少なくともb − 1回、1つめの場合分けと2つめの場合分けが起きる。以上より、spread(u)が呼ばれるたびに、少なくともb回はadd(i,x)が呼ばれることが示された。 □

3.3.6 要約

次の定理はSEListの性能をまとめたものだ。

> 定理 3.3：
> SEListは、Listインターフェースを実装する。spread(u)とgather(u)のコストを無視すると、b個のブロックを持つSEListの操作について次が成り立つ。
>
> - get(i)とset(i,x)の実行時間は$O(1+\min\{i,n-i\}/b)$である
> - add(i,x)とremove(i)の実行時間は$O(b+\min\{i,n-i\}/b)$である
>
> さらに、空のSEListから始めて、add(i,x)およびremove(i)からなるm個の操作の列におけるspread(u)とgather(u)の実行時間は、合計で$O(bm)$である。
> 要素数nのSEListの空間使用量は、ワード単位で測ると$n+O(b+n/b)$である[†5]。

SEListにより、ArrayListかDLListかのトレードオフを調整できる。つまり、2つのデータ構造のどちらに寄せるかを、ブロックの大きさbによって調整できるのである。一方の極端な状況は$b=2$の場合であり、このときSEListのノードは最大で3つの値を持ち、これはDLListと同じである。もう一方の極端な状況は$b>n$の場合であり、このときすべての要素が1つの配列に格納され、これはArrayListのようなものである。これらの両極端な状況の間で、リストに対する要素の追加と削除にかかる時間と、特定の要素を見つけるのにかかる時間とのトレードオフを考えることになる。

3.4 ディスカッションと練習問題

単方向連結リストも双方向連結リストも40年以上前からプログラムで使われており、研究され尽くされた技法である。例えば、Knuthの[46, Sections 2.2.3-2.2.5]で議論されている。SEListもデータ構造における有名な練習問題である。SEListは**unrolled linked list** [67]と呼ばれることもある。

双方向連結リストの空間使用量を減らすための別な手法として、XOR-listと呼ばれるものもある。XOR-listでは、各ノードuはポインタの代わりにu.nextprevだけを持つ。このポインタの代わりとなる値は、u.prevとu.nextのXOR（排他的論理和）を取ったものである。リストでは、dummyを指すポインタとdummy.nextを指すポインタの2つが必要だ（dummy.nextはリストが空ならdummyを、そうでないなら先頭のノードを指す）。この技法では、uとu.prevがあれば、u.nextを次の関係式から計

---

†5 メモリの計測方法については1.4節の説明を参照。

算できることを利用している（∧は2つの引数の排他的論理和とする）。

$$u.next = u.prev \wedge u.nextprev$$

この技法の欠点は、コードが少し複雑になること、JavaやPythonなどのガーベッジコレクションのある言語では使えないことである。XOR-listについてのさらに踏み込んだ議論は、Sinhaの雑誌記事[68]を参照してほしい。

問 3.1： SLListにおいて、push(x)、pop()、add(x)、remove()の特殊なケースすべてをダミーノードを使って避けられないのはなぜか。

問 3.2： SLListのメソッドsecondLast()を設計、実装せよ。これはSLListの末尾の1つ前の要素を返すメソッドである。リストの要素数nを使わずに実装してみよ。

問 3.3： SLListのget(i)、set(i,x)、add(i,x)、remove(i)を実装せよ。いずれの操作の実行時間も$O(1+i)$であること。

問 3.4： SLListのreverse()操作を設計、実装せよ。これはSLListの要素の順番を逆にする操作である。この操作の実行時間は$O(n)$でなければならず、再帰を使ってはならない。また、他のデータ構造を補助的に使ったり、新しいノードを作ったりしてもいけない。

問 3.5： SLListおよびDLListのメソッドcheckSize()を設計、実装せよ。これはリストを辿り、nの値がリストに入っている要素の数と一致するかを確認するメソッドである。このメソッドは何も返さないが、もし要素数がnと一致しなければ例外を投げる。

問 3.6： addBefore(w)を再実装せよ。これはノードuを作り、それをノードwの直前に追加する操作だ。本章のコードは参照しないこと。本章のコードと完全に一致しなくても、正しいコードになっている可能性はある。自分が書いたコードをテストし、正しく動くかどうかを確認せよ。

以降の問題は、DLListの操作に関連するものだ。これらの問題では、新しいノードや一時的な配列を割り当ててはいけない。これらの問題は、いずれもノードのprevとnextを書き換えるだけで解ける。

問 3.7： DLListのメソッドisPalindrome()を実装せよ。これはリストが**回文**であるときtrueを返す。すなわち、任意の$i \in \{0,\ldots,n-1\}$について、i番めの要素と$n-i-1$番めの要素が等しいかどうかを確認する。実行時間は$O(n)$であること。

問 3.8： メソッドrotate(r)を実装せよ。これはDLListの要素を回転し、i番めの要素を$(i+r) \bmod n$番めの位置に移動する。実行時間は$O(1+\min\{r,n-r\})$であること。リスト内のノードを修正してはならない。

問 3.9： メソッド truncate(i) を実装せよ。これは DLList を i 番めで切り詰める。このメソッドを実行すると、リストの要素数は i になり、0,...,i − 1 番めの要素だけが残る。返り値は、i,...,n − 1 番めの要素を含む別の DLList である。実行時間は $O(\min\{i, n-i\})$ であること。

問 3.10： DLList のメソッド absorb(l2) を実装せよ。引数として別の DLList（l2）を取り、l2 を空にしてその中身を自分の要素として追加する。例えば、l1 が a,b,c を含み、l2 が d,e,f を含むとき、l1.absorb(l2) を実行すると、l1 は a,b,c,d,e,f を含み、l2 は空になる。

問 3.11： deal() を実装せよ。これは DLList から偶数番めの要素を削除し、それらの要素を含む DLList を返す操作だ。例えば l1 が a,b,c,d,e,f を含むとき、l1.deal() を呼ぶと、l1 の要素は a,c,e になり、b,d,f を含むリストが返される。

問 3.12： メソッド reverse() を実装せよ。これは DLList の要素の順序を逆転する。

問 3.13： この問題では DLList を整列するマージソートというアルゴリズムを実装することになる。マージソートは 11.1.1 節で扱う。

1. DLList のメソッド takeFirst(l2) を実装せよ。これは l2 の先頭ノードを取り出してレシーバーに追加する。新しいノードを作らないことを除けば、add(size(),l2.remove(0)) と等価である。
2. DLList の静的メソッド merge(l1,l2) を実装せよ。これは 2 つの整列済みのリスト l1 と l2 を統合し、その結果を含む新たな整列済みリストを返す。この操作により l1 と l2 は空になる。例えば、l1 の要素が a,c,d、l2 の要素が b,e,f であるとき、このメソッドは a,b,c,d,e,f を含むリストを返す。
3. DLList のメソッド sort() を実装せよ。これはマージソートを使ってリストのすべての要素を整列する。この再帰的なアルゴリズムは次のように動作する。
   (a) リストの要素数が 0 または 1 なら何もしない
   (b) そうでないなら、truncate(size()/2) によって、リストをほぼ等しい大きさの 2 つのリスト l1 と l2 に分割する
   (c) 再帰的に l1 を整列する
   (d) 再帰的に l2 を整列する
   (e) 最後に l1 と l2 を統合して 1 つの整列済みリストとする

以降の問題は発展的なもので、要素が追加および削除される際に Stack と Queue の最小値がどうなるかについての理解が必要になる。

問 3.14： データ構造 MinStack を設計、実装せよ。これは比較可能な要素を持ち、スタックの操作 push(x)、pop()、size() をサポートし、min() 操作も可能なデータ構造である。min() はデータ構造に入っている要素のうち最小の値を返す。すべての操作の実行時間は定数であること。

問 3.15： データ構造MinQueueを設計、実装せよ。これは比較可能な要素を持ち、キューの操作add(x)、remove()、size()をサポートし、min()操作も可能なデータ構造である。すべての操作の償却実行時間は定数であること。

問 3.16： データ構造MinDequeを設計、実装せよ。これは比較可能な要素を持ち、双方向キューの操作addFirst(x)、addLast(x)、removeFirst()、removeLast()、size()をサポートし、min()操作も可能なものである。すべての操作の償却実行時間は定数であること。

以降の問題は、空間効率の良いSLListの解析と実装について理解度を測るためのものである。

問 3.17： SEListがStackのように使われるとき、つまりSEListがpush(x) ≡ add(size(),x)とpop() ≡ remove(size() − 1)によってのみ更新されるとき、これらの操作の償却実行時間がいずれもbの値に依存しない定数であることを証明せよ。

問 3.18： Dequeの操作をすべてサポートし、いずれの償却実行時間もbに依存しない定数であるようなSEListを設計、実装せよ。

問 3.19： ビット単位の排他的論理和∧によって2つのint型の値を入れ替える方法を説明せよ。ただし、その際に3つめの変数を使ってはならないものとする。

第4章

スキップリスト

この章ではスキップリストという素晴らしいデータ構造を紹介する。スキップリストはさまざまな形で活用できる。例えば、get(i)、set(i,x)、add(i,x)、remove(i)の実行時間がいずれも$O(\log n)$であるようなListを実装できる。また、すべての操作の期待実行時間が$O(\log n)$であるようなSSetもスキップリストで実装できる。

スキップリストが効率的なのはランダム性を利用していることによる。新しい要素を追加するとき、スキップリストでは、ランダムなコイントスの結果に応じて要素の高さを決める。スキップリストの性能評価には、実行時間の期待値と、要素を見つけるための経路の長さの期待値を使う。期待値で評価するのは、スキップリストではコイントスにより決まる確率を利用するからだ。スキップリストで使うコイントスは、実際には擬似乱数生成器を使ってシミュレーションする。

4.1 基本的な構造

スキップリストは、単方向連結リスト$L_0,\ldots,L_h$を並べたものだと考えられる。n個の要素を含むスキップリストを例に考えてみよう。1つめの単方向連結リストであるL_0には、それらn個の要素をすべて含める。そのL_0から一部の要素を取り出してL_1を作る。さらにL_1からL_2を作る。これを繰り返す。L_{r-1}の要素をL_rに含めるかどうかは、各要素についてコインを投げて決める。投げたコインが表なら、その要素をL_rに含める。最終的にL_rが空になったら繰り返しを終える。スキップリストの例を図4.1に示す。

スキップリストの各要素xについて、xを含む単方向連結リストL_rの添字rのうち最大のものを、xの**高さ**（**height**）と定義する。例えば、xがL_0だけに含まれているなら、xの高さは0である。少し考えてみればわかるように、xの高さは、裏が出るまでにコインを繰り返し投げる回数である。このとき表は何回出るだろうか。この問い

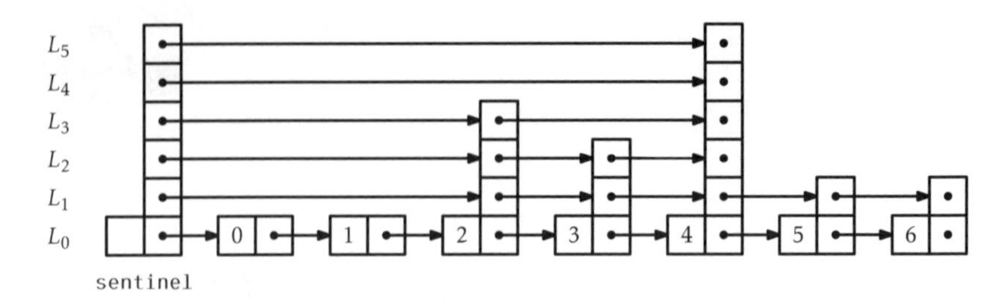

▶ 図4.1　7つの要素を含むスキップリストの例

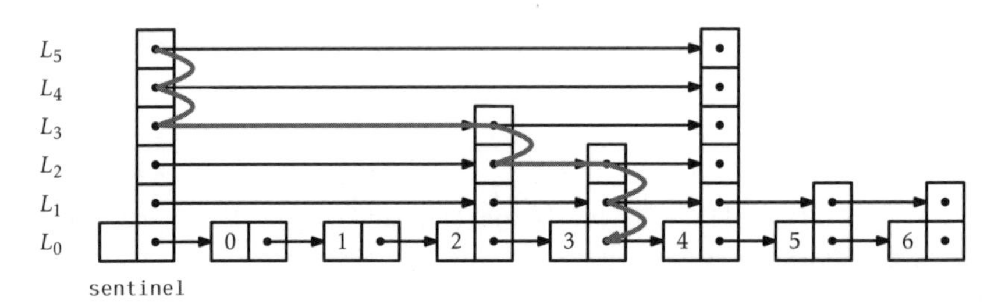

▶ 図4.2　あるスキップリストにおける、4を含むノードの探索経路

の答え、そしてxの高さの期待値は、当然1である（コイントスの回数の期待値としては2だが、最後のトスは表ではないので、表が出た回数の期待値は1になる）。スキップリストの各要素の高さのうち、最も高いものを、そのスキップリストの**高さ**と定義する。

すべてのリストの先頭には、**番兵（sentinel）**と呼ばれる特別なノードを置く。これは、当該のリストに対するダミーノードとして機能する。スキップリストの重要な性質は、L_h の番兵から L_0 の各ノードまでの短いパスが存在することだ。このパスを**探索経路（search path）**と呼ぶ。あるノードuへの探索経路は簡単に構築できる。左上端のノード（つまり L_h の番兵）からスタートし、uに到達したりuを通り越したりしない限り、右へと進み続ける。uに到達、もしくはuを通り越してしまうときは、右ではなく下に進む（図4.2参照）。

もう少し正確に説明する。L_h の番兵wから L_0 のノードuへの探索経路を見つけるには、まずw.nextを見て、これが L_0 の中でuより前にあればw = w.nextとする。そうでなければ1つ下のリストに降りて、L_{h-1} におけるwから処理を続ける。これを L_0 におけるuの直前の要素に辿り着くまで繰り返す。

このような探索経路は、次の補題が示すように、かなり短い（この補題は4.4節で証明する）。

補題 4.1：
L_0のノードuについて、uの探索経路の長さの期待値は$2\log n + O(1) = O(\log n)$である。

空間効率の良い方法でスキップリストを実装するには、ノードuがデータxとポインタの配列nextを含むようにし、u.next[i]がL_iにおけるuの次のノードを指すようにすればよい。xは複数のリストに現れることがあるが、こうすればノードとしての実体は1つだけあれば済む。

```
SkiplistSSet
struct Node {
  T x;
  int height;
  Node *next[];
};
```

以降の2つの節ではスキップリストの応用を紹介する。いずれの応用でも、主な構造（リストや整列された集合）はL_0に入れる。2つの応用の違いは、探索経路の辿り方である。特に、L_rから下（L_{r-1}）に降りるかL_rの中でそのまま右に進むかを決める方法が異なる。

4.2 SkiplistSSet：効率的なSSet

SkiplistSSetは、スキップリストを使ったSSetインターフェースの実装である。SSetインターフェースの実装にスキップリストを使う場合、L_0にはSSetの要素を整列して格納する。探索経路に沿って$y \geq x$を満たすような最小のyを探すメソッドfind(x)を下記に示す。

```
SkiplistSSet
Node* findPredNode(T x) {
  Node *u = sentinel;
  int r = h;
  while (r >= 0) {
    while (u->next[r] != NULL
           && compare(u->next[r]->x, x) < 0)
      u = u->next[r]; // リスト r の中で右に進む
    r--; // リスト r-1 に下がる
  }
  return u;
}
T find(T x) {
  Node *u = findPredNode(x);
  return u->next[0] == NULL ? null : u->next[0]->x;
}
```

yまでの探索経路を辿るのは簡単だ。L_rの中のノードuにいるとしたら、まず右隣u.next[r].xを見る。$x > u.next[r].x$なら、L_rの中で右に進む。そうでないなら、L_{r-1}に下がる。各ステップ（右または下に進む）は一定の時間で実行できる。よって、補題 4.1 より、find(x) の期待実行時間は $O(\log n)$ である。

SkipListSSet に要素を追加する方法を考えるには、新しいノードの高さ k を決めるコイントスのシミュレート方法を考える必要がある。これには、ランダムな整数 z を生成し、z の二進表記において連続する 1 の数を数える[†1]。

```
SkiplistSSet
int pickHeight() {
  int z = rand();
  int k = 0;
  int m = 1;
  while ((z & m) != 0) {
    k++;
    m <<= 1;
  }
  return k;
}
```

SkiplistSSet の add(x) を実装するには、x を入れる場所を見つけ、高さ k を pickHeight() で決め、x を $L_0,\ldots,L_k$ に継ぎ足す。これを最も簡単に実現するため、配列 stack を用意し、探索経路においてリスト L_r からリスト L_{r-1} へと下がる箇所に該当するノードを記録しておく。より正確に言うと、探索経路において L_r から L_{r-1} へと下がるときの L_r のノードを stack[r] とする。こうすると、x の挿入時に修正が必要なノードが、まさに stack[0],...,stack[k] になる（図4.3）。このアルゴリズムを利用した add(x) の実装を下記に示す。

```
SkiplistSSet
bool add(T x) {
  Node *u = sentinel;
  int r = h;
  int comp = 0;
  while (r >= 0) {
    while (u->next[r] != NULL
           && (comp = compare(u->next[r]->x, x)) < 0)
      u = u->next[r];
    if (u->next[r] != NULL && comp == 0)
      return false;
    stack[r--] = u;          // u を入れて下に進む
  }
  Node *w = newNode(x, pickHeight());
  while (h < w->height)
    stack[++h] = sentinel; // 高さが増える
  for (int i = 0; i <= w->height; i++) {
    w->next[i] = stack[i]->next[i];
    stack[i]->next[i] = w;
  }
  n++;
  return true;
}
```

[†1] k は int のビット数より常に小さくなるから、この方法でコイントスを完全には再現できない。しかし、要素数が $2^{32} = 4294967296$ を超える場合でもない限り、この影響は無視できるほど小さい。

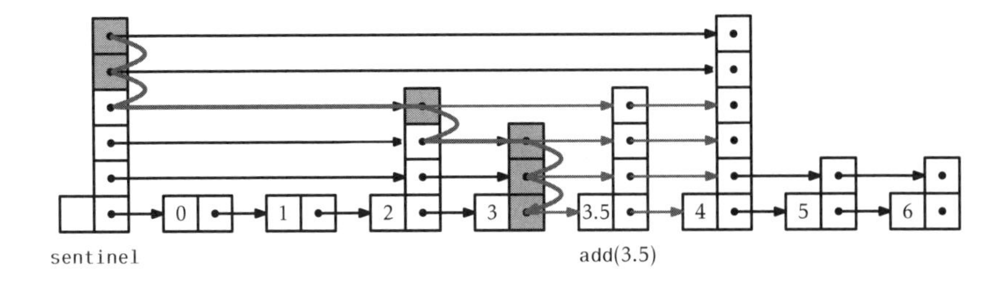

▶ 図4.3　値3.5を含むノードをskiplistに追加する。stackに格納されるノードを強調している

要素xの削除も同様だ。ただし、削除ではstackを使って探索経路を記録する必要はない。削除は探索経路を辿っていく途中でできる。xを探す途中にノードuから下に向かうとき、u.next.x = xであるならuを繋ぎ替えればよい（図4.4）。

SkiplistSSet
```
bool remove(T x) {
  bool removed = false;
  Node *u = sentinel, *del;
  int r = h;
  int comp = 0;
  while (r >= 0) {
    while (u->next[r] != NULL
           && (comp = compare(u->next[r]->x, x)) < 0) {
      u = u->next[r];
    }
    if (u->next[r] != NULL && comp == 0) {
      removed = true;
      del = u->next[r];
      u->next[r] = u->next[r]->next[r];
      if (u == sentinel && u->next[r] == NULL)
        h--; // スキップリストの高さを小さくする
    }
    r--;
  }
  if (removed) {
    delete del;
    n--;
  }
  return removed;
}
```

4.2.1 要約

定理4.1は、全順序集合（SSet）の実装にスキップリストを使った場合の性能について要約したものだ。

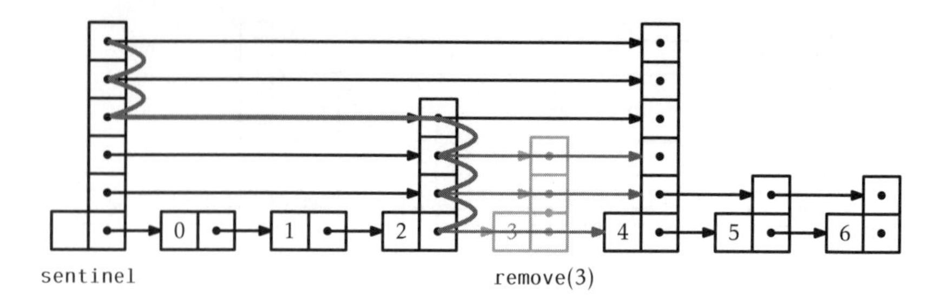

▶ 図4.4　値3を含むノードをskiplistから削除する

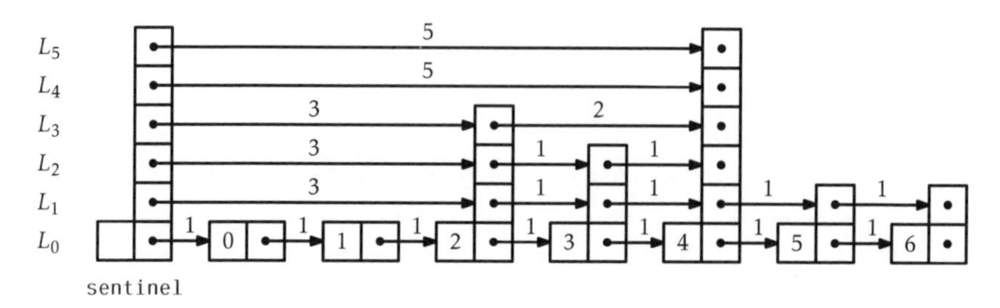

▶ 図4.5　skiplistにおける辺の長さ

> **定理 4.1：**
> SkiplistSSetはSSetインターフェースの実装である。SkiplistSSetにおけるadd(x)、remove(x)、find(x)の実行時間の期待値は、いずれも$O(\log n)$である。

4.3 SkiplistList：効率的なランダムアクセスList

SkiplistListは、スキップリストを使ったListインターフェースの実装である。SkiplistListでは、L_0に、リストListの要素がリストにおける順番通りに含まれる。SkiplistSSetと同様に、要素の追加、削除、読み書きのいずれの実行時間も$O(\log n)$である。

これを可能にするためには、まずL_0におけるi番めの要素を見つける方法が必要だ。これを最も簡単に実現するため、リストL_rの各辺について**長さ**を定義する。L_0については、どの辺の長さも1とする。L_r（$r > 0$）については、辺eの長さを、L_{r-1}においてeの下にある辺の長さの和とする。これは、eの下にあるL_0の辺の数と等しい。あるスキップリストに辺を併記した例を図4.5に示す。スキップリストの辺は配列に格納されているので、その長さも同様にして格納すればよい。

SkiplistList
```
struct Node {
  T x;
  int height;
  int *length;
  Node **next;
};
```

この定義には、L_0 においてj番めのノードから長さ ℓ の辺を辿ると、L_0 において $j+\ell$ のノードに移るという良い性質がある。これを利用すれば、探索経路を辿りながら L_0 におけるインデックスjを算出できる。L_r のノードuにいるとき、辺u.next[r]の長さとjの和がiより小さいなら右に進む。そうでないなら下（L_{r-1}）に進む。

SkiplistList
```
Node* findPred(int i) {
  Node *u = sentinel;
  int r = h;
  int j = -1;   // リスト 0 における現在のノードのインデックス
  while (r >= 0) {
    while (u->next[r] != NULL && j + u->length[r] < i) {
      j += u->length[r];
      u = u->next[r];
    }
    r--;
  }
  return u;
}
```

SkiplistList
```
T get(int i) {
  return findPred(i)->next[0]->x;
}
T set(int i, T x) {
  Node *u = findPred(i)->next[0];
  T y = u->x;
  u->x = x;
  return y;
}
```

get(i)およびset(i,x)において最も計算時間がかかるのは L_0 のi番めのノードを見つける処理なので、get(i)およびset(i,x)操作の実行時間は $O(\log n)$ である。

SkiplistListのi番めの位置に要素を追加するのは簡単だ。SkiplistSSetとは違い、新しいノードが必ず追加されるので、ノードの位置を見つける処理とノードを追加する処理とを同時に実行できる。まずは新たに挿入するノードwの高さkを決め、iの探索経路を辿る。L_r から下に進むのは $r \le k$ のときで、このときwを L_r に継ぎ足す。その際には辺の長さを適切に更新する必要があることにも注意する（図4.6参照）。

探索経路上でリスト L_r のノードuに降りたときは、i番めの位置に要素を追加するため、辺u.next[r]の長さを1つ大きくする。ノードwを2つのノードuとzの間に

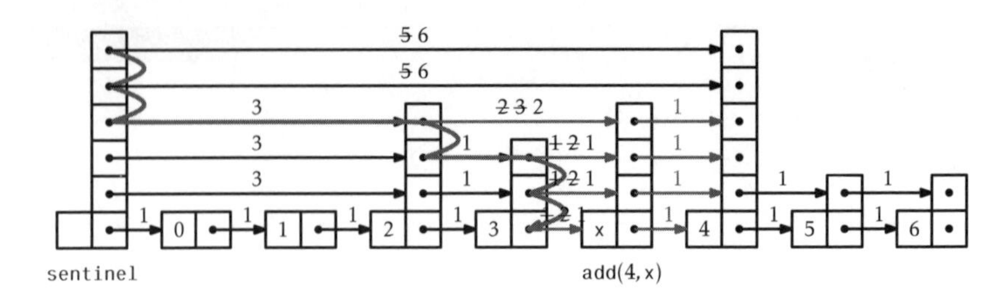

▶ 図4.6　SkiplistListへの要素の追加

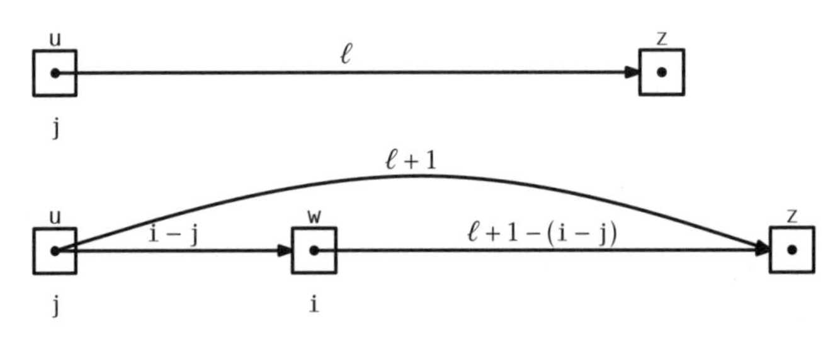

▶ 図4.7　ノードwをskiplistに追加するときの、辺の長さの更新

追加する様子を図4.7に示す。L_0においてuが何番めなのかは、探索経路を辿りながら数えられる。そのため、uからwまでの辺の長さはi − jとわかる。さらに、uからzへの辺の長さℓから、wからzへの辺の長さを計算できる。こうしてwを挿入し、関連する辺の長さの更新を定数時間で終えることができる。

複雑そうに聞こえるかもしれないが、実際のコードはとても単純である。

SkiplistList
```
void add(int i, T x) {
  Node *w = newNode(x, pickHeight());
  if (w->height > h)
    h = w->height;
  add(i, w);
}
```

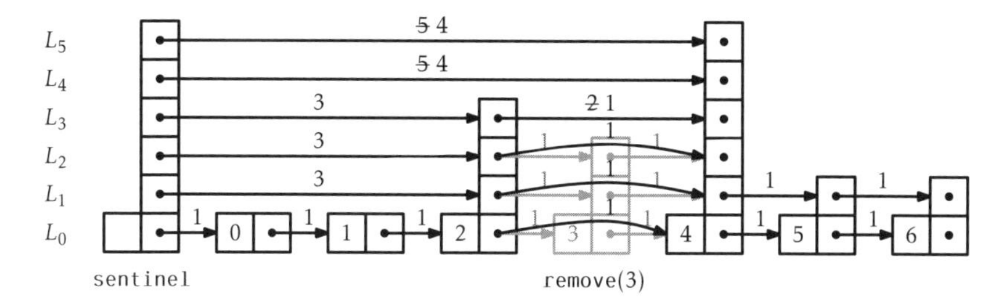

▶ 図4.8 SkiplistListから要素を削除する

```
Node* add(int i, Node *w) {
  Node *u = sentinel;
  int k = w->height;
  int r = h;
  int j = -1; // u のインデックス
  while (r >= 0) {
    while (u->next[r] != NULL && j + u->length[r] < i) {
      j += u->length[r];
      u = u->next[r];
    }
    u->length[r]++; // 新たなノードがリスト 0 において何番めなのかを数える
    if (r <= k) {
      w->next[r] = u->next[r];
      u->next[r] = w;
      w->length[r] = u->length[r] - (i - j);
      u->length[r] = i - j;
    }
    r--;
  }
  n++;
  return u;
}
```

ここまでの話から、SkiplistListにおけるremove(i)の実装は明らかである。i番めの位置への探索経路を辿る。高さrのノードuから経路が下に向かうとき、その高さにおけるuから出る辺の長さを1つ小さくする。また、u.next[r]が高さiの要素であるかどうかを確認し、もしそうならリストから取り除く（図4.8）。

SkiplistList

```
T remove(int i) {
  T x = null;
  Node *u = sentinel, *del;
  int r = h;
  int j = -1; // u のインデックス
  while (r >= 0) {
    while (u->next[r] != NULL && j + u->length[r] < i) {
      j += u->length[r];
      u = u->next[r];
    }
    u->length[r]--; // ノードを削除するので、辺の長さを減らす
    if (j + u->length[r] + 1 == i && u->next[r] != NULL) {
      x = u->next[r]->x;
      u->length[r] += u->next[r]->length[r];
      del = u->next[r];
      u->next[r] = u->next[r]->next[r];
      if (u == sentinel && u->next[r] == NULL)
        h--;
    }
    r--;
  }
  deleteNode(del);
  n--;
  return x;
}
```

4.3.1　要約

定理 4.2 は、SkiplistList の性能を要約したものだ。

定理 4.2：
SkiplistList は List インターフェースを実装する。SkiplistList における get(i)、set(i,x)、add(i,x)、remove(i) の実行時間の期待値は、いずれも $O(\log n)$ である。

4.4　スキップリストの解析

この節では、スキップリストの高さ、大きさ、探索経路の長さの期待値を解析する。基本的な確率論の知識を前提とする。いくつかの証明では、次に述べるコイントスについての考察を利用する。

補題 4.2：
T を、表裏が等しい確率で出るコインを投げて、表が出るまでに要するコイントスの回数とする（表が出た回数も含まれる点に注意）。このとき、$\mathrm{E}[T] = 2$ である。

証明： 表が出るまでコイントスを繰り返すとき、次のインジケータ確率変数を定義する。

$$I_i = \begin{cases} 0 & \text{コイントスが}\, i\, \text{回よりも少ないとき} \\ 1 & \text{コイントスが}\, i\, \text{回以上のとき} \end{cases}$$

$I_i = 1$は、最初の$i-1$回の結果がいずれも裏であることと同値である。よって、$\mathrm{E}[I_i] = \Pr\{I_i = 1\} = 1/2^{i-1}$である。コイントスの合計回数$T$は、$T = \sum_{i=1}^{\infty} I_i$と書ける。以上より、次のことがわかる。

$$\begin{aligned} \mathrm{E}[T] &= \mathrm{E}\left[\sum_{i=1}^{\infty} I_i\right] \\ &= \sum_{i=1}^{\infty} \mathrm{E}[I_i] \\ &= \sum_{i=1}^{\infty} 1/2^{i-1} \\ &= 1 + 1/2 + 1/4 + 1/8 + \cdots \\ &= 2 \end{aligned}$$

□

次の2つの補題では、スキップリストにおけるノード数が要素数に概ね比例することを示す。

補題 4.3：
n要素からなるスキップリストにおける（番兵を除く）ノード数の期待値は、2nである。

証明： 要素xがリストL_rに含まれる確率は$1/2^r$である。よって、L_rのノード数の期待値は$n/2^r$である[†2]。以上より、すべてのリストに含まれるノードの総数の期待値が求まる。

$$\sum_{r=0}^{\infty} n/2^r = n(1 + 1/2 + 1/4 + 1/8 + \cdots) = 2n$$

□

補題 4.4：
n要素を含むスキップリストの高さの期待値は$\log n + 2$以下である。

[†2] インジケータ確率変数と期待値の線形性からこの結果を得る方法は1.3.4節を参照せよ。

証明： $r \in \{1,2,3,\ldots,\infty\}$ について次の確率変数を定義する。

$$I_r = \begin{cases} 0 & L_r \text{が空のとき} \\ 1 & L_r \text{が空でないとき} \end{cases}$$

スキップリストの高さ h は次のように計算できる。

$$h = \sum_{r=1}^{\infty} I_r$$

I_r はリスト L_r の長さ $|L_r|$ を超えないことに注意する。

$$E[I_r] \le E[|L_r|] = n/2^r$$

以上より、次のことがわかる。

$$\begin{aligned} E[h] &= E\left[\sum_{r=1}^{\infty} I_r\right] \\ &= \sum_{r=1}^{\infty} E[I_r] \\ &= \sum_{r=1}^{\lfloor \log n \rfloor} E[I_r] + \sum_{r=\lfloor \log n \rfloor+1}^{\infty} E[I_r] \\ &\le \sum_{r=1}^{\lfloor \log n \rfloor} 1 + \sum_{r=\lfloor \log n \rfloor+1}^{\infty} n/2^r \\ &\le \log n + \sum_{r=0}^{\infty} 1/2^r \\ &= \log n + 2 \end{aligned}$$

□

補題 4.5：
n 要素からなるスキップリストのノード数の期待値は、番兵を含めて $2n + O(\log n)$ である。

証明： 補題 4.3 より、番兵を除いたノード数の期待値は $2n$ である。番兵の数の期待値はスキップリストの高さ h に等しく、これは補題 4.4 より $\log n + 2 = O(\log n)$ 以下である。 □

補題 4.6：
スキップリストにおける探索経路の長さの期待値は $2\log n + O(1)$ 以下である。

証明： 最も簡単な証明方法は、ノード x の**逆探索経路**を考えることだ。この逆探索経路は、L_0 における x の直前のノードから始まる。パスが上に向かえるときは上に向かう。そうでないなら左に進む。少し考えると、x の逆探索経路は、方向が逆であることを除いて探索経路と同じになることがわかるだろう。

ある高さで逆探索経路が通過するノードの数 r は、コインを投げて表が出れば上に向かってから停止し、裏が出れば左に向かい試行を続ける、という試行に関連している。すなわち、表が出るまでにコインを投げる回数は、逆探索経路において、ある高さで左に向かうステップの数に対応している[†3]。補題 4.2 より、初めて表が出るまでのコイントスの回数の期待値は 1 である。

（順方向の）探索経路において、高さ r で右に進む回数を S_r で表す。すると、$E[S_r] \leq 1$ である。さらに、L_r では L_r の長さよりも多く右に進むことはないので、$S_r \leq |L_r|$ である。よって次の式が成り立つ。

$$E[S_r] \leq E[|L_r|] = n/2^r$$

あとは補題 4.4 と同様に証明を完成すればよい。S をスキップリストにおけるノード u の探索経路の長さとする。また、h をそのスキップリストの高さとする。このとき、次の式が成り立つ。

$$\begin{aligned}
E[S] &= E\left[h + \sum_{r=0}^{\infty} S_r\right] \\
&= E[h] + \sum_{r=0}^{\infty} E[S_r] \\
&= E[h] + \sum_{r=0}^{\lfloor\log n\rfloor} E[S_r] + \sum_{r=\lfloor\log n\rfloor+1}^{\infty} E[S_r] \\
&\leq E[h] + \sum_{r=0}^{\lfloor\log n\rfloor} 1 + \sum_{r=\lfloor\log n\rfloor+1}^{\infty} n/2^r \\
&\leq E[h] + \sum_{r=0}^{\lfloor\log n\rfloor} 1 + \sum_{r=0}^{\infty} 1/2^r \\
&\leq E[h] + \sum_{r=0}^{\lfloor\log n\rfloor} 1 + \sum_{r=0}^{\infty} 1/2^r \\
&\leq E[h] + \log n + 3 \\
&\leq 2\log n + 5
\end{aligned}$$

□

次の定理にこの節の結果をまとめる。

[†3] 実際には、最初に表が出る、もしくは探索経路で番兵に出くわす場合に試行が終了するはずなので、

> 定理 4.3：
> n要素を含むスキップリストの大きさの期待値は$O(n)$である。ある要素の探索経路の長さの期待値は$2\log n + O(1)$以下である。

4.5 ディスカッションと練習問題

スキップリストを導入したのはPugh [60]である。Pughはスキップリストの拡張や応用も数多く提案した[59]。それ以来、スキップリストについては広く研究されている。スキップリストのi番めの要素を見つける探索経路の長さの期待値や分散については、複数の研究[45, 44, 56]でさらに正確に解析されている。決定的な（ランダム性を用いない）変種[53]、偏りのある変種[8, 26]、適応的な変種[12]も開発されている。スキップリストはさまざまな言語やフレームワークで書かれ、またオープンソースのデータベースシステムでも使われている[69, 61]。オペレーティングシステムHP-UXにおけるカーネルのプロセス制御の構造として、スキップリストの変種が使われている[42]。

問 4.1： 図4.1のスキップリストにおける2.5と5.5の探索経路を説明せよ。

問 4.2： 図4.1のスキップリストに対して値0.5の要素を高さ1で追加し、その後、値3.5の要素を高さ2で追加するときの振る舞いを説明せよ。

問 4.3： 図4.1のスキップリストから1と3を削除するときの振る舞いを説明せよ。

問 4.4： 図4.5の`SkiplistList`に`remove(2)`を実行するときの振る舞いを説明せよ。

問 4.5： 図4.5の`SkiplistList`に`add(3,x)`を実行するときの振る舞いを説明せよ。なお、`pickHeight()`は新たなノードの高さとして4を選択すると仮定せよ。

問 4.6： `add(x)`または`remove(x)`を実行するとき、`SkiplistSet`のポインタのうち操作されるものの数の期待値は定数であることを示せ。

問 4.7： ある要素をL_{i-1}からL_iへ昇格させるときにコイントスを使わず、確率$p(0 < p < 1)$を利用するとする。

1. このとき、探索経路の長さの期待値は$(1/p)\log_{1/p} n + O(1)$以下であることを示せ。
2. これを最小にするpを求めよ。
3. スキップリストの高さの期待値を求めよ。
4. スキップリストのノード数の期待値を求めよ。

左に向かう回数を多く数えてしまう可能性がある。しかし、いま考えている補題は上界に関するものなので問題はない。

問 4.8： SkiplistSetのfind(x)では**冗長な比較**を行うことがある。具体的には、xと同じ値を複数回にわたって比較することがある。このような冗長な比較は、u.next[r] = u.next[r − 1]を満たすノードuが存在すると発生する。どのようにして冗長な比較が発生するかを説明し、find(x)において冗長な比較が発生しないようにする方法を示せ。そして、このように修正したfind(x)メソッドによる比較の回数を解析せよ。

問 4.9： SSetの要素であってxより小さいものの個数をSSetにおける要素xのランクと呼ぶ。SSetインターフェースを実装するスキップリストを、ランクによる要素への高速アクセスが可能になるように設計、実装せよ。ランクiの要素を返すget(i)も実装せよ。get(i)操作の実行時間は$O(\log n)$とすること。

問 4.10：

探索経路において下に向かうノードを保存した配列のことを、スキップリストの**指**（**finger**）と呼ぶ（78ページのコードで、add(x)における変数stackは**指**である。図4.3の網掛のノードが指を表している）。指は、L_0における経路を示していると解釈することもできる。

指探索（**finger search**）は、指を利用したfind(x)の実装である。u.x < xかつ(u.next = null or u.next.x > x)を満たすノードuに到達するまでは指の要素を見ていき、uからふつうのxの探索を実行する。L_0においてbから指が指示する値までの間にある値の数をrとするとき、**指探索**のステップ数の期待値は$O(1 + \log r)$である。

内部で指を利用してfind(x)を実装したSkiplistのサブクラス、SkiplistWithFingerを実装せよ。このサブクラスでは指を保持し、find(x)を指探索として実装するためにその指を使う。find(x)では、xの位置を返すと同時に、指が常に前回のfind(x)の結果を指示するように更新する。

問 4.11： SkiplistListをi番めの位置で切り詰めるtruncate(i)メソッドを実装せよ。このメソッドを実行すると、リストの大きさはiになり、リストは添字0,...,i − 1の要素のみを含むようになる。このメソッドの返り値は、添字i,...,n − 1の要素を含むSkiplistListである。このメソッドの実行時間は$O(\log n)$でなければならない。

問 4.12： SkiplistListを引数に取り、引数のSkiplistListを空にして、その要素をレシーバーにそのままの順番で追加するメソッドabsorb(skiplistlist)を実装せよ。例えば、スキップリストl1の要素がa,b,c、スキップリストl2の要素がd,e,fであるとき、l1.absorb(l2)を呼ぶと、l1の要素はa,b,c,d,e,fになり、l2は空になる。このメソッドの実行時間は$O(\log n)$でなければならない。

問 4.13： SEListのアイデアを転用し、空間効率の良いSSetであるSESSetを設計、実装せよ。要素を順にSEListに格納し、このSEListのブロックをSSetに格納すればよい。オリジナルのSSetの実装でn要素の保持に$O(n)$のメモリを使うとしたら、SESSetではn要素を格納するためのメモリに加えて$O(n/b + b)$だけの余分な空間を使うことになるだろう。

問 4.14： SSetを使って（大きな）テキストを読み込み、そのテキストの任意の部分文字列をインタラクティブに検索できるアプリケーションを設計、実装せよ。ユーザーがクエリを入力したら、テキストのマッチしている部分があればそれを結果として返すこと。
ヒント1：任意の部分文字列は、ある接尾辞の接頭辞である。よって、テキストファイルのすべての接尾辞を保存すれば十分である。
ヒント2：任意の接尾辞は、テキストの中のどこから接尾辞が始まるかを表す1つの整数で簡潔に表現できる。
書いたアプリケーションを長いテキストでテストせよ。プロジェクトGutenberg [1] から書籍のテキストを入手できる。正しく動いたらレスポンスを速くしよう。すなわち、キー入力から結果が得られるまでに要する時間を認識できないくらい小さくしよう。

問 4.15：（この練習問題は、6.2節で二分探索木について学んでから取り組むこと。）
スキップリストを二分探索木と比較せよ。

1. スキップリストから辺をいくつか削除すると二分木のような構造が得られること、および、二分探索木に似ることを説明せよ。
2. スキップリストと二分探索木とでは、使うポインタの数はだいたい同じである（ノードあたり2つ）。しかし、スキップリストのほうが使い方がうまい。その理由を説明せよ。

第5章

ハッシュテーブル

ハッシュテーブルは、広範囲（例えば$U = \{0, \ldots, 2^{w} - 1\}$）におよぶ整数のうち、少数（例えばn個）の要素を格納する能率の良い方法だ。**ハッシュテーブル（hash table）**という言葉が指すデータ構造はたくさんある。本章の前半ではハッシュテーブルの一般的な実装を2つ紹介する。チェイン法を使う実装と、線形探索を使う実装だ。

ハッシュテーブルに整数ではないデータを格納することも多い。その場合には、各データに対応する**ハッシュ値（hash code）**という整数を使って、データをハッシュテーブルに格納する。この章の後半ではハッシュ値の生成方法について説明する。

本章で扱う手法のうちいくつかでは、ある範囲の整数からランダムにどれかを選択する方法が必要になる。このランダムな整数は、本章のサンプルコード中ではハードコードされた定数になっている。この定数を生成した際には、空気中のノイズを利用したランダムなビット列を利用した[†1]。

5.1 ChainedHashTable: チェイン法を使ったハッシュテーブル

ChainedHashTableというデータ構造では、**チェイン法（chaining）**を使って、データをリストの配列tに保存する。リスト全体に格納されている要素数の合計を整数nとする（図5.1）。

```
ChainedHashTable
array<List> t;
int n;
```

[†1] 訳注：物理現象を利用するとランダムな整数が得られる、という事実だけ把握すれば、この本の理解には差し支えない。

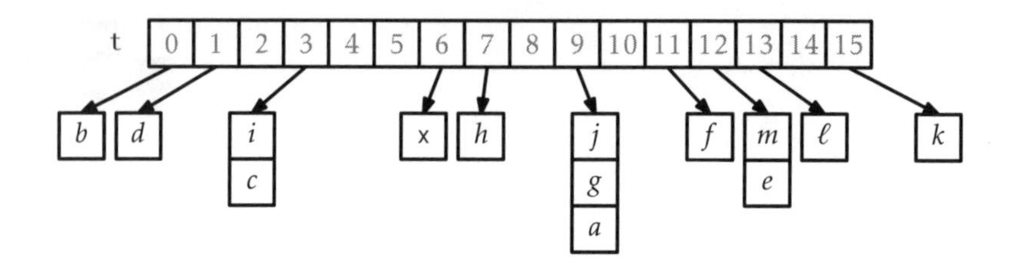

▶ 図5.1　n = 14、t.length = 16であるChainedHashTableの例。この例ではhash(x) = 6である

データxの**ハッシュ値**をhash(x)と書く。hash(x)は{0,...,t.length − 1}の範囲にある値である。ハッシュ値がiであるようなデータは、すべてリストt[i]に格納する。リストが長くなりすぎないように、次の不変条件を保持する。

$$n \le t.length$$

こうすると、リストの平均要素数は常に1以下になる（n/t.length ≤ 1）。

ハッシュテーブルに要素xを追加するには、配列tの大きさを増やす必要があるかどうかを確認し、その必要があればtを拡張する。あとは、xから{0,...,t.length − 1}内の整数であるハッシュ値iを計算し、xをリストt[i]に追加すればよい。

```
ChainedHashTable
bool add(T x) {
  if (find(x) != null) return false;
  if (n+1 > t.length) resize();
  t[hash(x)].add(x);
  n++;
  return true;
}
```

要素の追加時に配列の拡張が必要な場合は、tの大きさを2倍にし、元のテーブルに入っていた要素をすべて新しいテーブルに入れ直す。これはArrayStackのときと同じ戦略であり、同じ結果を適用できる。すなわち、要素を追加する操作の列で均せば、配列の拡張にかかる償却実行時間は定数である（29ページの補題2.1を参照）。

配列の拡張にかかる時間以外に、xをChainedHashTableに追加する操作にかかる時間は、リストt[hash(x)]へxを追記するのにかかる時間である。第2章や第3章で説明したどのリストの実装を使っても、この操作は定数時間で可能である。

要素xをハッシュテーブルから削除するには、xが見つかるまでリストt[hash(x)]を辿ればよい。

```
ChainedHashTable
T remove(T x) {
  int j = hash(x);
  for (int i = 0; i < t[j].size(); i++) {
    T y = t[j].get(i);
    if (x == y) {
      t[j].remove(i);
      n--;
      return y;
    }
  }
  return null;
}
```

削除にかかる実行時間は、$\mathsf{n_i}$ をリスト t[i] の長さとするとき、$O(\mathsf{n_{hash(x)}})$ である。

ハッシュテーブルから要素 x を見つける操作も同様である。次のようにリスト t[hash(x)] を線形に探索すればよい。

```
ChainedHashTable
T find(T x) {
  int j = hash(x);
  for (int i = 0; i < t[j].size(); i++)
    if (x == t[j].get(i))
      return t[j].get(i);
  return null;
}
```

探索の操作にも、リスト t[hash(x)] の長さに比例する時間がかかる。

ハッシュテーブルの性能はハッシュ関数の選択に大きく左右される。良いハッシュ関数は、要素を t.length 個のリストに均等に分散する関数であり、このときの各リストの長さの期待値は $O(\mathsf{n}/\mathsf{t.length}) = O(1)$ となる。一方、最悪のハッシュ関数は、すべての要素を同じリストに追加してしまう。すなわち、リスト t[hash(x)] の長さを n にしてしまう。次項では良いハッシュ関数の作り方を検討する。

5.1.1 乗算ハッシュ法

乗算ハッシュ法は、剰余算術（2.3 節参照）と整数の割り算からハッシュ値を効率的に計算する方法である。割り算の商となる整数を計算し、余りを捨てるには、div 演算子を使う。この演算子は、形式的には、任意の整数 $a \ge 0$ と $b \ge 1$ について $a \operatorname{div} b = \lfloor a/b \rfloor$ と定義される。

乗算ハッシュ法では、ある整数 d について、大きさ 2^{d} であるハッシュテーブルを使う。整数 d は**次数（dimension）**と呼ばれる。整数 $\mathsf{x} \in \{0,\ldots,2^{\mathsf{w}}-1\}$ のハッシュ値は次のように計算する。

$$\mathsf{hash(x)} = ((\mathsf{z} \cdot \mathsf{x}) \bmod 2^{\mathsf{w}}) \operatorname{div} 2^{\mathsf{w}-\mathsf{d}}$$

ここで、z は奇数の集合 $\{1,3,5,\ldots,2^{\mathsf{w}}-1\}$ からランダムに選択する。整数のビット数

2^{w} (4294967296)	100000000000000000000000000000000
z (4102541685)	11110100100001111101000101110101
x (42)	00000000000000000000000000101010
$z \cdot x$	1010000001111001001000010111010011 0010
$(z \cdot x) \bmod 2^{w}$	00011110010010000101110100110010
$((z \cdot x) \bmod 2^{w}) \operatorname{div} 2^{w-d}$	00011110

▶図5.2　w = 32、d = 8とした乗算ハッシュ法の操作

をwとするとき、整数の演算の結果は2^{w}を法として合同になる[†2]ことを思い出すと、このハッシュ関数の効率がとても良いことがわかる（図5.2参照）。しかも、2^{w-d}による整数の割り算は、二進法で右側のw − dビットを落とせば計算できる（ビットを右にw − d個だけシフトすればよいので、実装は上の式よりも単純になる）。

```
ChainedHashTable
int hash(T x) {
  return ((unsigned)(z * hashCode(x))) >> (w-d);
}
```

次の補題により、乗算ハッシュ法ではハッシュ値の衝突がうまく回避されることがわかる（証明は後述）。

補題 5.1：
xとyを、$\{0,\ldots,2^{w}-1\}$内の任意の整数であって、x ≠ yを満たすものとする。このとき、$\Pr\{\mathrm{hash}(x)=\mathrm{hash}(y)\}\le 2/2^{d}$が成り立つ。

補題 5.1より、remove(x)とfind(x)の性能は簡単に解析できる。

補題 5.2：
任意のデータxについて、xがハッシュテーブルに現れる回数をn_xとする。このとき、リストt[hash(x)]の長さの期待値は$n_x + 2$以下である。

証明：　ハッシュテーブルに含まれるxではない要素の集合をSとする。要素$y \in S$について、次のインジケータ確率変数を定義する。

$$I_y = \begin{cases} 1 & \text{if } \mathrm{hash}(x) = \mathrm{hash}(y) \\ 0 & \text{otherwise} \end{cases}$$

[†2] C、C#、C++、Javaといった多くのプログラミング言語だと整数の演算結果はこうなるのだが、残念なことにRubyやPythonだと整数の演算結果がwビットの固定桁のビットに収まらなくなると可変桁数の整数表現が使われてしまう。

ここで、補題 5.1 より、$E[I_y] \le 2/2^d = 2/\mathtt{t.length}$ である。リスト t[hash(x)] の長さの期待値は次のように求まる。

$$
\begin{aligned}
E[\mathtt{t[hash(x)].size()}] &= E\left[n_x + \sum_{y \in S} I_y \right] \\
&= n_x + \sum_{y \in S} E[I_y] \\
&\le n_x + \sum_{y \in S} 2/\mathtt{t.length} \\
&\le n_x + \sum_{y \in S} 2/n \\
&= n_x + (n - n_x)2/n \\
&\le n_x + 2
\end{aligned}
$$

□

続いて補題 5.1 を証明する。だがその前に、整数論の定理から導かれる結果が必要だ。次の証明では、$(b_r,\ldots,b_0)_2$ と書いて、$\sum_{i=0}^{r} b_i 2^i$ を表す。ここで、b_i は 0 か 1 である。すなわち、$(b_r,\ldots,b_0)_2$ は、二進表記が $b_r,\ldots,b_0$ となる整数である。値が不明な桁については $\star$ で表すことにする。

補題 5.3：
$\{1,\ldots,2^w-1\}$ 内の奇数の集合を S とする。S の任意の要素を 2 つ選び、それぞれ q および i とする。このとき、$zq \bmod 2^w = i$ を満たす $z \in S$ の要素が一意に存在する。

証明： i は z を選ぶと決まるので、$zq \bmod 2^w = i$ を満たす $z \in S$ が一意に決まることを示せばよい。

背理法で示す。整数 z と z′ が存在し z > z′ であると仮定する。このとき、以下がいえる。

$$zq \bmod 2^w = z'q \bmod 2^w = i$$

よって、以下のようになる。

$$(z - z')q \bmod 2^w = 0$$

しかしこれは、ある整数 k について次の式が成り立つことを意味する。

$$(z - z')q = k2^w \qquad (5.1)$$

これを 2 進数として考えると以下のようになる。

$$(z - z')q = k \cdot (1,\underbrace{0,\ldots,0}_{w})_2$$

したがって、$(\mathsf{z}-\mathsf{z}')q$ の末尾 w 桁はすべて 0 である。

加えて、$q \neq 0$ かつ $\mathsf{z}-\mathsf{z}' \neq 0$ より $k \neq 0$ である。q は奇数なので、この二進表記の末尾の桁は 0 ではない。

$$q = (\star,\ldots,\star,1)_2$$

$|\mathsf{z}-\mathsf{z}'| < 2^{\mathsf{w}}$ より、$\mathsf{z}-\mathsf{z}'$ の末尾に連続して並ぶ 0 の個数は w 未満である。

$$\mathsf{z}-\mathsf{z}' = (\star,\ldots,\star,1,\underbrace{0,\ldots,0}_{<\mathsf{w}})_2$$

よって、積 $(\mathsf{z}-\mathsf{z}')q$ の末尾に連続して並ぶ 0 の個数は w 未満である。

$$(\mathsf{z}-\mathsf{z}')q = (\star,\cdots,\star,1,\underbrace{0,\ldots,0}_{<\mathsf{w}})_2$$

以上より、$(\mathsf{z}-\mathsf{z}')q$ は式 (5.1) を満たさず、矛盾する。したがって、背理法により補題 5.3 が満たされる。 □

補題 5.3 から、次の便利な事実がわかる。すなわち、z が S から一様な確率でランダムに選ばれるとき、zt は S 上に一様分布する。この便利な事実を使うと、z の二進表記が w − 1 桁のランダムなビットに 1 が続くものと考えられる。次の証明ではこれを使う。

証明： [補題 5.1] 「hash(x) = hash(y)」という条件は、「$\mathsf{zx} \bmod 2^{\mathsf{w}}$ の上位 d ビットと $\mathsf{zy} \bmod 2^{\mathsf{w}}$ の上位 d ビットが等しい」と同値である。この条件の必要条件は、$\mathsf{z}(\mathsf{x}-\mathsf{y}) \bmod 2^{\mathsf{w}}$ の上位 d ビットがすべて 0 であるか、もしくはすべて 1 であることである。これは、$\mathsf{zx} \bmod 2^{\mathsf{w}} > \mathsf{zy} \bmod 2^{\mathsf{w}}$ ならば次のように表せる。

$$\mathsf{z}(\mathsf{x}-\mathsf{y}) \bmod 2^{\mathsf{w}} = (\underbrace{0,\ldots,0}_{\mathsf{d}},\underbrace{\star,\ldots,\star}_{\mathsf{w}-\mathsf{d}})_2 \tag{5.2}$$

もしくは、$\mathsf{zx} \bmod 2^{\mathsf{w}} < \mathsf{zy} \bmod 2^{\mathsf{w}}$ ならば次のように表せる。

$$\mathsf{z}(\mathsf{x}-\mathsf{y}) \bmod 2^{\mathsf{w}} = (\underbrace{1,\ldots,1}_{\mathsf{d}},\underbrace{\star,\ldots,\star}_{\mathsf{w}-\mathsf{d}})_2 \tag{5.3}$$

よって、$\mathsf{z}(\mathsf{x}-\mathsf{y}) \bmod 2^{\mathsf{w}}$ が式 (5.2) か式 (5.3) のどちらかであることを示せばよい。

q を、ある整数 $r \geq 0$ について $(\mathsf{x}-\mathsf{y}) \bmod 2^{\mathsf{w}} = q2^r$ を満たす一意な奇数とする。補題 5.3 より、$\mathsf{z}q \bmod 2^{\mathsf{w}}$ の二進表記は、w − 1 桁のランダムなビットを持つ（最下位の桁は 1）。

$$\mathsf{z}q \bmod 2^{\mathsf{w}} = (\underbrace{b_{\mathsf{w}-1},\ldots,b_1}_{\mathsf{w}-1},1)_2$$

よって、$\mathsf{z}(\mathsf{x}-\mathsf{y}) \bmod 2^{\mathsf{w}} = \mathsf{z}q2^r \bmod 2^{\mathsf{w}}$ は $\mathsf{w}-r-1$ 桁のランダムなビットを持つ（その

後に1が続き、さらにr個の0が続く)。

$$z(x-y) \bmod 2^{w} = zq2^{r} \bmod 2^{w} = (\underbrace{b_{w-r-1},\ldots,b_{1}}_{w-r-1},1,\underbrace{0,0,\ldots,0}_{r})_{2}$$

これで次のようにして証明を完成できる。$r > w-d$ならば、$z(x-y) \bmod 2^{w}$の上位dビットは0と1を共に含む。よって、$z(x-y) \bmod 2^{w}$が式(5.2)または式(5.3)である確率は0である。$r = w-d$ならば、式(5.2)の確率は0だが、式(5.3)である確率は$1/2^{d-1} = 2/2^{d}$である($b_{1},\ldots,b_{d-1} = 1,\ldots,1$が必要だから)。$r < w-d$ならば、$b_{w-r-1},\ldots,b_{w-r-d} = 0,\ldots,0$か、もしくは$b_{w-r-1},\ldots,b_{w-r-d} = 1,\ldots,1$である。いずれの場合の確率も$1/2^{d}$であり、また、それぞれの事象は互いに排反である。よって、このどちらかである確率は$2/2^{d}$である。
□

5.1.2 要約

次の定理はChainedHashTableの性能をまとめたものだ。

定理 5.1：
ChainedHashTableは、USetインターフェースを実装する。grow()のコストを無視すると、ChainedHashTableにおけるadd(x)、remove(x)、find(x)の期待実行時間は$O(1)$である[†3]。
さらに、空のChainedHashTableに対してm個のadd(x)、remove(x)からなる任意の操作列を順に実行するとき、grow()の呼び出しに要する償却実行時間は$O(m)$である。

5.2 LinearHashTable：線形探索法

前節のデータ構造ChainedHashTableではリストの配列を使い、i番めのリストにhash(x) = iとなるxをすべて格納する。これに対し、**オープンアドレス法(open addressing)**と呼ばれる、配列tに直接要素を収める方法がある[†4]。本節では、この方法を採用したLinearHashTableというデータ構造について説明する。このデータ構造は、文献によっては**線形探索法(linear probing)によるオープンアドレス**と呼ばれることもある。

LinearHashTableの背景となるのは、i = hash(x)となる要素xをテーブルに格納するときに理想的な場所はt[i]であろうという考え方だ。すでにそこに他の要

[†3] 訳注：この実行時間は非常に優れている。これまで紹介したデータ構造には、追加、削除、検索のすべてを定数時間で行えるものはなかった。

[†4] 訳注：例えば、Pythonの最も一般的な実装であるCPython 3.7では、オープンアドレス法でdictionaryが実装されている。

素が格納されている場合は、t[(i + 1) mod t.length] を試す。それも無理なら、t[(i + 2) mod t.length] を試す。x を格納できる場所が見つかるまで、これを繰り返す。

t の値としては次の3種類を使う。

1. データの値：USet に実際に入っている値
2. null：データが入っていないことを示す値
3. del：データが入っていたがそれが削除されたことを示す値

カウンタとしては、LinearHashTable の要素数 n と、データの個数と del の個数の合計 q を使う。つまり、q の値は、t の中の del の個数を n に加えた値である。効率を考えると、t には null になっている場所がたくさん欲しいので、t の大きさを q に比べて十分に大きくする必要がある。そこで、LinearHashTable の操作では、不変条件 $t.length \geq 2q$ を常に満たすようにする。

整理すると、LinearHashTable では、要素の配列 t と整数 n および q を利用する。n はデータ値の個数、q は null でない値の個数を保持する。さらに、ハッシュ関数の多くには値域となるテーブルの大きさが2の冪という制限があるので、不変条件 $t.length = 2^d$ を満たす整数 d も保持する。

```
LinearHashTable
array<T> t;
int n;   // 値の個数
int q;   // null でない値の個数
int d;   // t.length = 2^d
```

LinearHashTable の find(x) 操作は単純だ。i = hash(x) として、t[i], t[(i + 1) mod t.length], t[(i + 2) mod t.length], ... を順番に探し、t[i′] = x または t[i′] = null を満たす添字 i′ を探す。t[i′] = x のときは、x が見つかったとして t[i′] を返す。t[i′] = null のときは、x はハッシュテーブルに含まれないとして null を返す。

```
LinearHashTable
T find(T x) {
  int i = hash(x);
  while (t[i] != null) {
    if (t[i] != del && t[i] == x) return t[i];
    i = (i == t.length-1) ? 0 : i + 1; // i を増やす
  }
  return null;
}
```

LinearHashTable の add(x) 操作も簡単に実装できる。find(x) を使って x がハッシュテーブルに含まれているかどうかを確認できる。x が含まれていなければ、t[i], t[(i + 1) mod t.length], t[(i + 2) mod t.length], ... を順番に探し、null か

del を見つけたら x に書き換え、n と q を 1 ずつ増やす。

```
LinearHashTable
bool add(T x) {
  if (find(x) != null) return false;
  if (2*(q+1) > t.length) resize();   // 利用率は 50% 以下
  int i = hash(x);
  while (t[i] != null && t[i] != del)
    i = (i == t.length-1) ? 0 : i + 1; // i を増やす
  if (t[i] == null) q++;
  n++;
  t[i] = x;
  return true;
}
```

ここまでくれば、remove(x) の実装も明らかだろう。t[i], t[(i + 1) mod t.length], t[(i + 2) mod t.length], … を順番に探し、t[i′] = x または t[i′] = null である添字 i′ を見つける。t[i′] = x ならば t[i′] = del とし、true を返す。t[i′] = null ならば、x はハッシュテーブルに含まれていない（そのため削除できない）ので、false を返す。

```
LinearHashTable
T remove(T x) {
  int i = hash(x);
  while (t[i] != null) {
    T y = t[i];
    if (y != del && x == y) {
      t[i] = del;
      n--;
      if (8*n < t.length) resize(); // 利用率は 12.5% 以上
      return y;
    }
    i = (i == t.length-1) ? 0 : i + 1;  // i を増やす
  }
  return null;
}
```

del を使っているおかげで、find(x)、add(x)、remove(x) の正しさは簡単に検証できる。いずれの操作でも、null でない値が null に書き換えられることはない。そのため、t[i′] = null となる添字 i′ に辿り着けば、探している x はハッシュテーブルに含まれていないと証明できる。t[i′] はずっと null だったのだから、i′ より先の添字の場所に add(x) で要素が追加されていることはないからである。

resize() が呼び出されるのは、add(x) に際して null でないエントリの数が t.length/2 を上回るとき、もしくは、remove(x) に際してデータの入っているエントリ数が t.length/8 を下回るときである。resize() は、配列を使った他のデータ構造の場合と同様に機能する。すなわち、まず $2^d \geq 3n$ を満たす最小の非負整数 d を見つける。続いて、大きさ 2^d の配列 t を割り当て、古い配列の要素をすべて移し替える。この処理の過程で、q を n に等しくリセットする。その理由は、新しい配列

tにはdelが含まれないからである。

```
LinearHashTable
void resize() {
  d = 1;
  while ((1<<d) < 3*n) d++;
  array<T> tnew(1<<d, null);
  q = n;
  // tnew にすべてを移す
  for (int k = 0; k < t.length; k++) {
    if (t[k] != null && t[k] != del) {
      int i = hash(t[k]);
      while (tnew[i] != null)
        i = (i == tnew.length-1) ? 0 : i + 1;
      tnew[i] = t[k];
    }
  }
  t = tnew;
}
```

5.2.1　線形探索法の解析

add(x)、remove(x)、find(x)は、いずれもnullであるエントリがtに見つかると（あるいはその前に）終了する。直観的に線形探索法を解析すると、tのエントリの半分以上はnullなので、すぐにnullのエントリが見つかって操作の完了まで長い時間はかからないように見える。しかし、この直観を当てにしてはいけない。この直観に従うと、ある操作の完了までに探索するtのエントリは平均すると高々2個という結論になるが、これは正しくない。

この節では、ハッシュ値が$\{0,\ldots,\texttt{t.length}-1\}$の範囲の一様な確率分布に従う独立な値であると仮定する。これは現実的な仮定ではないが、これを仮定すれば線形探索法の解析が可能になる。この節の後半では、Tabulation Hashingという、線形探索法で使うぶんには十分優秀なハッシュ法を説明する。さらに、tの添字はすべてt.lengthで割った剰余と等しいことも仮定する。つまり、単にt[i]と書いたら、t[i mod t.length]のことである。

ハッシュテーブルのエントリ$\texttt{t[i]},\texttt{t[i}+1],\ldots,\texttt{t[i}+k-1]$がいずれもnullでなく、$\texttt{t[i}-1]=\texttt{t[i}+k]=\texttt{null}$であるとき、**iから始まる長さ$k$の連続（run）**という。tのnullでない要素の数はちょうどqであり、add(x)では常に$\texttt{q}\le\texttt{t.length}/2$となることが保証されている。最後にresize()されてからtに挿入されたq個の要素を$\texttt{x}_1,\ldots,\texttt{x}_\texttt{q}$とする。仮定より、ハッシュ値$\texttt{hash}(\texttt{x}_j)$はいずれも一様分布に従う互いに独立な確率変数である。以上の準備で、線形探索法の解析に必要な次の補題を示せる。

補題 5.4：
$\{0,\ldots,\mathtt{t.length}-1\}$ から i を1つ取って固定する。このとき、i から始まる長さ k の連続が発生する確率は、定数 c（$0<c<1$）を使って $O(c^k)$ と表せる。

証明： i から始まる長さ k の連続があるということは、$\mathtt{hash}(\mathtt{x}_j)\in\{\mathtt{i},\ldots,\mathtt{i}+k-1\}$ を満たすような相異なる k 個の要素 $\mathtt{x}_j$ が存在する。この事象の発生確率は次のように計算できる。

$$p_k = \binom{\mathtt{q}}{k}\left(\frac{k}{\mathtt{t.length}}\right)^k\left(\frac{\mathtt{t.length}-k}{\mathtt{t.length}}\right)^{\mathtt{q}-k}$$

なぜなら、そのような k 個の要素からなる連続のそれぞれについて、k 個の要素がハッシュテーブルの k 箇所に、残りの $\mathtt{q}-k$ 個の要素がハッシュテーブルの残りの $\mathtt{t.length}-k$ 箇所に格納されるはずだからだ[†5]。

次の導出では少しズルをして、$r!$ を $(r/e)^r$ で置き換える。この置き換えを許すと導出が簡単になるのである。$r!$ と $(r/e)^r$ の差は、スターリングの近似（1.3.2 節）より、$O(\sqrt{r})$ 程度である。問 5.4 では、スターリングの近似を使ってより厳密な計算を読者にやってもらう予定だ。

p_k は、t.length が最小値を取るときに最大値を取る。また、このデータ構造は不変条件 $\mathtt{t.length}\geq 2\mathtt{q}$ を保つ。よって、次の式が成り立つ。

$$\begin{aligned}
p_k &\leq \binom{\mathtt{q}}{k}\left(\frac{k}{2\mathtt{q}}\right)^k\left(\frac{2\mathtt{q}-k}{2\mathtt{q}}\right)^{\mathtt{q}-k} \\
&= \left(\frac{\mathtt{q}!}{(\mathtt{q}-k)!k!}\right)\left(\frac{k}{2\mathtt{q}}\right)^k\left(\frac{2\mathtt{q}-k}{2\mathtt{q}}\right)^{\mathtt{q}-k} \\
&\approx \left(\frac{\mathtt{q}^{\mathtt{q}}}{(\mathtt{q}-k)^{\mathtt{q}-k}k^k}\right)\left(\frac{k}{2\mathtt{q}}\right)^k\left(\frac{2\mathtt{q}-k}{2\mathtt{q}}\right)^{\mathtt{q}-k} && \text{[スターリングの近似]} \\
&= \left(\frac{\mathtt{q}^k\mathtt{q}^{\mathtt{q}-k}}{(\mathtt{q}-k)^{\mathtt{q}-k}k^k}\right)\left(\frac{k}{2\mathtt{q}}\right)^k\left(\frac{2\mathtt{q}-k}{2\mathtt{q}}\right)^{\mathtt{q}-k} \\
&= \left(\frac{\mathtt{q}k}{2\mathtt{q}k}\right)^k\left(\frac{\mathtt{q}(2\mathtt{q}-k)}{2\mathtt{q}(\mathtt{q}-k)}\right)^{\mathtt{q}-k} \\
&= \left(\frac{1}{2}\right)^k\left(\frac{(2\mathtt{q}-k)}{2(\mathtt{q}-k)}\right)^{\mathtt{q}-k} \\
&= \left(\frac{1}{2}\right)^k\left(1+\frac{k}{2(\mathtt{q}-k)}\right)^{\mathtt{q}-k} \\
&\leq \left(\frac{\sqrt{e}}{2}\right)^k
\end{aligned}$$

最後の変形では、$x>0$ ならば $(1+1/x)^x\leq e$ であることを利用した。ここで、$\sqrt{e}/2<0.824360636<1$ なので、補題が示された。 □

補題 5.4 を使うことで、find(x)、add(x)、remove(x) の期待実行時間の上界を直接的に計算できる。まずは、find(x) を呼ぶが x が LinearHashTable に入っていないという、最もシンプルな場合を考える。この場合、i = hash(x) は {0,...,t.length−1} の値を取り、t の中身とは独立な確率変数である。i が長さ k の連続の一部なら、find(x) の実行時間は $O(1+k)$ 以下である。よって、実行時間の期待値の上界を次のように計算できる。

$$O\left(1+\left(\frac{1}{\texttt{t.length}}\right)\sum_{i=1}^{\texttt{t.length}}\sum_{k=0}^{\infty} k\Pr\{\texttt{i}\text{ が長さ }k\text{ の連続の一部}\}\right)$$

内側の和を取っている長さ k の連続は k 回カウントされているので、これをまとめて k^2 とすれば、上の和は次のように変形できる。

$$\begin{aligned}
&O\left(1+\left(\frac{1}{\texttt{t.length}}\right)\sum_{i=1}^{\texttt{t.length}}\sum_{k=0}^{\infty} k^2\Pr\{\texttt{i}\text{ から長さ }k\text{ の連続が始まる}\}\right)\\
&\le O\left(1+\left(\frac{1}{\texttt{t.length}}\right)\sum_{i=1}^{\texttt{t.length}}\sum_{k=0}^{\infty} k^2 p_k\right)\\
&= O\left(1+\sum_{k=0}^{\infty} k^2 p_k\right)\\
&= O\left(1+\sum_{k=0}^{\infty} k^2\cdot O(c^k)\right)\\
&= O(1)
\end{aligned}$$

最後の変形 $\sum_{k=0}^{\infty} k^2\cdot O(c^k)$ では、指数級数の性質を使っている[†6]。以上より、LinearHashTable に入っていない x について、find(x) の期待実行時間は $O(1)$ である。

resize() のコストを無視していいなら、これで LinearHashTable における操作はすべて解析できたことになる。

まず、上で示した find(x) の解析は、add(x) において x がハッシュテーブルに含まれないときにもそのまま適用できる。x がハッシュテーブルに含まれるときの find(x) の解析は、add(x) によって x を追加するときのコストと同じである。そして、remove(x) のコストも find(x) のコストと同じになる。

[†5] p_k は、その定義に t[i − 1] = t[i + k] = null という必要条件が含まれていないので、i から始まる長さ k の連続が発生する確率よりも大きいことに注意。

[†6] 解析学の教科書では、この和は比を計算して求める。すなわち、ある正の数 k_0 が存在し、任意の $k \ge k_0$ について、$\frac{(k+1)^2 c^{k+1}}{k^2 c^k} < 1$ を満たす。

まとめると、resize() のコストを無視すれば、LinearHashTable における操作の期待実行時間はいずれも $O(1)$ である。resize() のコストを考える場合は、2.1 節で行った ArrayStack の償却解析と同様に考える。

5.2.2 要約

次の定理は LinearHashTable の性能をまとめたものだ。

定理 5.2：
LinearHashTable は、USet インターフェースを実装する。resize() のコストを無視すると、LinearHashTable における add(x)、remove(x)、find(x) の期待実行時間は $O(1)$ である。
さらに、空の LinearHashTable に対して add(x)、remove(x) からなる m 個の操作の列を順に実行するとき、resize() にかかる時間の合計は $O(m)$ である。

5.2.3 Tabulation Hashing

LinearHashTable の解析では強い仮定を置いていた。すなわち、任意の相異なる要素 $\{x_1,\dots,x_n\}$ について、そのハッシュ値 hash(x_1),...,hash(x_n) が一様な確率で $\{0,\dots,\mathtt{t.length}-1\}$ 内に独立に分布するという仮定である。この仮定を実現する方法として、大きさ 2^w の巨大な配列 tab を準備し、すべてのエントリを互いに独立な w ビットのランダムな整数で初期化するというものがある。こうしておけば、tab[x.hashCode()] から d ビットの整数を取り出すことで hash(x) を実装できる。

```
LinearHashTable
int idealHash(T x) {
  return tab[hashCode(x) >> w-d];
}
```

あいにく、大きさ 2^w の配列を 1 つ保持するのはメモリ利用の観点からは禁じ手である。そこで**Tabulation Hashing**では、w ビットの整数を、それぞれが r ビットの w/r 個の整数から構成されたものとして扱う。 この方法であれば、それぞれ大きさ 2^r の配列が w/r 個あればよい。これらの配列の全エントリを、互いに独立な w ビットのランダムな整数とする。hash(x) を計算するには、x.hashCode() を w/r 個の r ビット整数に分割し、それぞれを配列の添字として使う。その後、各配列の値からビット単位の排他的論理和を計算し、その結果を hash(x) とする。次のコードは $w=32$、$r=8$ の場合のものである。

```
int hash(T x) {
  unsigned h = hashCode(x);
  return (tab[0][h&0xff]
       ^ tab[1][(h>>8)&0xff]
       ^ tab[2][(h>>16)&0xff]
       ^ tab[3][(h>>24)&0xff])
      >> (w-d);
}
```

この場合、tabは4つの列と$2^8 = 256$の行からなる二次元配列となる。

任意のxについてhash(x)が$\{0,\ldots,2^{\mathtt{d}}-1\}$の値を一様な確率で取ることは簡単に検証できる。少し計算すれば、ハッシュ値のペアが互いに独立であることも検証できる。これは、ChainedHashTableにおける乗算ハッシュ法の代わりにTabulation Hashingを使えることを意味する。

残念ながら、相異なる任意のn個の値の組について、そのハッシュ値が互いに独立というわけではない。だとしても、Tabulation Hashingは定理 5.2で示した性質を保証するぶんには十分なハッシュ法である。この話題については、本章の終わりで紹介する参考文献を参照してほしい。

5.3 ハッシュ値

前節のハッシュテーブルでは、データに対してwビットの整数のキーを対応させていた。しかし、キーは整数でないことも多い。例えば、文字列、オブジェクト、配列、あるいは他の複合データ型の場合もあるだろう。そのようなデータにもハッシュテーブルを使うには、これらのデータ型をwビットのハッシュ値に対応させなければならない。このハッシュ値への対応は、以下の性質を満たす必要がある。

1. xとyが等しいとき、x.hashCode()とy.hashCode()は等しい
2. xとyが等しくないとき、x.hashCode() = y.hashCode()である確率は小さい（すなわち$1/2^{\mathtt{w}}$に近い）

1つめの性質により、xをハッシュテーブルに入れたあとでxと等しいyを検索したときに、当然xが見つかることが保証される。2つめの性質は、整数への変換によるオブジェクトの損失を最小限にするためのものだ。2つめの性質により、相異なる2つの要素が、通常はハッシュテーブルの違う場所に入ることが保証される。

5.3.1 プリミティブな型のハッシュ値

char、byte、int、floatなどの小さいプリミティブな型については、簡単にハッシュ値を計算できる。これらの型には常に2進数による表現があり、その表現は通常はwビットよりも短い（例えば、C++ではcharはふつうは8ビット型であり、float

は32ビット型である)。このビット列を、単純に$\{0,\ldots,2^{w}-1\}$の範囲の整数として解釈すればよい。そうすれば、2つの異なる値は異なるハッシュ値を持つ。また、2つの同じ値は同じハッシュ値を持つ。

wビットより長いプリミティブ型もいくつかある。その長さは、通常は整数cを使ってcwビットと表せる(Javaのlong型とdouble型は$c=2$の例である)。このようなデータ型は、次項で扱うように、c個のオブジェクトを組み合わせたものとして考えればよい。

5.3.2 複合オブジェクトのハッシュ値

複合オブジェクトのハッシュ値は、構成要素のハッシュ値を組み合わせて計算したい。これは思うほど簡単でない。ビット単位の排他的論理和を計算するといった小手先の手法はいくらでもあるが、そのうちの多くはうまくいかない(問5.7から問5.9を参照)。ただし、2wビットの算術精度でよければ、単純かつ確実な方法がある。複合オブジェクトの構成要素を$P_0,\ldots,P_{r-1}$としよう。$P_0,\ldots,P_{r-1}$のそれぞれのハッシュ値は$x_0,\ldots,x_{r-1}$であるとする。このとき、互いに独立なwビットの乱数$z_0,\ldots,z_{r-1}$と、2wビットのランダムな奇数zから、複合オブジェクトのハッシュ値を次のように計算できる。

$$h(x_0,\ldots,x_{r-1}) = \left(\left(z\sum_{i=0}^{r-1} z_i x_i\right) \bmod 2^{2w}\right) \operatorname{div} 2^{w}$$

このハッシュ値の計算過程では、最後にzを掛けて2^{w}で割っていることに注目してほしい。これは2wビットの中間結果に5.1.1節で紹介した乗算ハッシュ法を使ってwビットの最終結果を得ている。3つの構成要素x0、x1、x2からなる複合オブジェクトの場合について例を示す。

Point3D
```
unsigned hashCode() {
  // random.org から取得したランダムな値
  long long z[] = {0x2058cc50L, 0xcb19137eL, 0x2cb6b6fdL};
  long zz = 0xbea0107e5067d19dL;
  long h0 = ods::hashCode(x0);
  long h1 = ods::hashCode(x1);
  long h2 = ods::hashCode(x2);
  return (int)(((z[0]*h0 + z[1]*h1 + z[2]*h2)*zz) >> 32);
}
```

次の定理は、この方法が実装の単純さだけでなく良い性質を持つことを示す。

定理 5.3:

$x_0,\ldots,x_{r-1}$と$y_0,\ldots,y_{r-1}$を、いずれも$\{0,\ldots,2^{w}-1\}$の範囲にあるwビットの整数からなる列とする。さらに、少なくとも1箇所の添字$i\in\{0,\ldots,r-1\}$について、$x_i\neq y_i$

が成り立つと仮定する。このとき、次が成り立つ。

$$\Pr\{h(\mathrm{x}_0,\ldots,\mathrm{x}_{r-1}) = h(\mathrm{y}_0,\ldots,\mathrm{y}_{r-1})\} \le 3/2^{\mathrm{w}}$$

証明： 最後の乗算ハッシュ法については後半に考える。次の関数を定義する。

$$h'(\mathrm{x}_0,\ldots,\mathrm{x}_{r-1}) = \left(\sum_{j=0}^{r-1} \mathrm{z}_j \mathrm{x}_j\right) \bmod 2^{2\mathrm{w}}$$

$h'(\mathrm{x}_0,\ldots,\mathrm{x}_{r-1}) = h'(\mathrm{y}_0,\ldots,\mathrm{y}_{r-1})$ であるとする。これは次のように書き直せる。

$$\mathrm{z}_i(\mathrm{x}_i - \mathrm{y}_i) \bmod 2^{2\mathrm{w}} = t \tag{5.4}$$

ここで t は次のものである。

$$t = \left(\sum_{j=0}^{i-1} \mathrm{z}_j(\mathrm{y}_j - \mathrm{x}_j) + \sum_{j=i+1}^{r-1} \mathrm{z}_j(\mathrm{y}_j - \mathrm{x}_j)\right) \bmod 2^{2\mathrm{w}}$$

$\mathrm{x}_i > \mathrm{y}_i$ と仮定しても一般性を失わない。すると式(5.4)は次のようになる。

$$\mathrm{z}_i(\mathrm{x}_i - \mathrm{y}_i) = t \tag{5.5}$$

上記のようになるのは、z_i と $(\mathrm{x}_i - \mathrm{y}_i)$ はいずれも $2^{\mathrm{w}} - 1$ 以下なので、これらの積は $2^{2\mathrm{w}} - 2^{\mathrm{w}+1} + 1 < 2^{2\mathrm{w}} - 1$ 以下だからである。仮定より $\mathrm{x}_i - \mathrm{y}_i \ne 0$ なので、式(5.5)は z_i について高々1つの解を持つ。z_i と t は互いに独立($\mathrm{z}_0,\ldots,\mathrm{z}_{r-1}$ は互いに独立)なので、$h'(\mathrm{x}_0,\ldots,\mathrm{x}_{r-1}) = h'(\mathrm{y}_0,\ldots,\mathrm{y}_{r-1})$ を満たす z_i を選ぶ確率は $1/2^{\mathrm{w}}$ 以下である。

最後に、乗算ハッシュ法を適用することで、2w ビットの中間結果 $h'(\mathrm{x}_0,\ldots,\mathrm{x}_{r-1})$ を w ビットの最終結果 $h(\mathrm{x}_0,\ldots,\mathrm{x}_{r-1})$ に縮める。補題 5.1 より、$h'(\mathrm{x}_0,\ldots,\mathrm{x}_{r-1}) \ne h'(\mathrm{y}_0,\ldots,\mathrm{y}_{r-1})$ ならば $\Pr\{h(\mathrm{x}_0,\ldots,\mathrm{x}_{r-1}) = h(\mathrm{y}_0,\ldots,\mathrm{y}_{r-1})\} \le 2/2^{\mathrm{w}}$ である。以上より、次の式が成り立つ。

$$\begin{aligned}
&\Pr\left\{\begin{array}{l} h(\mathrm{x}_0,\ldots,\mathrm{x}_{r-1}) \\ \quad = h(\mathrm{y}_0,\ldots,\mathrm{y}_{r-1}) \end{array}\right\} \\
&= \Pr\left\{\begin{array}{l} h'(\mathrm{x}_0,\ldots,\mathrm{x}_{r-1}) = h'(\mathrm{y}_0,\ldots,\mathrm{y}_{r-1}) \text{ or} \\ [h'(\mathrm{x}_0,\ldots,\mathrm{x}_{r-1}) \ne h'(\mathrm{y}_0,\ldots,\mathrm{y}_{r-1}) \\ \quad \text{and} \\ \mathrm{z}h'(\mathrm{x}_0,\ldots,\mathrm{x}_{r-1}) \operatorname{div} 2^{\mathrm{w}} = \mathrm{z}h'(\mathrm{y}_0,\ldots,\mathrm{y}_{r-1}) \operatorname{div} 2^{\mathrm{w}}] \end{array}\right\} \\
&\le 1/2^{\mathrm{w}} + 2/2^{\mathrm{w}} = 3/2^{\mathrm{w}} \ .
\end{aligned}$$

□

5.3.3 配列と文字列のハッシュ値

前項の手法は、オブジェクトが固定数の構成要素からなる場合にはうまくいく。しかし、w ビットの乱数 z_i を構成要素の数だけ使う必要があるので、可変長のオブジェクトはうまく扱えない。

擬似乱数列を使って必要な個数の z_i を生成できるかもしれないが、そうすると z_i が互いに独立でなくなってしまう。それらの擬似乱数列がハッシュ関数に悪影響をおよぼさないことは証明が難しい。特に、定理 5.3 の証明において t と z_i の独立性が使えなくなってしまう。

ここでは、より確実な方法として、ハッシュ値を得るのに素体上の多項式を利用する。ここで素体上の多項式とは、p を素数として、$x_i \in \{0,\ldots,p-1\}$ が係数であるようなふつうの多項式のことを指す。次の定理は、素体上の多項式は通常の多項式とだいたい同じように扱えるという主張だ。本項で説明する方法で良い性質のハッシュ値が得られるのは、この定理のおかげである。

定理 5.4：

p を素数、$f(z) = x_0z^0 + x_1z^1 + \cdots + x_{r-1}z^{r-1}$ を $x_i \in \{0,\ldots,p-1\}$ を係数とする非自明な多項式（つまり $x_0 = 0$ でない）とする。このとき、方程式 $f(z) \bmod p = 0$ は、$z \in \{0,\ldots,p-1\}$ の範囲に高々 $r-1$ 個の解を持つ。

定理 5.4 を使うために、それぞれが $x_i \in \{0,\ldots,p-2\}$ である整数の列 $x_0,\ldots,x_{r-1}$ のハッシュ値を、ランダムに選んだ整数 $z \in \{0,\ldots,p-1\}$ を使って次のように求める。

$$h(x_0,\ldots,x_{r-1}) = (x_0z^0 + \cdots + x_{r-1}z^{r-1} + (p-1)z^r) \bmod p$$

最後に追加した項 $(p-1)z^r$ に注目してほしい。この $(p-1)$ は、$x_0,\ldots,x_r$ という整数列の末尾の要素 x_r だと考えてもよい。この末尾の要素は、整数列 $\{0,\ldots,p-2\}$ の要素のいずれとも異なる。$p-1$ は、列の終わりを示すマーカーとみなせる。

z の選択におけるランダム性は大きくないが、それでも上記は良いハッシュ値になる。これは、同じ長さの 2 つの列に関する次の定理よりいえる。

定理 5.5：

p を $p > 2^w + 1$ を満たす素数とする。$x_0,\ldots,x_{r-1}$ と $y_0,\ldots,y_{r-1}$ を $\{0,\ldots,2^w-1\}$ の要素である w ビットの整数からなる列であるとする。$i \in \{0,\ldots,r-1\}$ のうち少なくとも 1 つ $x_i \neq y_i$ が成り立つと仮定する。このとき、次の式が成り立つ。

$$\Pr\{h(x_0,\ldots,x_{r-1}) = h(y_0,\ldots,y_{r-1})\} \le (r-1)/p$$

証明： 等式 $h(\mathtt{x}_0,\ldots,\mathtt{x}_{r-1}) = h(\mathtt{y}_0,\ldots,\mathtt{y}_{r-1})$ は次のように変形できる。

$$((\mathtt{x}_0 - \mathtt{y}_0)\mathtt{z}^0 + \cdots + (\mathtt{x}_{r-1} - \mathtt{y}_{r-1})\mathtt{z}^{r-1}) \bmod \mathtt{p} = 0 \tag{5.6}$$

$\mathtt{x}_\mathtt{i} \neq \mathtt{y}_\mathtt{i}$ なので、左辺の多項式は次数 $\mathtt{i}$ について非自明である。$\mathtt{i} < \mathtt{r}$ なので、定理 5.4 より、$\mathtt{z}$ に関する方程式の解は高々 $r-1$ 個である。それらの解になるように $\mathtt{z}$ を選択してしまう確率は、$(r-1)/\mathtt{p}$ 以下である。 □

2つの列の長さが異なる場合、さらには、一方の列が他方の列の一部に含まれている場合も、このハッシュ関数で問題なく扱える。これは、このハッシュ関数が次のような無限列を扱えることによる。

$$\mathtt{x}_0,\ldots,\mathtt{x}_{r-1},\mathtt{p}-1,0,0,\ldots$$

$r > r'$ として、長さがそれぞれ r および r' の2つの列があるとき、2つの列は添字 $i = r$ で異なる。このとき、式(5.6)は次のようになる。

$$\left(\sum_{i=0}^{i=r'-1} (\mathtt{x}_i - \mathtt{y}_i)\mathtt{z}^i + (\mathtt{x}_{r'} - \mathtt{p} + 1)\mathtt{z}^{r'} + \sum_{i=r'+1}^{i=r-1} \mathtt{x}_i\mathtt{z}^i + (\mathtt{p}-1)\mathtt{z}^r\right) \bmod \mathtt{p} = 0$$

これは、定理 5.4 より、$\mathtt{z}$ について高々 r 個の解を持つ。定理 5.5 と合わせると、次のより一般的な定理が示せる。

定理 5.6：

$\mathtt{p}$ を、$\mathtt{p} > 2^\mathtt{w} + 1$ を満たす素数とする。$\mathtt{x}_0,\ldots,\mathtt{x}_{r-1}$ と $\mathtt{y}_0,\ldots,\mathtt{y}_{r'-1}$ を、$\{0,\ldots,2^\mathtt{w}-1\}$ の範囲にある $\mathtt{w}$ ビットの整数から構成される相異なる列とする。このとき次の式が成り立つ。

$$\Pr\{h(\mathtt{x}_0,\ldots,\mathtt{x}_{r-1}) = h(\mathtt{y}_0,\ldots,\mathtt{y}_{r-1})\} \le \max\{r,r'\}/\mathtt{p}$$

次のサンプルコードを見れば、配列 $\mathtt{x}$ を含むオブジェクトが、このハッシュ関数によりどう扱われるかがわかるだろう。

GeomVector
```
unsigned hashCode() {
  long p = (1L<<32)-5;    // 2^32 - 5 は素数
  long z = 0x64b6055aL;   // random.org から取得した 32 ビットの乱数
  int z2 = 0x5067d19d;    // 32 ビットのランダムな奇数
  long s = 0;
  long zi = 1;
  for (int i = 0; i < x.length; i++) {
    // 31 ビットに縮める
    long long xi = (ods::hashCode(x[i]) * z2) >> 1;
    s = (s + zi * xi) % p;
    zi = (zi * z) % p;
  }
  s = (s + zi * (p-1)) % p;
  return (int)s;
}
```

このコードは、実装上の都合で、衝突確率がやや大きい。特に、x[i].hashCode() を31ビットに縮めるため、5.1.1節で $d = 31$ とした乗算ハッシュ法を使っている。これは、素数 $p = 2^{32} - 5$ を法とする足し算や掛け算を、符号なし63ビット整数で実行するためである。そのため、長いほうが長さ r である2つの相異なる列のハッシュ値が一致する確率は次の値以下になる。

$$2/2^{31} + r/(2^{32} - 5)$$

これは、定理5.6で求めた $r/(2^{32} - 5)$ よりも大きい。

5.4 ディスカッションと練習問題

ハッシュテーブルとハッシュ値は広大で活発な研究分野であり、この章ではほんのさわりを説明しただけである。ハッシュ法のオンライン参考文献一覧[10]には2000近いエントリが含まれている。

ハッシュテーブルにはさまざまな実装がある。5.1節で紹介したものは、**チェイン法によるハッシュ法**（hashing with chaining）と呼ばれる（各配列のエントリに要素のチェイン（List）が含まれる）。チェイン法によるハッシュ法の起源は、1953年1月のH. P. LuhnによるIBMの内部報告書にまでさかのぼる。この報告書は、連結リストに関する最古の文献の1つであるとも思われる。

チェイン法によるハッシュ法の代替手段となるのが**オープンアドレス法**だ。オープンアドレス法では、データを配列に直接格納する。5.2節で説明したLinearHash-Tableは、このオープンアドレス法の一種である。この方法もやはりIBMの別のグループによって1950年代に提案された。オープンアドレス法では**衝突の解決**（collision resolution）について考えなければならない。ここでいう衝突は、2つの値が配列の同じ位置に割り当てられることを指す。衝突の解決方法にはいくつか種類があり、それぞれ性能保証も異なる。この章で示したものよりも精巧なハッシュ関数が必要になることが多い。

さらに別のハッシュテーブルの実装として、**完全ハッシュ法**（perfect hashing）と呼ばれる種類のものがある。完全ハッシュ法では、`find(x)` の実行時間が、最悪の場合でも $O(1)$ となる。データセットが静的であれば、データセットに対する**完全ハッシュ関数**（perfect hash function）を見つけることで、完全ハッシュ法を実現できる。完全ハッシュ関数とは、各データを配列内で別々の位置に対応付けるような関数である。データが動的な場合には、**FKS二段階ハッシュテーブル**（two-level hash table）[31, 24] や **cuckoo hashing** [55] などが完全ハッシュ法として知られている。

この章で紹介したハッシュ関数は、任意のデータセットに対してうまく動作することが証明できる既知の手法としては、おそらく最も実用的なものである。他の方法としては、Carter と Wegman による先駆け的な研究成果である**ユニバーサルハッシュ法**（universal hashing）を使ったものがあり、用途に応じてさまざまなハッシュ関数が提案されている[14]。5.2.3節で説明したTabulation hashing はCarter とWegman の研究[14] によるものだが、この手法を線形探索法（と他のいくつかのハッシュテーブルの実装）に適用した場合の解析は、Pătraşcu とThorup の研究成果である[58]。

乗算ハッシュ法（multiplicative hashing）のアイデアは非常に古く、もはや伝承しか残されていない[48, Section 6.4]。しかし、乗数 $\mathtt{z}$ をランダムな奇数から選ぶという5.1.1節で説明したアイデアと解析は、Dietzfelbinger らの研究成果である[23]。この乗算ハッシュ法は、最もシンプルなハッシュ法の1つだが、衝突確率が $2/2^{\mathtt{d}}$ である。これは、$2^{\mathtt{w}}$ から $2^{\mathtt{d}}$ へのランダムな関数に期待される衝突確率と比べると2倍も大きい。**multiply-addハッシュ法**は次の関数を使う方法だ。

$$h(\mathtt{x}) = ((\mathtt{z}\mathtt{x} + b) \bmod 2^{2\mathtt{w}}) \operatorname{div} 2^{2\mathtt{w}-\mathtt{d}}$$

ここで、$\mathtt{z}$ と $\mathtt{b}$ はいずれも $\{0,\ldots,2^{2\mathtt{w}}-1\}$ からランダムに選出される。multiply-add ハッシュ法の衝突確率は $1/2^{\mathtt{d}}$ である[21]。ただし、$2\mathtt{w}$ ビット精度の四則演算が必要になる。

固定長の $\mathtt{w}$ ビットの整数列からハッシュ値を得る方法はたくさんある。特に高速な方法は次のものだ[11]。

$$\begin{aligned} &h(\mathtt{x}_0,\ldots,\mathtt{x}_{r-1}) \\ &\quad = \left(\sum_{i=0}^{r/2-1}((\mathtt{x}_{2i}+\mathtt{a}_{2i}) \bmod 2^{\mathtt{w}})((\mathtt{x}_{2i+1}+\mathtt{a}_{2i+1}) \bmod 2^{\mathtt{w}})\right) \bmod 2^{2\mathtt{w}} \end{aligned}$$

ここで r は偶数であり、$\mathtt{a}_0,\ldots,\mathtt{a}_{r-1}$ はいずれも $\{0,\ldots,2^{\mathtt{w}}\}$ からランダムに選出される。この $2\mathtt{w}$ ビットのハッシュ値が衝突する確率は $1/2^{\mathtt{w}}$ である。これは、乗算ハッシュ法（か multiply-add ハッシュ法）を使って $\mathtt{w}$ ビットに縮めることができる。この計算は $r/2$ 回の $2\mathtt{w}$ ビット乗算だけで実現でき、高速である。5.3.2節の方法だと、r

回の乗算が必要であった（mod の計算は、w または 2w ビットの足し算や掛け算では暗に実行される）。

5.3.3 節で説明した素体を使った可変長配列のハッシュ法は、Dietzfelbinger らによるものだ [22]。この方法では mod を使うが、これは時間のかかる機械語の命令であり、結果的に高速に計算できない。剰余の法として $2^w - 1$ を使う工夫をすれば、mod を加算とビット単位の and 演算に置き換えられる [47, Section 3.6]。他の方法としては、固定長の高速なハッシュ法を使って長さ $c > 1$ のブロックに対するハッシュ値を計算し、その結果の $\lceil r/c \rceil$ 個のハッシュ値の配列に素体を使った方法でハッシュ値を求めるという手法がある。

問 5.1： ある大学では生徒が初めて講義を履修するときに学生番号を発行する。この番号は 1 ずつ増える整数で、何年も前に 0 から始まり、いまでは数百万になっている。百人の一年生が受講する講義にて、各生徒に学生番号から計算したハッシュ値を割り当てる。このとき、下の 2 桁、あるいは上の 2 桁のどちらを使うのが優れているだろうか。説明せよ。

問 5.2： 5.1.1 節の方法において、$n = 2^d$ かつ $d \le w/2$ である場合を考える。

1. z によらず、相異なる n 個の入力であって、同じハッシュ値を持つものが存在することを示せ（ヒント：これは簡単な問題であり、数論の知識などは必要ない）。
2. z が与えられたとき、n 個の同じハッシュ値を持つ値を求めよ（これは少し難しい問題で、基本的な数論の知識が必要だ）。

問 5.3： 補題 5.1 で得た上界 $2/2^d$ は、ある意味で最適であることを示せ。$x = 2^{w-d-2}$ かつ $y = 3x$ のとき、$\Pr\{\mathrm{hash}(x) = \mathrm{hash}(y)\} = 2/2^d$ であることを示せ（ヒント：zx と z3x の二進表記を考え、$z3x = zx + 2zx$ であることを利用せよ）。

問 5.4： 1.3.2 節で与えたスターリングの公式を使って、補題 5.4 を、今度は誤魔化しなしで証明せよ。

問 5.5： 次に示したのは、要素 x を `LinearHashTable` に追加するコードを簡略化したものである。このコードでは、単純に、最初に見つけた `null` のエントリへ x を入れる。このコードは非常に遅い場合があることを示せ。具体的には、$O(n)$ 個の add(x)、remove(x)、`find`(x) からなる操作の列で、実行時間が n^2 になる例を挙げよ。

```
LinearHashTable
bool addSlow(T x) {
  if (2*(q+1) > t.length) resize();   // 利用率 50% 以下
  int i = hash(x);
  while (t[i] != null) {
      if (t[i] != del && x.equals(t[i])) return false;
      i = (i == t.length-1) ? 0 : i + 1; // i を増やす
  }
  t[i] = x;
  n++; q++;
  return true;
}
```

問 5.6： 昔のJavaでは、`String`クラスの`hashCode()`メソッドでは、長い文字列のすべての文字を使っていなかった。例えば、16文字の文字列の場合、偶数番めの8文字だけを使っていた。これがよくないアイデアであること、すなわち、同じハッシュ値を持つ文字列がたくさん現れるような例を挙げよ。

問 5.7： 2つのwビットの整数xとyからなるオブジェクトがあるとき、$x+y$をハッシュ値とするのはよくないことを示せ。すなわち、ハッシュ値が0となるようなオブジェクトの例をたくさん挙げよ。

問 5.8： 2つのwビットの整数xとyからなるオブジェクトがあるとき、$x+y$をハッシュ値とするのはよくないことを示せ。すなわち、同じハッシュ値を持つオブジェクトの集まりの例を挙げよ。

問 5.9： 2つのwビットの整数xとyからなるオブジェクトがあるとする。決定的な関数$h(x,y)$により、wビットの整数となるハッシュ値を計算するとする。このとき、ハッシュ値が一致するオブジェクトの集合であって、要素数の大きいものが存在することを示せ。

問 5.10： ある正の数wについて、$p=2^w-1$であるとする。正の数xについて次の式が成り立つ理由を説明せよ。

$$(x \bmod 2^w)+(x \operatorname{div} 2^w) \equiv x \bmod (2^w-1)$$

（この式より、$x \bmod (2^w-1)$を計算する方法として、$x \le 2^w-1$を満たすまで次のコードを繰り返すというアルゴリズムが得られる。）

$$x = x\&((1<<w)-1)+x>>w$$

問 5.11： 標準ライブラリや、本書の`HashTable`および`LinearHashTable`を参考に、よく使われるハッシュテーブルの実装を見つけ、整数xに対して`find(x)`が線形時間で実行できるプログラムを実装せよ。つまり、テーブルの中の同じ位置に対応付けられるn個の整数の集まりを見つけよ。

　実装の出来不出来によっては、コードを見るだけで実行時間がわかる場合もあれば、挿入や検索をしてみて実行時間を測るコードを書く必要があるかもしれない（これはWebサーバーへのDoS攻撃に使われることがある[17]）。

第6章

二分木

この章では、コンピュータサイエンスで現れる最も基本的な構造のうちのひとつ、二分木を紹介する。この構造を**木**（**tree**）と呼ぶのは、図示したときに（森に生えている）木に似ているためである。二分木には複数の定義がある。数学的な**二分木**（**binary tree**）の定義は、連結（connected）[†1]な有限無向グラフであって、閉路(cycle)[†2]を持たず、すべての頂点の次数（degree）が3以下のものである[†3]。

コンピュータサイエンスにおける応用では、二分木はふつう**根を持つ**（**rooted**）。木の**根**（**root**）と呼ばれる特殊なノードrがあり、このノードの次数は2以下である。ノードu(≠ r)からrに向かう経路における2番めのノードをuの**親**（**parent**）という。uに隣接する親以外のノードをuの**子**（**child**）という。特に**順序付けられている**（**ordered**）二分木に興味があることが多いので、子を**左の子**、**右の子**と呼び分けることにする。

二分木を図示するとき、ふつうは根を一番上に書く。また、ノードuの左右の子は、uの左下と右下にそれぞれ描く（図6.1）。図6.2の(a)に、9個のノードを持つ二分木の例を示す。

木（および二分木）は重要なので、その性質を記述するための専用の語彙が使われている。木におけるノードuの**深さ**（**depth**）とは、uから根までの経路の長さである[†4]。ノードwがuからrへの経路に含まれるとき、wをuの**祖先**（**ancestor**）という。一方、このときuをwの**子孫**（**descendant**）という。木におけるノードuの**部分**

[†1] 訳注：グラフが連結であるとは、グラフ上の辺を辿ることで任意の2頂点間を行き来できることである。そうして辿った辺の列のことを経路（path）と呼ぶ。

[†2] （単純）閉路とは、ある頂点から同じ頂点および同じ辺を通らずにその頂点に戻る経路である。

[†3] 訳注：無向グラフの頂点における次数とは、その頂点が持つ辺の数である。例えば図6.1において、uの次数は3である。

[†4] 訳注：例えばu=rであるとき、uの深さは0である。

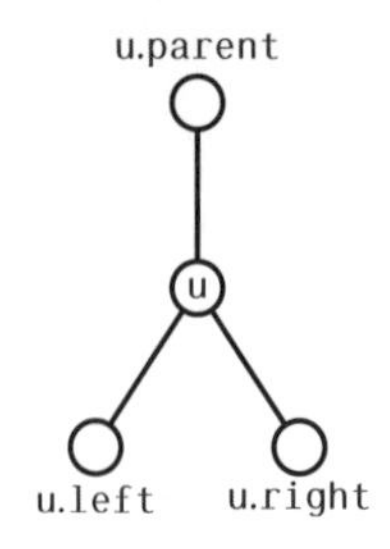

▶図6.1　BinaryTreeにおける、ノードuの親、左の子、右の子

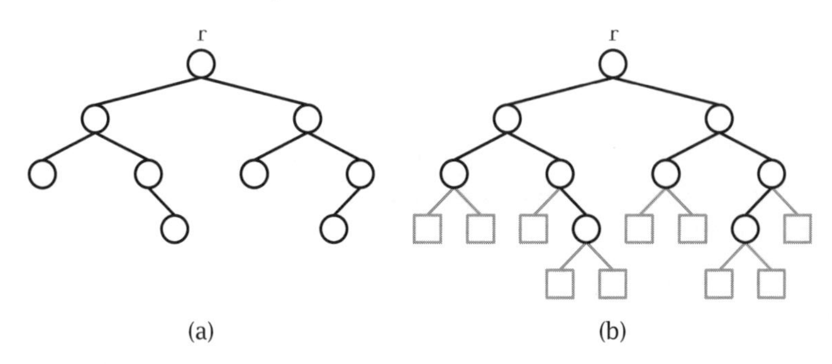

▶図6.2　(a) 9個の本物のノードを持つ二分木と、(b) 10個の外部ノードを持つ二分木

木（subtree）とは、uを根とし、uのすべての子孫を含む木である。ノードuの**高さ（height）**とは、uからuの子孫への経路の長さの最大値である。木の**高さ**とは、その根の高さである。ノードuが子を持たない場合、uは**葉（leaf）**という。

木を考えるとき、**外部ノード（external node）**で拡張すると便利なことがある。左の子を持たないノードであれば、左の子として外部ノードを持つ。同様に、右の子を持たないノードであれば、右の子として外部ノードを持つ（図6.2(b)を参照）。帰納法により、$n \geq 1$個の（本物の）ノードを持つ二分木は、$n+1$個の外部ノードを持つことが示せる。

6.1 BinaryTree：基本的な二分木

二分木におけるノードuを簡単に表現するには、uに隣接するノードを明示的に保持すればよい。

```
class BTNode {
  N *left;
  N *right;
  N *parent;
  BTNode() {
    left = right = parent = NULL;
  }
};
```

隣接する頂点は最大で3つあるが、そのうち存在しないものを指す変数はnilとする。すると、外部ノードも根の親もnilに対応する。

このように二分木を表現すると、二分木自体は根rへの参照として表現できる[†5]。

```
Node *r;    // 根 (root) ノード
```

ノードuの深さは、uから根への経路を辿るときのステップ数として計算できる。

```
int depth(Node *u) {
  int d = 0;
  while (u != r) {
    u = u->parent;
    d++;
  }
  return d;
}
```

6.1.1 再帰的なアルゴリズム

再帰的なアルゴリズムを使うと二分木に関する計算が簡単になる。例えば、uを根とする二分木のサイズ（ノードの数）は、uの子を根とする部分木のサイズを再帰的に計算し、足し合わせ、その結果に1加えると求まる。

```
int size(Node *u) {
  if (u == nil) return 0;
  return 1 + size(u->left) + size(u->right);
}
```

ノードuの高さは、uの2つの部分木の高さの最大値を計算し、その結果に1加えると求まる。

[†5] 訳注：本章の冒頭で、二分木を連結なグラフとして定義したことを思い出そう。連結なグラフなので、木に含まれるいずれかのノードへの参照が1つあれば、そこから他のノードへ辿り着ける。そのような参照として根rを選べば、その二分木を示せるというわけである。なお、もし根以外の参照を選ぶと、後の章で出てくるB木（14.2.2節参照）のような木では親への参照がないので、複数のノードが必要になる。

```
BinaryTree
int height(Node *u) {
  if (u == nil) return -1;
  return 1 + max(height(u->left), height(u->right));
}
```

6.1.2 二分木の走査

前項で説明した2つのアルゴリズムでは、二分木のすべてのノードを訪問するために再帰を使った。いずれのアルゴリズムも、二分木のノードを次のコードと同じ順番で訪問していた。

```
BinaryTree
void traverse(Node *u) {
    if (u == nil) return;
    traverse(u->left);
    traverse(u->right);
}
```

再帰を使うとこのように簡潔なコードを書けるが、時に困ることもある。再帰の深さの最大値は、二分木におけるノードの深さの最大値、すなわち木の高さである。これが非常に大きいと、再帰のためのスタックとして利用できる量以上の領域を要求し、プログラムがクラッシュしてしまうことがある[†6]。

再帰なしで二分木を走査するためには、どこから来たかによって次の行き先を決めるアルゴリズムを使えばよい（図6.3）。ノードuにu.parentから来たときは、次はu.leftに向かう。u.leftから来たときは、次はu.rightに向かう。u.rightから来たときは、uの部分木を辿り終えたのでu.parentに戻る。次のコードはこれを実装したものである。u.left、u.right、u.parentがnilであるケースも適切に処理している。

```
BinaryTree
void traverse2() {
  Node *u = r, *prev = nil, *next;
  while (u != nil) {
    if (prev == u->parent) {
      if (u->left != nil) next = u->left;
      else if (u->right != nil) next = u->right;
      else next = u->parent;
    } else if (prev == u->left) {
      if (u->right != nil) next = u->right;
      else next = u->parent;
    } else {
      next = u->parent;
    }
    prev = u;
    u = next;
  }
}
```

[†6] 訳注：この問題はスタックオーバーフローと呼ばれる。

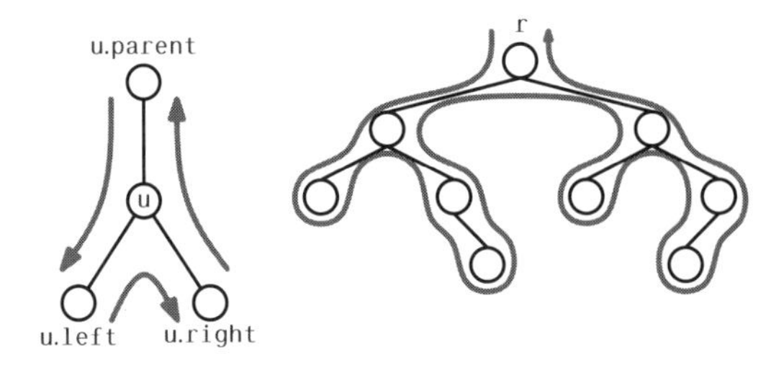

▶ 図6.3　再帰を使わずに二分木を走査してノードuを訪れる3通りの方法と、そのときの木の走査

再帰アルゴリズムで計算できることは、こうして再帰なしでも計算できる。例えば木のサイズを計算するためには、カウンタnを保持し、新しいノードを訪問するたびにその値を1ずつ増やせばよい。

BinaryTree

```
int size2() {
    Node *u = r, *prev = nil, *next;
    int n = 0;
    while (u != nil) {
      if (prev == u->parent) {
        n++;
        if (u->left != nil) next = u->left;
        else if (u->right != nil) next = u->right;
        else next = u->parent;
      } else if (prev == u->left) {
        if (u->right != nil) next = u->right;
        else next = u->parent;
      } else {
        next = u->parent;
      }
      prev = u;
      u = next;
    }
    return n;
  }
```

二分木の実装ではparentを使わないこともある。この場合にも再帰を使わない実装は可能だが、いま訪問しているノードから根までの経路をListかStackを使って記録しておく必要がある。

ここまでの方法とは別の走査方法として、**幅優先（breadth-first）**な走査がある[†7]。幅優先に走査する場合、根から下に向かって深さごとにすべてのノードを訪問する。同じ深さのノードは左から右の順に訪問する（図6.4を参照せよ）。これは英語の文章の読み方と似ている。幅優先の走査はキューqを使って実装できる。初期状態ではqは根だけを含む。各ステップでは、qから次のノードuを取り出し、uを処理し、u.leftとu.rightを（nilでなければ）qに追加する。

[†7] 訳注：12.3.1節では、木の一般化であるグラフにおける幅優先探索アルゴリズムを紹介する。

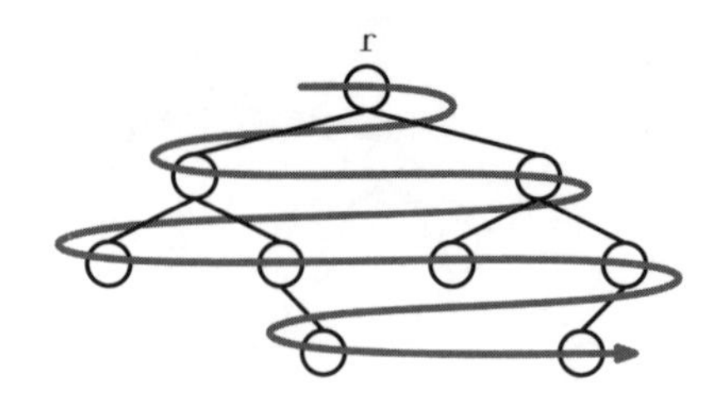

▶ 図6.4　幅優先な走査では、二分木の各ノードを深さごとに訪問する。各深さでは左から右の順で訪問する

BinaryTree
```
void bfTraverse() {
  ArrayDeque<Node*> q;
  if (r != nil) q.add(q.size(),r);
  while (q.size() > 0) {
    Node *u = q.remove(q.size()-1);
    if (u->left != nil) q.add(q.size(),u->left);
    if (u->right != nil) q.add(q.size(),u->right);
  }
}
```

6.2 BinarySearchTree：バランスされていない二分探索木

ノードuが、ある全順序な集合の要素xをデータu.xとして持つような特別な二分木、BinarySearchTreeを考える。各ノードとそのデータは、次の**二分探索木の性質**を満たすとする。すなわち、ノードuについて、u.leftを根とする部分木に含まれるデータはすべてu.xより小さく、u.rightを根とする部分木に含まれるデータはすべてu.xより大きい。このようなBinarySearchTreeの例を図6.5に示す。

6.2.1 探索

二分探索木の性質はとても有用だ。この性質を利用して、二分探索木から値xを高速に見つけられる。具体的には、まず根rからxを探し始める。ノードuを訪問しているとき、次の3つの場合がありうる。

1. x < u.xならu.leftに進む
2. x > u.xならu.rightに進む
3. x = u.xなら値がxであるノードuを見つけた

この探索は3つめのケース、またはu = nilになると終了する。前者ならxが見つ

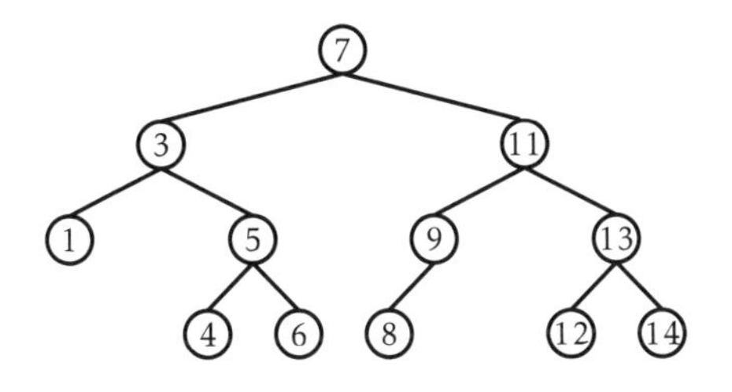

▶ 図6.5　二分探索木の例

かったことになる。後者ならxがこの木に含まれていないとわかる。

BinarySearchTree
```
T findEQ(T x) {
  Node *w = r;
  while (w != nil) {
    int comp = compare(x, w->x);
    if (comp < 0) {
      w = w->left;
    } else if (comp > 0) {
      w = w->right;
    } else {
      return w->x;
    }
  }
  return null;
}
```

二分探索木における探索の例を図6.6に2つ示す。2つめの例から、xが見つからない場合でも、役に立つ情報が得られることがわかる。探索における最後のノードuにて、先の場合分けの1つめのケースであったなら、u.xは木に含まれるデータであって、xよりも大きい値のうちで最小のものである。同様に、場合分けの2つめのケースであったなら、u.xはxより小さい値のうちで最大のものである。よって、場合分けの1つめのケースが最後に発生したノードzを記録しておけば、x以上の値のうちで最小のものを返すようにBinarySearchTreeのfind(x)を実装できる。

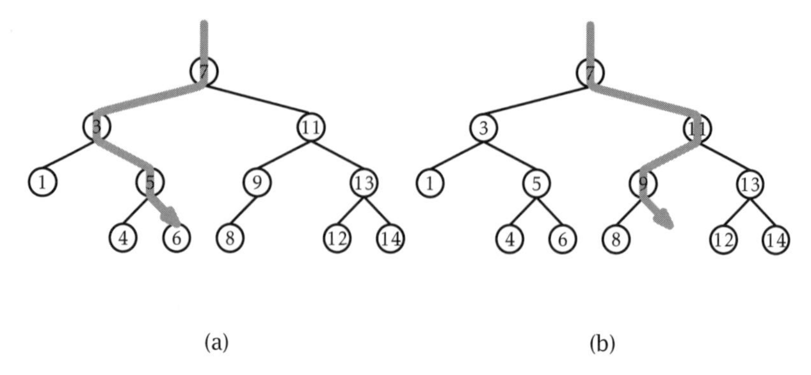

▶ 図6.6　二分探索木において、(a) 探索が成功する例（6が見つかる）と、(b) 探索が失敗する例（10が見つからない）

```
T find(T x) {
  Node *w = r, *z = nil;
  while (w != nil) {
    int comp = compare(x, w->x);
    if (comp < 0) {
      z = w;
      w = w->left;
    } else if (comp > 0) {
      w = w->right;
    } else {
      return w->x;
    }
  }
  return z == nil ? null : z->x;
}
```

6.2.2　追加

BinarySearchTreeに値xを追加するには、まずxを検索する。もし見つかれば挿入の必要がない。見つからなければ、検索において最後に出会ったノードpの子である葉として、xを保存する。このとき、新しいノードがpの右の子か左の子かを、xとp.xの比較結果によって決める。

```
bool add(T x) {
  Node *p = findLast(x);
  Node *u = new Node;
  u->x = x;
  return addChild(p, u);
}
```

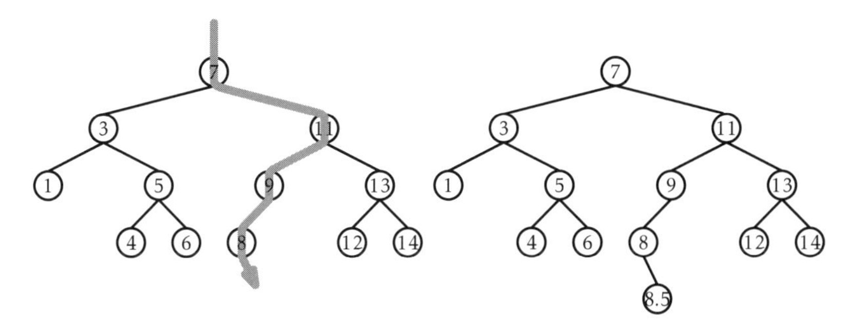

▶ 図6.7　二分探索木に8.5を追加

BinarySearchTree

```
Node* findLast(T x) {
  Node *w = r, *prev = nil;
  while (w != nil) {
    prev = w;
    int comp = compare(x, w->x);
    if (comp < 0) {
      w = w->left;
    } else if (comp > 0) {
      w = w->right;
    } else {
      return w;
    }
  }
  return prev;
}
```

BinarySearchTree

```
bool addChild(Node *p, Node *u) {
    if (p == nil) {
      r = u;                    // 空っぽの木に挿入する
    } else {
      int comp = compare(u->x, p->x);
      if (comp < 0) {
        p->left = u;
      } else if (comp > 0) {
        p->right = u;
      } else {
        return false;   // u.x はすでに木に含まれている
      }
      u->parent = p;
    }
    n++;
    return true;
  }
```

図6.7に例を示す。最も時間がかかるのはxを検索する処理で、この時間は新たに追加するノードuの深さに比例する。これは、最悪の場合、BinarySearchTreeの高さである。

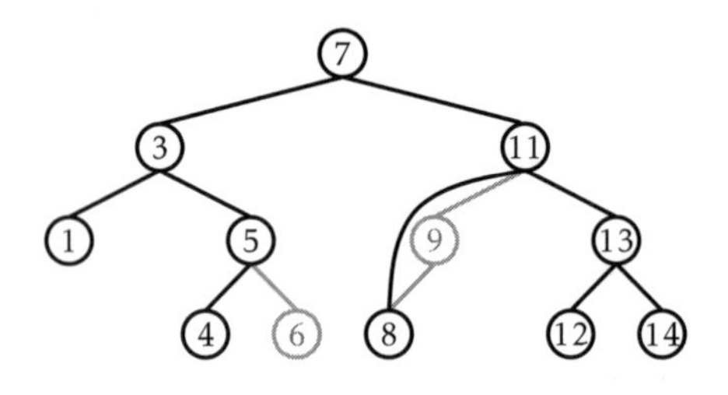

▶図6.8　葉（6）、または子を1つだけ持つノード（9）の削除は簡単

6.2.3　削除

ある値を格納するノードuをBinarySearchTreeから削除する処理はもう少し複雑だ。uが葉なら、uを単に親から切り離せばよい。uが子を1つだけ持っているなら、uで両端を継ぎ合わせる、すなわち、u.parentとuの子とを親子関係にすればよい（図6.8を参照）。

BinarySearchTree

```
void splice(Node *u) {
  Node *s, *p;
  if (u->left != nil) {
    s = u->left;
  } else {
    s = u->right;
  }
  if (u == r) {
    r = s;
    p = nil;
  } else {
    p = u->parent;
    if (p->left == u) {
      p->left = s;
    } else {
      p->right = s;
    }
  }
  if (s != nil) {
    s->parent = p;
  }
  n--;
}
```

uが子を2つ持っている場合は、もっと手の込んだ操作が必要になる。この場合、子の数が1以下のノードwで、w.xとu.xとを入れ替えられるようなものを見つけるのが最も単純だ。二分探索木の性質を保つためには、w.xの値とu.xの値が近ければよい。例えば、w.xが、u.xより大きいものの中で最小の値であればよい。このようなwは簡単に見つけられる。これはu.rightを根とする部分木の中で最小の値である。このノードは左の子を持たないので、取り除くのも簡単である（図6.9を参照）。

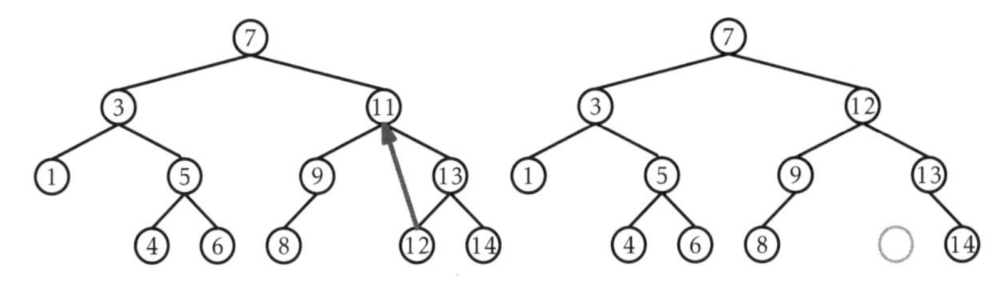

▶ 図6.9　2つの子を持つノードuから値11を削除するために、uの値と、uの右の部分木における最小の値とを入れ替える

BinarySearchTree
```
void remove(Node *u) {
  if (u->left == nil || u->right == nil) {
    splice(u);
    delete u;
  } else {
    Node *w = u->right;
    while (w->left != nil)
      w = w->left;
    u->x = w->x;
    splice(w);
    delete w;
  }
}
```

6.2.4 要約

BinarySearchTreeにおけるfind(x)、add(x)、remove(x)の処理は、いずれも根から特定のノードへの経路を辿る処理を伴う。木の形状について何らかの仮定をしない限り、この経路の長さについて、「木の中のノード数を超えない」というより強い主張をするのは難しい。次の定理は、あまり面白いものではないが、BinarySearchTreeの性能をまとめたものだ。

定理 6.1：
BinarySearchTreeはSSetインターフェースの実装であって、add(x)、remove(x)、find(x)の実行時間は$O(n)$である。

定理 4.1と比べると、定理 6.1の性能は良くない。SkiplistSSetでは、各操作の期待実行時間が$O(\log n)$であるようにSSetインターフェースを実装できた。BinarySearchTreeには、木の形状が**アンバランス（unbalanced）**かもしれないという問題がある。図6.5のような木の形ではなく、ほとんどのノードが子を1つだけ持ち、n個のノードからなる長い鎖のような見た目かもしれないのである[†8]。

---
†8 訳注：このような長い鎖のような見た目をしたデータ構造には見覚えがあるかもしれない。第3章

二分探索木がアンバランスになることを回避する方法はたくさんある。そのような方法を採用すれば、$O(\log n)$ の時間で各操作を行えるようになる。第7章では、ランダム性を利用することで、$O(\log n)$ の**期待実行時間**を達成する方法を説明する。第8章では、部分的な再構築を利用することで、$O(\log n)$ の**償却実行時間**を達成する方法を説明する。第9章では、子を4つまで持ちうる木をシミュレートすることで、$O(\log n)$ の**最悪実行時間**を達成する方法を説明する。

6.3 ディスカッションと練習問題

二分木は血縁関係のモデルとして数千年にわたって使われてきた。二分木を使うことで、家系図を自然にモデル化できる。ある家系図の書き方では、ある人物を根に配し、その人物の両親を左右の子ノードとする。生物学における系統樹でも、数世紀にわたって二分木が使われてきた。生物学では、現存の種を二分木における葉で表し、**分化**の発生を内部ノードで表す。分化とは、1つの種から2つの別々の種が派生することである。

二分探索木は、1950年代に複数のグループが独立に発見したようである[48, Section 6.2.2]。個々の二分探索木に関する詳細な文献は後の各章で紹介する。

二分木をゼロから実装するときには、設計上の考慮が必要になる点がいくつかある。その1つは、各ノードが親へのポインタを持つかどうかである。根から葉への経路を辿るだけの操作が多いなら、親へのポインタは不要である。親へのポインタを組み込めばメモリが無駄になり、バグの原因ともなりうる。一方、親へのポインタがないと、走査のために再帰を使うことになる（もしくは明示的にスタックを利用することになる）。また、ある種の二分探索木における挿入や削除など、実装が複雑になってしまう操作もある。

もう1つの設計上のポイントは、親と左右の子へのポインタをどう持つかである。本章の実装では、それぞれを別々の変数に保持していた。そうではなく、長さ3の配列pを使って、u.p[0]、u.p[1]、u.p[2]がそれぞれuの左右の子と親へのポインタを保持するようにしてもよい。配列を使うことで、プログラム内のif文の連続を代数的な表現でより単純に書けるようになる。

例えば、木を辿る処理をより単純に書ける。u.p[i]からuに来たとき、次に向かうのはu.p[(i + 1) mod 3]である。左右の対称性があるときにも似たようなことができる。すなわち、u.p[i]の兄弟がu.p[(i + 1) mod 2]になる。これは、u.p[i]が左の子（i = 0）であっても右の子（i = 1）であっても有効だ。この表現を使うことで、左右に分けてそれぞれ書いていた複雑なコードを1つにまとめられる場合がある。137

で扱った連結リストを思い出そう（細かな相違はある）。

ページのrotateLeft(u)とrotateRight(u)がその好例である。

問 6.1： $n \geq 1$個のノードからなる二分木は$n-1$本の辺を持つことを示せ。

問 6.2： $n \geq 1$個の（本物の）ノードからなる二分木は$n+1$個の外部ノードを持つことを示せ。

問 6.3： 二分木Tが葉を1つ以上持つとき、Tにおける根の子の数が1以下であるか、Tが葉を2つ以上持つかのいずれかであることを示せ。

問 6.4： ノードuを根とする部分木の大きさを計算する再帰的でないメソッドsize2(u)を実装せよ。

問 6.5： ノードuの高さを計算する再帰的でないメソッドheight2(u)を実装せよ。

問 6.6： 二分木が**サイズでバランスされている（size-balanced）**とは、任意のノードuについて、u.leftを根とする部分木のサイズと、u.rightを根とする部分木のサイズとの差が1以下であることをいう。二分木がこの意味でバランスされているかを判定する再帰的なメソッドisBalanced()を書け。なお、このメソッドの実行時間は$O(n)$でなければならない（さまざまな形状の大きい木でテストしてみること。$O(n)$よりも時間がかかる実装は簡単である）。

行きがけ順（pre-order）とは、二分木の訪問順であって、ノードuをそのいずれの子よりも先に訪問するものである。**通りがけ順（in-order）**とは、二分木の訪問順であって、ノードuを左の部分木に含まれる子よりも後かつ右の部分木に含まれる子よりも先に訪問するものである。**帰りがけ順（post-order）**とは、二分木の訪問順であって、ノードuをuを根とする部分木に含まれるいずれの子よりも後に訪問するものである。行きがけ番号、通りがけ番号、帰りがけ番号とは、それぞれの対応する順序に従って頂点を訪問したときにノードに付される訪問順の番号である。図6.10に例を示す。

問 6.7： BinarySearchTreeのサブクラスとして、ノードのフィールドに行きがけ番号、通りがけ番号、帰りがけ番号を持つものを作れ。これらの値を適切に割り当てる再帰的な関数preOrderNumber()、inOrderNumber()、postOrderNumber()を書け。なお、いずれの実行時間も$O(n)$でなければならない。

問 6.8： 再帰的でない関数nextPreOrder(u)、nextInOrder(u)、nextPostOrder(u)を実装せよ。これらは各順序におけるノードuの次のノードを返す関数である。いずれの償却実行時間も高々定数でなければならない。なお、ノードuから始めて、この関数を繰り返し呼んでノードを辿り、u = nullになるまでこれを続けるとき、すべての呼び出しの合計コストは$O(n)$でなければならない。

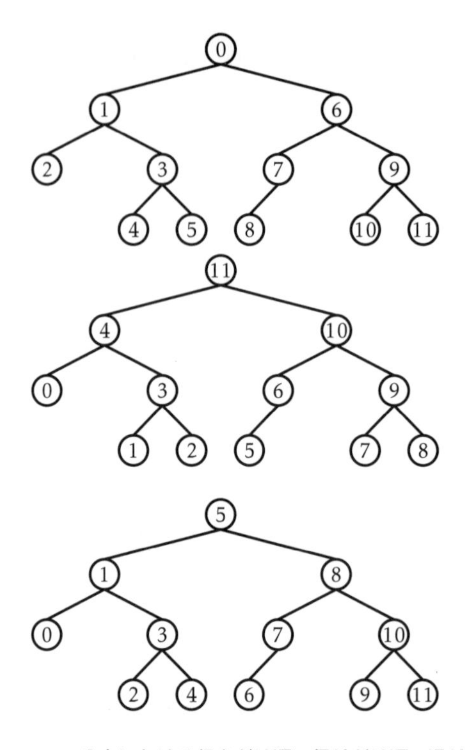

▶図6.10　二分木における行きがけ順、帰りがけ順、通りがけ順

問 6.9：ノードに行きがけ番号、通りがけ番号、帰りがけ番号が付された二分木があるとする。この番号を使って次の質問に定数時間で答える方法を考えよ。

1. ノードuが与えられたとき、uを根とする部分木の大きさを求めよ。
2. ノードuが与えられたとき、uの深さを求めよ。
3. ノードuとwが与えられたとき、uがwの祖先であるかを判定せよ。

問 6.10：ノードに対する行きがけ番号、通りがけ番号の組からなるリストが与えられたとする。このような行きがけ番号、通りがけ番号が付される木は一意に定まることを示せ。また、具体的にこの木を構成する方法を与えよ。

問 6.11：n個のノードからなる二分木は$2(n-1)$ビット以下で表現できることを示せ。

ヒント：木を走査する際に起きることを記録し、これを再生して木を再構築することを考えるとよい。

問 6.12：図6.5の二分木に3.5を追加し、続けて4.5を追加するときの様子を図示せよ。

問 6.13：図6.5の二分木に3を削除し、続けて5を削除するときの様子を図示せよ。

問 6.14： BinarySearchTreeのメソッドgetLE(x)を実装せよ。これは、木に含まれる要素のうち、x以下のものを集めたリストを返すものである。このメソッドの実行時間は$O(n'+h)$でなければならない。ここで、n′は木に含まれるx以下の要素の数、hは木の高さである。

問 6.15： 空のBinarySearchTreeに$\{1,\ldots,n\}$をすべて追加し、結果として得られる木の高さが$n-1$になるためにはどうすればよいか。また、そのやり方は何通りあるか。

問 6.16： あるBinarySearchTreeにadd(x)を実行し、同じxについてremove(x)を実行すると、木は必ず元の状態に戻るか。

問 6.17： BinarySearchTreeにおいてremove(x)を実行するとき、あるノードの高さが大きくなることはあるか。もしそうなら、どのくらい大きくなりうるか。

問 6.18： BinarySearchTreeにおいてadd(x)を実行するとき、あるノードの高さが大きくなることはあるか。また、そのとき木の高さが大きくなることはあるか。もしそうなら、どれくらい大きくなりうるか。

問 6.19： 各ノードuがu.size（uを根とする部分木の大きさ）、u.depth（uの深さ）、u.height（uを根とする部分木の高さ）を保持するようなBinarySearchTreeの変種を設計、実装せよ。

なお、add(x)とremove(x)を呼んでもこれらの値は適切に保たれる必要がある。add(x)やremove(x)のコストが定数時間より大きくはならないように注意すること。

第7章

ランダム二分探索木

この章では、乱択化を使って各操作について$O(\log n)$の実行時間を達成する二分探索木を紹介する。

7.1 ランダム二分探索木

図7.1に示した2つの二分探索木を見てほしい。これらはいずれも$n = 15$個のノードからなる。左の木はリストであり、右の木は完全にバランスされた二分探索木である。左の木の高さは$n - 1 = 14$で、右の木の高さは3である。

この2つの木の構築方法を考えてみよう。空のBinarySearchTreeに対して、次の順で要素を追加すると、左の木になる。

$$\langle 0,1,2,3,4,5,6,7,8,9,10,11,12,13,14\rangle$$

逆に、左の木になるような要素の追加順は、この順に限る（nについての帰納法で証

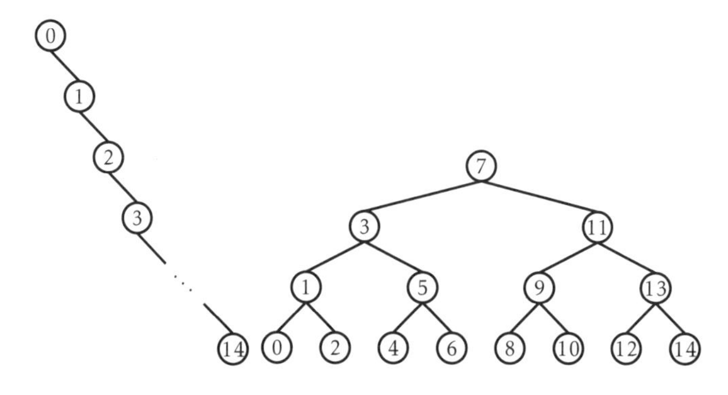

▶ 図7.1　0,...,14からなる2つの二分探索木

明できる)。一方、次の順で要素を追加すると、右の木になる。

$$\langle 7,3,11,1,5,9,13,0,2,4,6,8,10,12,14\rangle$$

右の木は、ほかにも次のような追加順で得られる。

$$\langle 7,3,1,5,0,2,4,6,11,9,13,8,10,12,14\rangle$$

$$\langle 7,3,1,11,5,0,2,4,6,9,13,8,10,12,14\rangle$$

実際、右の木が得られるような要素の追加順は、全部で21,964,800種類ある。その一方で、左の木が得られるような要素の追加順はたった1つしかない。

この例からは次のようなことがいえるだろう。すなわち、$0,\ldots,14$をランダムな順番で選んで二分探索木に追加すれば、多くの場合は図7.1の右に示すようなバランスされた木になり、左に示すような極めて偏った木になることはあまりなさそうである。

この主張は、ランダム二分探索木を考えることで形式的に説明できる。まずは大きさnの**ランダム二分探索木（random binary search tree）**の作り方を述べる。

$0,\ldots,n-1$のランダムな置換を1つ選ぶ。これを$x_0,\ldots,x_{n-1}$とし、この順番に要素をBinarySearchTreeに追加する。ここで、**ランダムな置換（random permutation）**とは、全部で$n!$通りある$0,\ldots,n-1$の置換はそれぞれ等確率$1/n!$で選び出せるので、そのうちの1つを選んだものである。

$0,\ldots,n-1$は、n個の値であれば何でもよいことに注意してほしい。別の値であってもランダム二分探索木の性質には影響しない。$x\in\{0,\ldots,n-1\}$は、順序が定義されたn個の要素からなる集合におけるx番めの要素を表しているにすぎない。

ランダム二分探索木の性質を説明する前に、少し脱線して、ランダムな構造を解析する際にしばしば登場する**調和数（harmonic number）**について説明しよう。kを非負整数とすると、k番めの調和数H_kは次のように定義される。

$$H_k = 1 + 1/2 + 1/3 + \cdots + 1/k$$

調和数H_kは単純な閉じた式では書けないが、自然対数と密接な関係があり、次の式が成り立つ。

$$\ln k < H_k \le \ln k + 1$$

解析学を学んでいれば、$\int_1^k (1/x)\,\mathrm{d}x = \ln k$からこれを示せるだろう。積分は、曲線と$x$軸とが囲む領域の面積と解釈できるので、$H_k$の下界は$\int_1^k (1/x)\,\mathrm{d}x$、上界は$1+\int_1^k (1/x)\,\mathrm{d}x$である（図7.2を見れば視覚的に理解できるだろう）。

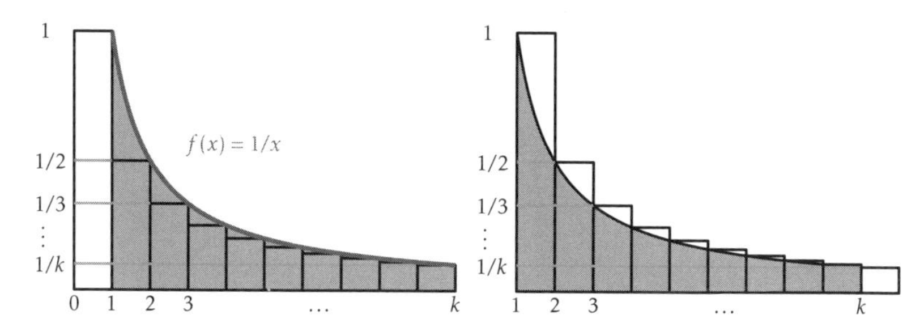

▶ 図 7.2　k 番めの調和数 $H_k = \sum_{i=1}^{k} 1/i$ の上界、下界を積分で計算できる。各積分値は図の斜線部の面積であり、H_k は長方形の部分の面積である

> 補題 7.1：
>
> 大きさnのランダム二分探索木について以下が成り立つ。
>
> 1. 任意の $x \in \{0,\dots,n-1\}$ について、x を探すときの探索経路の長さの期待値は $H_{x+1} + H_{n-x} - 2$ である[†1]
> 2. 任意の $x \in (-1,n) \setminus \{0,\dots,n-1\}$ について、x を探すときの探索経路の長さの期待値は $H_{\lceil x \rceil} + H_{n-\lceil x \rceil}$ である

補題 7.1 の証明は次項で行う。ここでは補題 7.1 の意味を考える。1 つめの主張は、木に含まれる要素を探す場合、木の要素数を n とすると、探索経路の長さの期待値は $2\ln n + O(1)$ 以下であるというものだ。2 つめの主張は、木に含まれない要素を探す場合について、やはり探索経路の長さの期待値に関する評価を与えている。 これらを比べると、木に含まれない要素を探すより、含まれる要素を探すほうが少しだけ速いことがわかる。

7.1.1　補題 7.1 の証明

補題 7.1 の証明では次の考察が鍵となる。ランダム二分探索木 T における値 $x \in (-1,n)$ の探索経路に、$i < x$ を満たす i をキーとするノードが含まれる必要十分条件は、T を作るランダムな置換において i が $\{i+1, i+2, \dots, \lfloor x \rfloor\}$ のいずれよりも前に現れることである。

そのことを確認するには、図 7.3 を見てほしい。$\{i, i+1, \dots, \lfloor x \rfloor\}$ のいずれかが追加されるまで、探索経路 $(i-1, \lfloor x \rfloor + 1)$ に含まれる要素の探索経路は等しい（2 つの要素の探索経路が別々になるためには、一方以上かつ他方以下の要素がなければならないことを思い出そう）。ランダムな置換において最初に現れる $\{i, i+1, \dots, \lfloor x \rfloor\}$ の要素を j とする。j は、x の探索経路上にずっと存在していることに注意しよう。$j \neq i$

[†1] $x+1$ と $n-x$ は x 以上の要素の個数、x 以下の要素の個数と解釈できる。

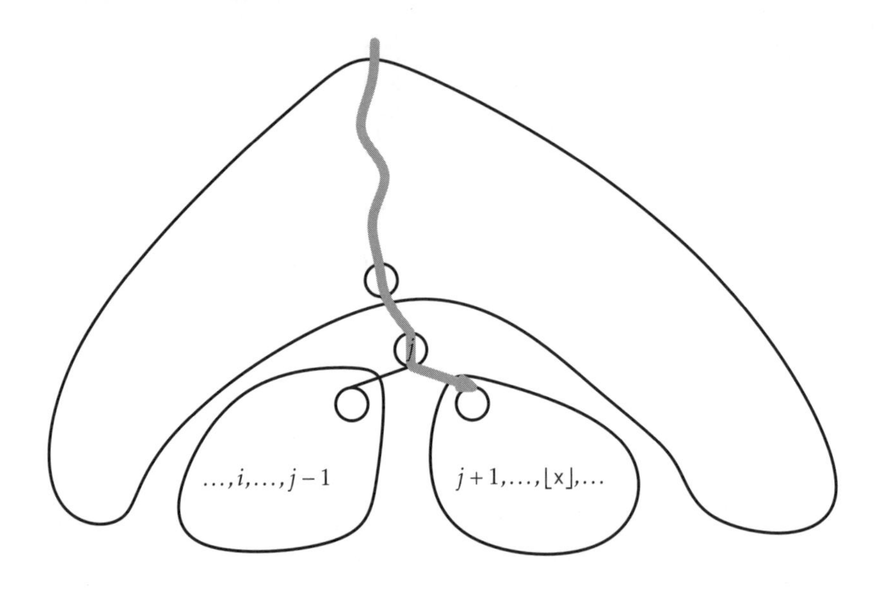

▶ 図 7.3　値 $i < \mathsf{x}$ が x の探索経路中にあることの必要十分条件は i が $\{i, i+1, \dots, \lfloor \mathsf{x} \rfloor\}$ のうち最初に木に加えられた要素であることである

ならば、j を含むノード u_j は、i を含むノード u_i より先に作られる。そのあとで i を追加するときは、$i < j$ なので、u_j.left を根とする部分木に u_i が追加される。一方、x の探索経路は、この部分木を通らない。なぜなら、この経路は u_j を訪問したあと、u_j.right に向かうからである。

$i > \mathsf{x}$ の場合も、キー i が x の探索経路に含まれる必要十分条件は、T を作るランダムな置換において、i が $\{\lceil \mathsf{x} \rceil, \lceil \mathsf{x} \rceil + 1, \dots, i-1\}$ のいずれよりも前に現れることである。

$\{0, \dots, \mathsf{n}\}$ のランダムな置換では、そのうちの一部だけを取り出した部分列 $\{i, i+1, \dots, \lfloor \mathsf{x} \rfloor\}$ および $\{\lceil \mathsf{x} \rceil, \lceil \mathsf{x} \rceil + 1, \dots, i-1\}$ も、やはりそれぞれ対応する要素からなる列のランダムな置換になっている。このとき、T を作るランダムな置換において、どちらの部分列でも先頭には各要素が等しい確率で現れる。そのため次の式が得られる。

$$\Pr\{i \text{ が } \mathsf{x} \text{ の探索経路に含まれる }\} = \begin{cases} 1/(\lfloor \mathsf{x} \rfloor - i + 1) & \text{if } i < \mathsf{x} \\ 1/(i - \lceil \mathsf{x} \rceil + 1) & \text{if } i > \mathsf{x} \end{cases}$$

以上の考察により、調和数を使った簡単な計算で補題 7.1 を証明できる。

証明：[補題 7.1 の証明] I_i をインジケータ確率変数とする。I_i の値は、i が探索経路に現れるときは1、そうでないときは0である。このとき探索経路の長さを次のように計算できる。

$$\sum_{i \in \{0, \dots, \mathsf{n}-1\} \setminus \{\mathsf{x}\}} I_i$$

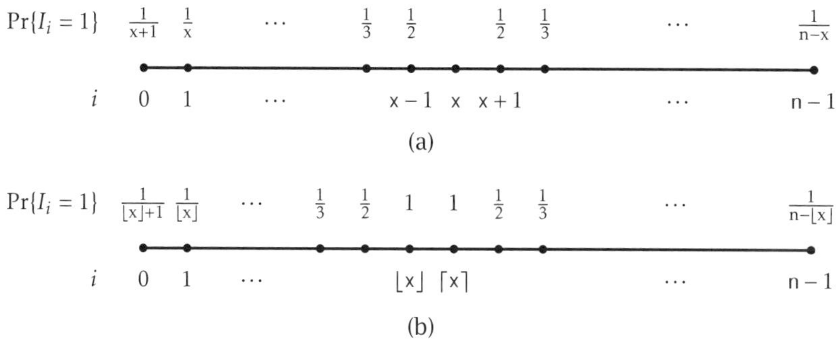

$\Pr\{I_i = 1\}$ $\frac{1}{x+1}$ $\frac{1}{x}$ $\cdots$ $\frac{1}{3}$ $\frac{1}{2}$ $\frac{1}{2}$ $\frac{1}{3}$ $\cdots$ $\frac{1}{n-x}$

i 0 1 $\cdots$ $x-1$ x $x+1$ $\cdots$ $n-1$

(a)

$\Pr\{I_i = 1\}$ $\frac{1}{\lfloor x\rfloor+1}$ $\frac{1}{\lfloor x\rfloor}$ $\cdots$ $\frac{1}{3}$ $\frac{1}{2}$ 1 1 $\frac{1}{2}$ $\frac{1}{3}$ $\cdots$ $\frac{1}{n-\lfloor x\rfloor}$

i 0 1 $\cdots$ $\lfloor x\rfloor$ $\lceil x\rceil$ $\cdots$ $n-1$

(b)

▶ 図7.4　xの探索経路に各要素が現れる確率。(a) xが整数のとき、(b) xが整数でないとき

よって、$x \in \{0,\ldots,n-1\}$ なら探索経路の長さの期待値は次のように計算できる（図7.4(a)参照）。

$$\begin{aligned}
\mathrm{E}\left[\sum_{i=0}^{x-1} I_i + \sum_{i=x+1}^{n-1} I_i\right] &= \sum_{i=0}^{x-1} \mathrm{E}[I_i] + \sum_{i=x+1}^{n-1} \mathrm{E}[I_i] \\
&= \sum_{i=0}^{x-1} 1/(\lfloor x\rfloor - i + 1) + \sum_{i=x+1}^{n-1} 1/(i - \lceil x\rceil + 1) \\
&= \sum_{i=0}^{x-1} 1/(x - i + 1) + \sum_{i=x+1}^{n-1} 1/(i - x + 1) \\
&= \frac{1}{2} + \frac{1}{3} + \cdots + \frac{1}{x+1} \\
&\quad + \frac{1}{2} + \frac{1}{3} + \cdots + \frac{1}{n-x} \\
&= H_{x+1} + H_{n-x} - 2 \ .
\end{aligned}$$

値 $x \in (-1,n) \setminus \{0,\ldots,n-1\}$ の場合も同様である（図7.4(b)参照）。 □

7.1.2 要約

次の定理はランダム二分探索木の性能をまとめたものだ。

定理 7.1：
ランダム二分探索木の構築にかかる時間は $O(n\log n)$ である。ランダム二分探索木における `find(x)` の実行時間の期待値は $O(\log n)$ である。

定理 7.1における期待値は、ランダム二分探索木を作るための置換のランダム性に基づく。つまり、xをランダムに選ぶことには依存しておらず、任意のxについて定理7.1は成り立つ。

7.2 Treap: 動的ランダム二分探索木の一種

前節で説明したランダム二分探索木の問題は、動的でないことである。すなわち、SSetインターフェースのadd(x)およびremove(x)をサポートしていない。この節ではTreapというデータ構造を説明する。これは、補題7.1を使ってSSetインターフェースを実装するデータ構造である[†2]。

Treapのノードは値xを持つ。その点でTreapはBinarySearchTreeに似ているが、それに加えてTreapのノードは一意な**優先度**pを持つ。このpはランダムに割り当てられる。

```
Treap
class TreapNode : public BSTNode<Node, T> {
  friend class Treap<Node,T>;
  int p;
};
```

Treapのノードは、二分探索木の性質に加えて、次の**ヒープ性**（**heap property**）も満たす。

- 根でない任意のノードuについてu.parent.p < u.pが成り立つ

言い換えると、どのノードの優先度も、そのいずれの子ノードの優先度よりも小さい。図7.5にTreapの例を示す。

Treapの形状は、ヒープ性と二分探索木の性質を共に満たすことから、キーxと優先度pが決まれば一意に定まる。具体的には、ヒープ性から、最小の優先度を持つノードがTreapの根rになる。さらに、二分探索木の性質から、r.xより小さなキーを持つノードはr.leftを根とする部分木に含まれ、r.xより大きなキーを持つノードはr.rightを根とする部分木に含まれる。

Treapの優先度の重要な特徴は、値xに対して一意であり、かつランダムに割り当てられることだ。このことから、Treapの解釈には2つの等価なものが考えられる。まず、先ほど定義したように、Treapはヒープ性と二分探索木の性質を共に満たす木として解釈できる。もう1つの解釈は、Treapは優先度の昇順にノードが追加されるBinarySearchTreeであるというものである。例えば、空のBinarySearchTreeに

[†2] Treapの名称は、このデータ構造が二分木**tree**（6.2節）であり、ヒープ**heap**（第10章）でもあることによる。

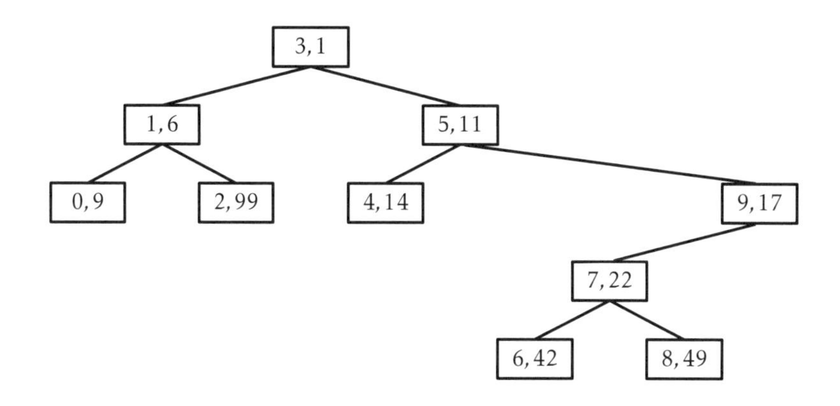

▶ 図7.5　整数$0,\ldots,9$を含むTreapの例。ノードuを表す四角形の内部にu.x, u.pを表示してある

対して値(x,p)を次の順で追加すると、図7.5のTreapが得られる。

$$\langle(3,1),(1,6),(0,9),(5,11),(4,14),(9,17),(7,22),(6,42),(8,49),(2,99)\rangle$$

Treapのノードにおける優先度はランダムに決まる。ということは、キーをランダムに置換して空のBinarySearchTreeへと順番に追加しても同じことである。例えば、上の例は、次のようなキーの置換をBinarySearchTreeへと順番に追加することに対応する。

$$\langle 3,1,0,5,9,4,7,6,8,2\rangle$$

ということは、Treapの形状がランダム二分探索木と同様にして決まるということである。特に、キーxをそのランク[†3]に置き換えれば、補題 7.1 をTreapにも適用できる。補題 7.1 をTreapに合わせて言い換えると次のようになる。

> **補題 7.2**：
> n個のキーからなる集合Sを保持するTreapについて以下が成り立つ。
> 1. 任意の$\mathtt{x}\in S$について、xの探索経路の長さの期待値は$H_{r(\mathtt{x})+1}+H_{\mathtt{n}-r(\mathtt{x})}-2$である
> 2. 任意の$\mathtt{x}\notin S$について、xの探索経路の長さの期待値は$H_{r(\mathtt{x})}+H_{\mathtt{n}-r(\mathtt{x})}$である
>
> ここで、$r(\mathtt{x})$は集合$S\cup\{\mathtt{x}\}$におけるxのランクである。

補題 7.2 についても、期待値は優先度のランダム性に基づくものである。キーのランダム性について何らかの仮定は必要ない。

[†3] xのランクとは、xを集合Sの要素とするとき、Sの要素のうちxより小さいものの個数である。

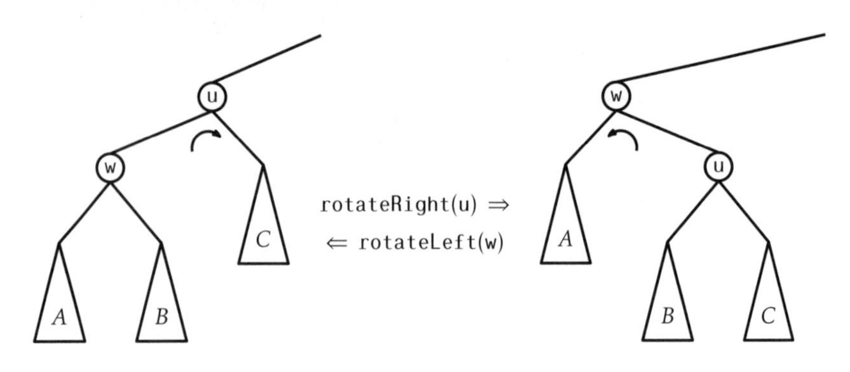

▶ 図7.6　二分探索木の左回転と右回転

補題 7.2 より、Treap の find(x) は効率良く実装できる。しかし、本当に有用なのは、add(x) と delete(x) を実装できることだ。そのために、木を回転する操作を使ってヒープ性を保つ（図7.6）。二分探索木の**回転**（**rotation**）とはノードwとその親uについて、二分探索木の性質を保ちながらwとuの親子関係を逆転する操作である。回転には、**右回転**（**right rotation**）と**左回転**（**left rotation**）の二種類があり、wがuの右の子なら右回転を、wがuの左の子なら左回転を使う。

実装にあたっては、左回転と右回転の2つの場合を処理し、コーナーケース（uが根である場合）にも注意しなければならない。そのため、コードは図7.6から想像されるよりも少し長くなる。

BinarySearchTree

```
void rotateLeft(Node *u) {
  Node *w = u->right;
  w->parent = u->parent;
  if (w->parent != nil) {
    if (w->parent->left == u) {
      w->parent->left = w;
    } else {
      w->parent->right = w;
    }
  }
  u->right = w->left;
  if (u->right != nil) {
    u->right->parent = u;
  }
  u->parent = w;
  w->left = u;
  if (u == r) { r = w; r->parent = nil; }
}
void rotateRight(Node *u) {
  Node *w = u->left;
  w->parent = u->parent;
  if (w->parent != nil) {
    if (w->parent->left == u) {
      w->parent->left = w;
    } else {
      w->parent->right = w;
    }
  }
  u->left = w->right;
  if (u->left != nil) {
    u->left->parent = u;
  }
  u->parent = w;
  w->right = u;
  if (u == r) { r = w; r->parent = nil; }
}
```

なお、Treapの回転については、wの深さが1減ってuの深さが1増えるという、重要な性質がある。

回転を使ってadd(x)を次のように実装できる。新しいノードuを作り、u.x = xとし、u.pを乱数で初期化する。uをBinarySearchTreeのadd(x)アルゴリズムを使って追加する。このときuはTreapの葉になる。ここで、Treapは二分探索木の性質を満たすが、ヒープ性を満たすとは限らない。具体的には、u.parent.p > u.pの場合、Treapはヒープ性を満たさない。この場合はw=u.parentとして回転を実行し、uをwの親にする。このとき、まだuがヒープ性を満たさないなら、もう一度回転を実行する。そのたびにuの深さが1減るので、uが根になるか、u.parent.p < u.pを満たしたら、処理を終了する。

Treap
```
bool add(T x) {
  Node *u = new Node;
  u->x = x;
  u->p = rand();
  if (BinarySearchTree<Node,T>::add(u)) {
    bubbleUp(u);
    return true;
  }
  delete u;
  return false;
}
void bubbleUp(Node *u) {
  while (u->parent != nil && u->parent->p > u->p) {
    if (u->parent->right == u) {
      rotateLeft(u->parent);
    } else {
      rotateRight(u->parent);
    }
  }
  if (u->parent == nil) {
    r = u;
  }
}
```

図7.7にadd(x)操作の例を示す。

add(x)操作の実行時間は、xの探索経路の長さと、新たに追加されたノードuをTreapにおけるあるべき位置まで移動するための回転の回数から求まる。補題7.2より、探索経路の長さの期待値は$2\ln n + O(1)$以下である。さらに回転のたびにuの深さが減る。uが根になると処理が終了するので、回転の回数の期待値は探索経路の長さの期待値以下である。よって、Treapにおけるadd(x)の実行時間の期待値は$O(\log n)$である（この操作における回転の回数の期待値が実は$O(1)$であることを問7.5で見る）。

Treapにおけるremove(x)は、add(x)の逆の操作である。xを含むノードuを探し、uが葉にくるまで下方向に回転を繰り返し、最後にuを取り外す。uを下方向に動かすとき、右に回転するか左に回転するかの選択肢があることに注意する。この選択は次の規則に従う。

1. u.leftとu.rightがいずれもnullなら、uは葉なので回転の必要はない
2. u.leftまたはu.rightがnullなら、nullでないほうと回転してuを入れ替える
3. $u.left.p < u.right.p$ならば右に回転し、そうでないなら左に回転する

この規則のおかげで、Treapの連結性とヒープ性が保たれる。

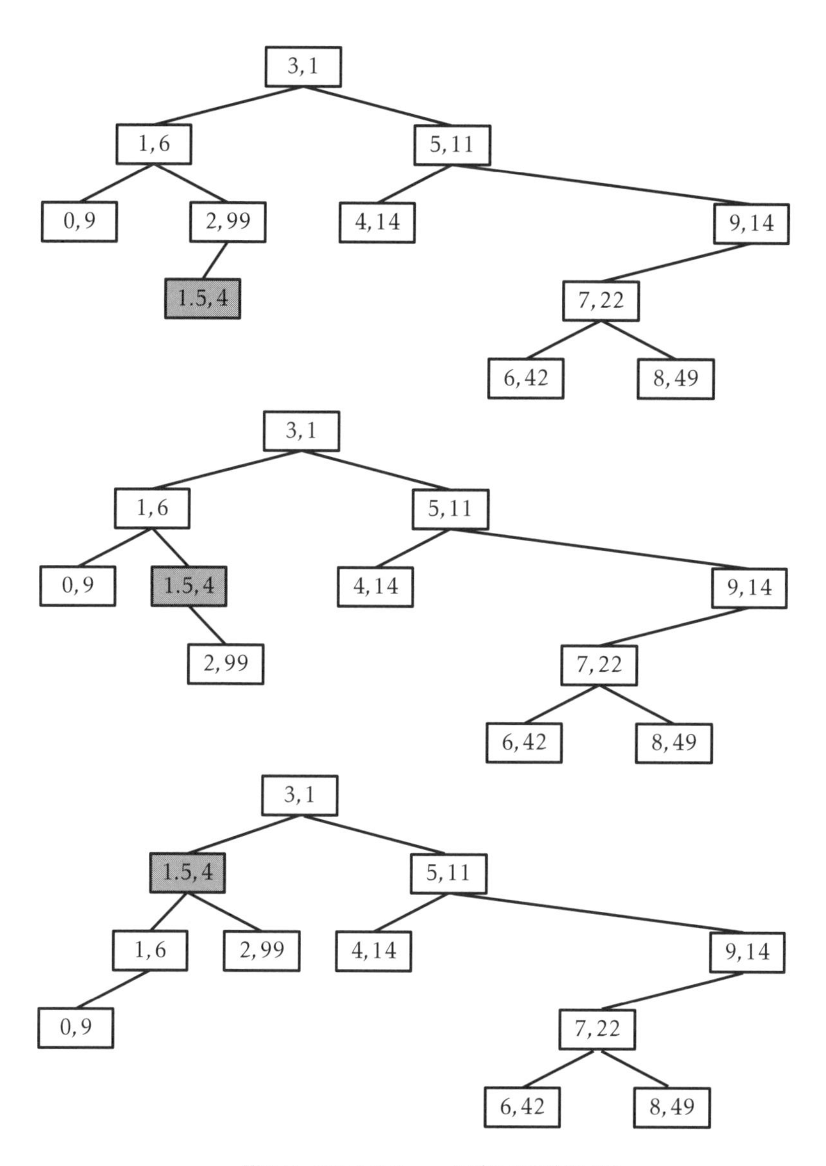

▶ 図 7.7 図 7.5 の Treap に値 1.5 を追加する

Treap
```
bool remove(T x) {
  Node *u = findLast(x);
  if (u != nil && compare(u->x, x) == 0) {
    trickleDown(u);
    splice(u);
    delete u;
    return true;
  }
  return false;
}
void trickleDown(Node *u) {
  while (u->left != nil || u->right != nil) {
    if (u->left == nil) {
      rotateLeft(u);
    } else if (u->right == nil) {
      rotateRight(u);
    } else if (u->left->p < u->right->p) {
      rotateRight(u);
    } else {
      rotateLeft(u);
    }
    if (r == u) {
      r = u->parent;
    }
  }
}
```

図7.8にremove(x)の例を示す。

remove(x)の実行時間を解析するときは、add(x)の逆の操作になっている点に注目する。特に、xを同じ優先度u.pで再挿入することを考えると、add(x)操作によりちょうど同じ回数だけ回転が実行されることでTreapがremove(x)の直前の状態に戻る（図7.8を下から上に見ると、値9をTreapに追加している状態）。これは、大きさnのTreapにおけるremove(x)操作の実行時間の期待値が、大きさn − 1のTreapにおけるadd(x)操作の実行時間の期待値に比例するということである。すなわち、remove(x)の実行時間の期待値は$O(\log n)$である。

7.2.1　要約

次の定理にTreapの性能をまとめる。

定理 7.2：
Treapは SSetインターフェースを実装する。Treapはadd(x)、remove(x)、find(x)をサポートし、いずれの実行時間の期待値も$O(\log n)$である。

TreapとSkiplistSSetを比べてみると面白いだろう。いずれもSSetの実装で、各操作の実行時間の期待値は$O(\log n)$である。どちらのデータ構造でも、add(x)、remove(x)は、検索に続けて定数回のポインタの更新からなる（問7.5参照）。よっ

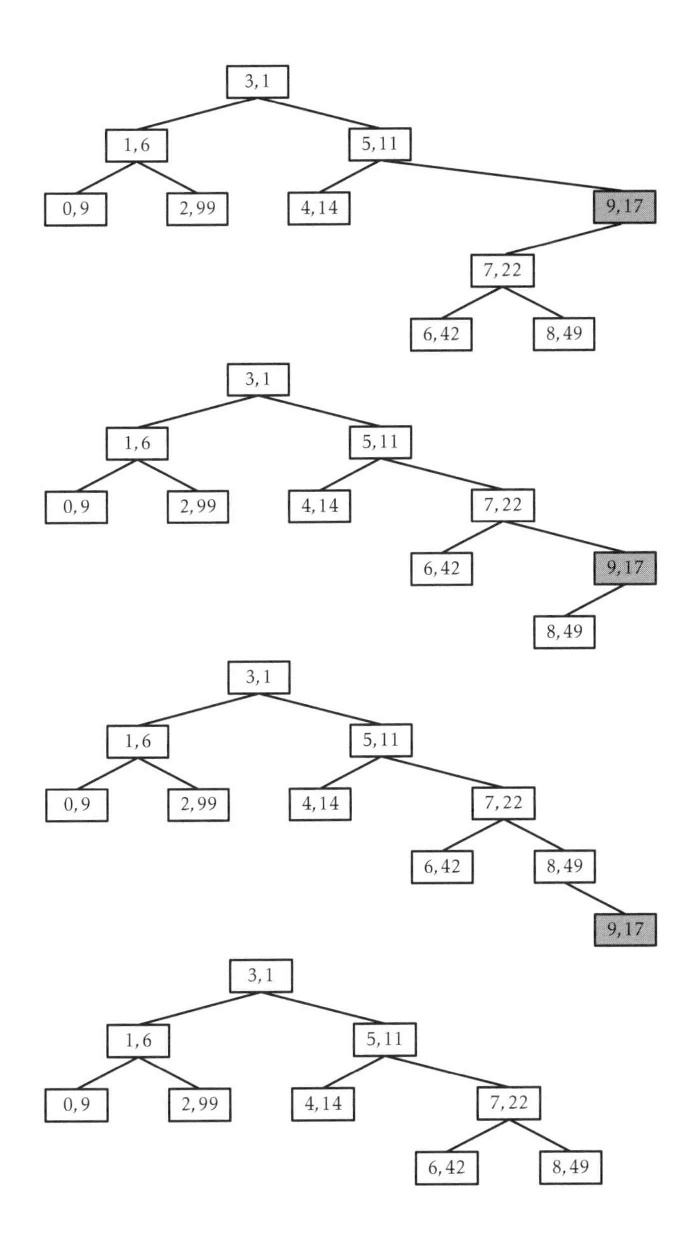

▶図7.8　図7.5のTreapから値9を削除する

て、どちらのデータ構造でも、探索経路の長さの期待値が性能を決める重要な値である。SkiplistSSetでは、探索経路の長さの期待値は以下のようになる。

$$2\log n + O(1)$$

Treapでは以下のようになる。

$$2\ln n + O(1) \approx 1.386\log n + O(1)$$

よって、Treapにおける探索経路のほうが短く、各操作についてもSkiplistよりTreapのほうがかなり速いと解釈できるだろう。第4章の問 4.7 で示したように、偏ったコイントスを使うことで、Skiplistにおける探索経路の長さの期待値を次のように減らせる。

$$e\ln n + O(1) \approx 1.884\log n + O(1)$$

この最適化を採用しても、SkiplistSSetにおける探索経路の期待値は、やはりTreapのそれよりだいぶ長い。

7.3 ディスカッションと練習問題

ランダム二分探索木についての研究は多岐にわたる。Devroye[19]では、補題 7.1 とそれに関連する結果とが証明されている。より強い事実もいくつか示されているが、その中で最も印象的なのはReed[62]の成果である。この文献では、ランダム二分探索木の高さの期待値が次の式で表せることが示されている。

$$\alpha\ln n - \beta\ln\ln n + O(1)$$

ここで $\alpha \approx 4.31107$ は、$[2,\infty)$ 範囲での $\alpha\ln((2e/\alpha)) = 1$ の解であり、$\beta = \frac{3}{2\ln(\alpha/2)}$ である。さらに、高さの分散が一定であることも示されている。

Treapという名前はSeidelとAragon[65]で提案された。この文献では、Treapといくつかの変種について述べられている。ただし、基本的なTreapのアイデアはそれ以前にもVuillemin[74]で研究されている。こちらの文献では、このデータ構造のことをCartesian treeと呼んでいる。

Treapのメモリ使用量を最適化する技法として、優先度pを各ノードで明示的には保存しないというものがある。その代わりに、uのメモリアドレスのハッシュ値をuの優先度として用いる。その際、実用上は多くのハッシュ関数を問題なく利用できるものの、補題 7.1 の証明における重要なポイントを成り立たせるためには、ランダム化され、かつ**min-wise independent性**を満たすハッシュ関数を用いる必要がある。ここで、min-wise independent性とは次の性質である。すなわち、相異なる任意の値 $x_1,\ldots,x_k$ について各ハッシュ値 $h(x_1),\ldots,h(x_k)$ が高い確率で相異なる値を取ること、具体的には、ある定数cが存在し、任意の$i \in \{1,\ldots,k\}$について次の式が成り立つことをいう。

$$\Pr\{h(x_i) = \min\{h(x_1),\ldots,h(x_k)\}\} \le c/k$$

この性質を持つハッシュ関数で実装が簡単、かつ高速なものとしては、**tabulation hashing**がある（5.2.3節を参照せよ）。

優先度を各ノードで保持しないTreapの変種としては、MartínezとRoura [51]による動的ランダム二分探索木もある。この変種では、すべてのノードuに、uを根とする部分木の大きさu.sizeを持たせる。add(x)およびremove(x)のアルゴリズムはいずれも乱択化される。uを根とする部分木に、xを追加するアルゴリズムは、次のようになる。

1. 確率1/(size(u) + 1)で、xを通常通りに葉として追加する。その後、この部分木の根のほうへxを持ち上げるために回転を実行する
2. そうでなければ（すなわち確率1 − 1/(size(u) + 1)で、xをu.leftまたはu.rightの適切なほうを根とする部分木に再帰的に追加する

上記の1つめの場合は、Treapにおけるadd(x)操作で、xのノードが受け取るランダムな優先度のほうがuの部分木に含まれるsize(u)個の優先度のどれよりも小さい場合に相当する。1つめの場合が起こる確率も、この場合とまったく同じである。

動的ランダム二分探索木からの値の削除は、Treapにおける削除とよく似ている。値xを含むノードuを見つけ、回転を繰り返して深さを増やし、葉に到達したら木から切り離す。各ステップにおける回転が右か左かはランダムに決める。

1. 確率u.left.size/(u.size − 1)でuにおいて右回転を行う。すなわちu.leftを部分木の根に持ってくる
2. 確率u.right.size/(u.size − 1)でuにおいて左回転を行う。すなわちu.rightを部分木の根に持ってくる

こちらも、Treapにおける削除のアルゴリズムでuの左回転または右回転を実行した確率とまったく等しいことが簡単に確かめられる。

動的ランダム二分探索木には、Treapと比べると短所がある。要素の追加および削除の際にランダムな選択を多く実行すること、そして、部分木の大きさを保持しなければならないことだ。一方、動的ランダム二分探索木には、部分木の大きさを他の目的にも使えるという長所がある。例えば、ランクを$O(\log n)$の期待実行時間で計算する際に流用できる（問7.10参照）。Treapにおける優先度には、木のバランスを保つ以外の用途はない。

問 7.1： 図7.5のTreapに4.5を優先度7で追加し、続いて値7.5を優先度20で追加する様子を図示せよ。

問 7.2： 図7.5のTreapから5と7を削除する様子を図示せよ。

問 7.3： 図7.1の右の木を生成する操作の列が21,964,800通りあることを示せ（ヒント：高さhの完全二分木の個数に関する漸化式を作り、$h=3$の場合を評価せよ）。

問 7.4： permute(a)メソッドを設計、実装せよ。これはn個の相異なる値を含む配列aを入力とし、aのランダムな置換を返すメソッドである。実行時間は$O(\mathtt{n})$であり、n!通りの置換がいずれも等確率で現れる必要がある。

問 7.5： 補題 7.2を利用して、add(x)における回転の回数の期待値が$O(1)$であることを示せ（remove(x)の場合も同様にわかる）。

問 7.6： Treapの実装を変更し、明示的に優先度を保持しないようにせよ。その際、優先度としては、各ノードのハッシュ値を利用せよ。

問 7.7： 二分探索木の各ノードuが、高さu.heightと、uを根とする部分木の大きさu.sizeとを保持していると仮定する。

1. 左または右の回転をuで実行すると、回転によって影響を受けるすべてのノードにおいて、2つの値をそれぞれ定数時間で更新できることを示せ。
2. 各ノードの深さも保持することにすると、上と同様の結果が成り立たなくなることを説明せよ。

問 7.8： n要素からなる整列済み配列aからTreapを構築するアルゴリズムを設計、実装せよ。この操作の実行時間は最悪の場合でも$O(\mathtt{n})$である必要がある。また、このアルゴリズムで得られるTreapは、aの要素を順にadd(x)メソッドで追加して得られるTreapと同一でなければならない。

問 7.9： この問題では、Treapにおいて与えられたポインタの近くにあるノードを効率的に見つける方法を明らかにする。

1. 各ノードで、自身を根とする部分木における最大値と最小値が保持されているようなTreapを設計、実装せよ。
2. 上記で追加した情報を使うことにより、xを含むノードからそれほど離れていないuを活用してfind(x)を実行する、fingerFind(x,u)という操作を実装せよ。この操作は、uから上に向かって進み、w.min ≤ x ≤ w.maxを満たすノードwを見つけて、wから通常の方法でxを検索するというものである（fingerFind(x,u)の実行時間は$O(1+\log r)$であることが示せる。ここでrは、xとu.xの間にあるTreapの要素の数である）。
3. Treapの実装を拡張し、直近に実行したfind(x)で見つかったノードからfind(x)の探索を開始するようにせよ。

問 7.10： Treapにおけるランクがiであるようなキーを返す操作get(i)を設計、実装せよ（ヒント：各ノードuで、uを根とする部分木の大きさを保持するようにするとよい)。

問 7.11： TreapListを実装せよ。これはListインターフェースをTreapとして実装したものだ。各ノードはリストのアイテムを保持し、行きがけ順で辿るとリストに入っている順でアイテムが見つかる。Listの操作であるget(i)、set(i,x)、add(i,x)、remove(i)の期待実行時間はいずれも$O(\log n)$である必要がある。

問 7.12： split(x)操作をサポートするTreapを設計、実装せよ。この操作は、Treapに含まれるxより大きいすべての値を削除し、削除された値をすべて含む新たなTreapを返すものである。
例：t2 = t.split(x)は、tからxより大きい値をすべて削除し、削除した値をすべて含む新たなTreapとしてt2を返す。split(x)の実行時間の期待値は$O(\log n)$である必要がある。
注意：この修正後もsize()が定数時間で正しく動作するためには問 7.10の実装が必要である。

問 7.13： absorb(t2)操作をサポートするTreapを設計、実装せよ。この操作は、split(x)の逆の操作とみなせるもので、t2というTreapからすべての値を削除し、それらをレシーバーに追加する。この操作では、tの最小値がレシーバーの最大値よりも大きいことを前提とする。なお、absorb(t2)の期待実行時間は$O(\log n)$である必要がある。

問 7.14： この節で紹介したMartínezの動的ランダム二分探索木を実装せよ。自分の実装の性能を、Treapの実装と比較せよ。

第8章

スケープゴート木

この章では二分探索木の一種であるScapegoatTreeを紹介する。スケープゴート（scapegoat）とは、罪を負わされたヤギ、転じて身代わりや生贄のことである。現実では、何かがうまくいかないとき、まず責任者を探そうとすることが多い。それと同じ発想に基づくデータ構造がScapegoatTreeである。責任者がはっきり決まったら、それをスケープゴートにして問題を解決させればよい。

ScapegoatTreeでは、**部分的な再構築（partial rebuilding）**によってバランスを保つ。部分的な再構築とは、部分木を一度分解し、非常にバランスのよい二分木として再構築するプロセスである。ここで、非常にバランスのよい二分木とは、サイズでバランスされている完全二分木のことである（問6.6参照）。また、完全二分木とは、任意の葉の高さの差が高々1である木のことである（第10章参照）。ノードuを根とする部分木を再構築して非常にバランスのよい二分木にするやり方はたくさんある。中でも単純なのは、uの部分木を辿ってすべてのノードを配列aに集め、aから再帰的に非常にバランスのよい二分木を構築するやり方だ。m = a.length/2とし、a[m]を新たな部分木の根とする。そして、a[0],...,a[m − 1]は左の部分木に、a[m + 1],...,a[a.length − 1]は右の部分木にそれぞれ再帰的に配置する。

ScapegoatTree
```
void rebuild(Node *u) {
  int ns = BinaryTree<Node>::size(u);
  Node *p = u->parent;
  Node **a = new Node*[ns];
  packIntoArray(u, a, 0);
  if (p == nil) {
    r = buildBalanced(a, 0, ns);
    r->parent = nil;
  } else if (p->right == u) {
    p->right = buildBalanced(a, 0, ns);
    p->right->parent = p;
  } else {
    p->left = buildBalanced(a, 0, ns);
    p->left->parent = p;
  }
  delete[] a;
}
int packIntoArray(Node *u, Node **a, int i) {
  if (u == nil) {
    return i;
  }
  i = packIntoArray(u->left, a, i);
  a[i++] = u;
  return packIntoArray(u->right, a, i);
}
```

rebuild(u) の実行時間は $O($size(u)$)$ である。結果として得られる部分木は高さが最小である。すなわち、size(u) 個のノードを持つこの木より低い木は存在しない。

8.1 ScapegoatTree：部分的に再構築する二分探索木

ScapegoatTree は二分探索木である。木に含まれるノードの数 n に加えて、ノードの数に関する上界を表すカウンタ q を保持する。

ScapegoatTree
```
int q;
```

n と q は常に次の関係を満たす。

$$q/2 \le n \le q$$

ScapegoatTree には、木の高さがノード数の対数で抑えられるという性質がある。具体的には、ScapegoatTree の高さは常に $\log_{3/2} q$ 以下であり、この値は以下の性質を満たす。

$$\log_{3/2} q \le \log_{3/2} 2n < \log_{3/2} n + 2 \tag{8.1}$$

このような制約があるものの、ScapegoatTree の見た目は意外なほど偏ることもある。例えば、$q = n = 10$ で高さが $5 < \log_{3/2} 10 \approx 5.679$ の ScapegoatTree を図 8.1 に示す。

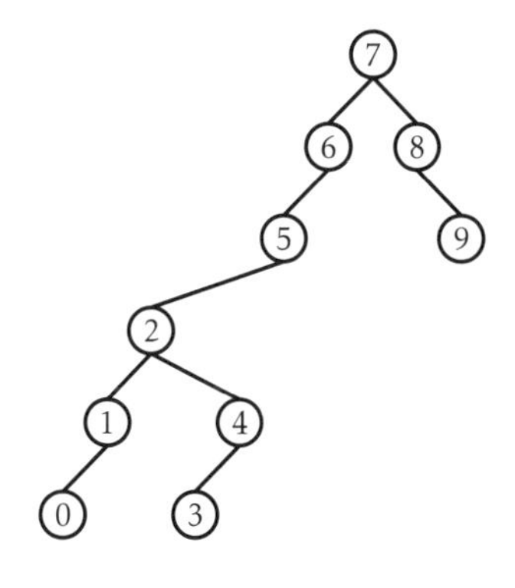

▶ 図8.1　10個のノードを持ち、高さが5であるScapegoatTreeの例

ScapegoatTreeにおけるfind(x)の実装では、BinarySearchTreeのアルゴリズムをそのまま使う（6.2節参照）。実行時間は木の高さに比例し、これは式(8.1)により$O(\log n)$である。

add(x)の実装では、まずnとqを1ずつ増やし、それからxをBinarySearchTreeに追加するアルゴリズムをそのまま使う。すなわち、xを探し、新たな葉uを追加し、u.x = xとする。このとき、たまたまuの深さが$\log_{3/2} q$以下になっているなら、それ以上何もしなくてよい。

しかし、$\mathrm{depth}(u) > \log_{3/2} q$になっていることもある。この場合には高さを減らさなければならないが、深さが$\log_{3/2} q$を超えてしまうノードはいま加えたuだけなので、さほど難しくはない。木を上に向かって辿りながら、**スケープゴート**となるノードwを探す。スケープゴートwは、特にバランスされていないノードである。根からuへと至る経路上の子（w.child）との間で、次のような性質を持つノードが、wである。

$$\frac{\mathrm{size(w.child)}}{\mathrm{size(w)}} > \frac{2}{3} \tag{8.2}$$

このようなスケープゴートwが存在するかどうかについては、すぐあとで証明する。いまはwが存在するものとしよう。スケープゴートwが見つかったら、wを根とする部分木を再構築することで、全体を非常にバランスのよい二分木にする。wを根とする部分木は、式(8.2)のような性質なので、uを加える前から完全二分木ではなかった。そこでwを再構築するときは、ScapegoatTreeの高さが再び$\log_{3/2} q$以上になるように、wの高さを1以上減らす。

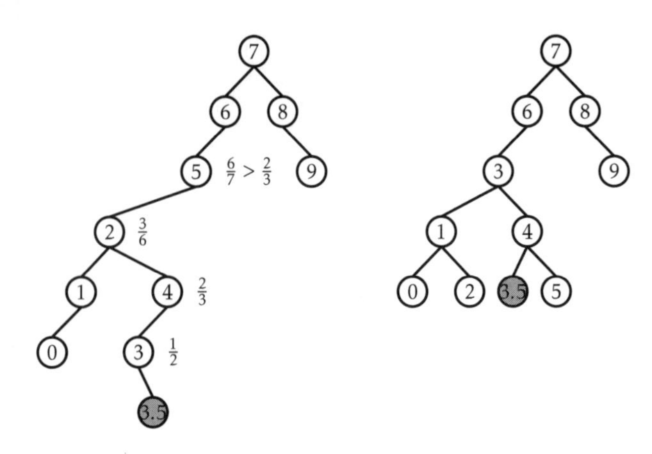

▶図8.2　ScapegoatTreeに3.5を追加する。このとき木の高さは6に増え、$6 > \log_{3/2} 11 \approx 5.914$より式(8.1)が成り立たない。スケープゴートは値5を含むノードで見つかる

```
ScapegoatTree
bool add(T x) {
  // まずは深さを調べながら素朴に挿入する
  Node *u = new Node;
  u->x = x;
  u->left = u->right = u->parent = nil;
  int d = addWithDepth(u);
  if (d > log32(q)) {
    // 深すぎるなら、スケープゴートを見つける
    Node *w = u->parent;
    int a = BinaryTree<Node>::size(w);
    int b = BinaryTree<Node>::size(w->parent);
    while (3*a <= 2*b) {
      w = w->parent;
      a = BinaryTree<Node>::size(w);
      b = BinaryTree<Node>::size(w->parent);
    }
    rebuild(w->parent);
  } else if (d < 0) {
    delete u;
    return false;
  }
  return true;
}
```

スケープゴートwを見つけるコストと、wを根とする部分木を再構築するコストを無視すれば、add(x)の実行時間のうち支配的なのは最初の検索にかかるコストであり、これは$O(\log q) = O(\log n)$である。スケープゴートを見つけて部分木を再構築するコストは、次項で償却解析を使って説明する。

ScapegoatTreeにおけるremove(x)の実装はとても単純である。xを探し、BinarySearchTreeにおけるアルゴリズムを使って削除する（これによって木の高

さが増えることはない)。そのうえで、nを1つ小さくし、qはそのままにしておく。最後に$q > 2n$かどうかを確認し、もしそうなら**木全体を再構築**して非常にバランスのよい二分木とし、$q = n$とする。

```
ScapegoatTree
bool remove(T x) {
  if (BinarySearchTree<Node,T>::remove(x)) {
    if (2*n < q) {
      if (r != NULL)
        rebuild(r);
      q = n;
    }
    return true;
  }
  return false;
}
```

ここでも、再構築のコストを無視すれば、remove(x)の実行時間は木の高さに比例し、$O(\log n)$である。

8.1.1 正しさの証明と実行時間の解析

ここではScapegoatTreeの各操作の正しさと償却実行時間とを解析する。まず、add(x)操作によって式(8.1)を満たさない状態になった場合には必ずスケープゴートが見つかることを示すことにより、ScapegoatTreeの各操作の正しさを証明する。

補題 8.1：

ScapegoatTreeにおいて深さ$d > \log_{3/2} q$となるノードをuとする。このとき、uから根への経路上に次の条件を満たすノードwが存在する。

$$\frac{\mathrm{size}(w)}{\mathrm{size}(\mathrm{parent}(w))} > 2/3$$

証明：背理法で示す。uから根への経路上の任意のノードwについて次の式が成り立つと仮定する。

$$\frac{\mathrm{size}(w)}{\mathrm{size}(\mathrm{parent}(w))} \le 2/3$$

また、根からuへの経路を$r = u_0, \ldots, u_d = u$とする。このとき$\mathrm{size}(u_0) = n$、$\mathrm{size}(u_1) \le \frac{2}{3}n$、$\mathrm{size}(u_2) \le \frac{4}{9}n$であり、より一般には次の式が成り立つ。

$$\mathrm{size}(u_i) \le \left(\frac{2}{3}\right)^i n$$

ここで、$\mathrm{size}(u) \ge 1$より、以下のようになる。

$$1 \le \mathrm{size}(u) \le \left(\frac{2}{3}\right)^d n < \left(\frac{2}{3}\right)^{\log_{3/2} q} n \le \left(\frac{2}{3}\right)^{\log_{3/2} n} n = \left(\frac{1}{n}\right) n = 1$$

こうして矛盾が導かれた。 □

続いて、まだ説明していない実行時間について解析する。解析は、スケープゴートとなるノードを探すときに size(u) を呼び出すコストと、スケープゴート w を見つけたときに rebuild(w) を呼び出すコストに分けて考える。これら2つの操作の間には次のような関係がある。

補題 8.2：

ScapegoatTree の add(x) において、スケープゴート w を見つけて w を根とする部分木を再構築するコストは $O(\mathtt{size(w)})$ である。

証明： スケープゴートとなるノード w を見つけたあと、w を根とする部分木を再構築する際の実行時間は、$O(\mathtt{size(w)})$ である。スケープゴートを見つけるには、$\mathtt{u}_k = \mathtt{w}$ を見つけるまで、$\mathtt{u}_0,\ldots,\mathtt{u}_k$ に対して順番に size(u) を実行する。しかし、$\mathtt{u}_k$ はこの列における最初のスケープゴートとなるノードなので、任意の $i \in \{0,\ldots,k-2\}$ について次の式が成り立つ。

$$\mathtt{size}(\mathtt{u}_i) \le \frac{2}{3}\mathtt{size}(\mathtt{u}_{i+1})$$

よって、size(u) を呼び出すコストをすべて合計すると次のようになる。

$$\begin{aligned}
O\left(\sum_{i=0}^{k}\mathtt{size}(\mathtt{u}_{k-i})\right) &= O\left(\mathtt{size}(\mathtt{u}_k) + \sum_{i=0}^{k-1}\mathtt{size}(\mathtt{u}_{k-i-1})\right) \\
&= O\left(\mathtt{size}(\mathtt{u}_k) + \sum_{i=0}^{k-1}\left(\frac{2}{3}\right)^i\mathtt{size}(\mathtt{u}_k)\right) \\
&= O\left(\mathtt{size}(\mathtt{u}_k)\left(1 + \sum_{i=0}^{k-1}\left(\frac{2}{3}\right)^i\right)\right) \\
&= O(\mathtt{size}(\mathtt{u}_k)) = O(\mathtt{size}(\mathtt{w}))
\end{aligned}$$

最後の行では等比数列の和を計算している。 □

最後に、m 個の操作を順に実行するときの rebuild(u) の合計コストの上界を示す。

補題 8.3：

空の ScapegoatTree に対して、m 個の add(x) および remove(x) からなる操作の列を順に実行するとき、rebuild(u) に要する時間の合計は $O(m\log m)$ である。

証明：

出納法（credit scheme） を使って示す。各ノードは預金を持っていると考える。預金が c だけあれば再構築のための支払いができる。預金の合計は $O(m\log m)$ で、rebuild(u) の呼び出しにかかるコストは、u が蓄えている預金を使って支払われる。

ノードuを挿入、削除する際に、根からuへの経路上にある各ノードの預金を1だけ増やす。こうして1回の操作で増える預金の合計は最大$\log_{3/2} \mathtt{q} \le \log_{3/2} m$である。削除の際には多めに預金を蓄えることになる。こうして最大で$O(m \log m)$を預金する。あとは、これだけの預金ですべてのrebuild(u)の支払いに十分であることを示せばよい。

挿入の際にrebuild(u)を実行するなら、uがスケープゴートである。次のように仮定しても一般性を失わない。

$$\frac{\mathtt{size(u.left)}}{\mathtt{size(u)}} > \frac{2}{3}$$

ここで、次の事実が成り立っている。

$$\mathtt{size(u)} = 1 + \mathtt{size(u.left)} + \mathtt{size(u.right)}$$

これを使うと、次の式が成り立つ。

$$\frac{1}{2}\mathtt{size(u.left)} > \mathtt{size(u.right)}$$

このとき、さらに次の式が成り立つ。

$$\mathtt{size(u.left)} - \mathtt{size(u.right)} > \frac{1}{2}\mathtt{size(u.left)} > \frac{1}{3}\mathtt{size(u)}$$

uを含む部分木が直前に再構築されたとき（もしuを含む部分木が一度も再構築されていなければ、uが挿入されたとき）、次の式が成り立つ。

$$\mathtt{size(u.left)} - \mathtt{size(u.right)} \le 1$$

よって、u.leftとu.rightに影響を与えたadd(x)およびremove(x)の数の合計は次の値以上である。

$$\frac{1}{3}\mathtt{size(u)} - 1$$

uには少なくともこれだけの預金が蓄えられており、rebuild(u)に必要な$O(\mathtt{size(u)})$の支払いには十分である。

削除においてrebuild(u)が呼ばれるときは、$\mathtt{q} > 2\mathtt{n}$である。この場合、$\mathtt{q} - \mathtt{n} > \mathtt{n}$だけ余分に預金が蓄えられており、根の再構築に必要な$O(\mathtt{n})$の支払いには十分である。 □

8.1.2 要約

次の定理にScapegoatTreeの性能をまとめる。

定理 8.1：

ScapegoatTreeはSSetインターフェースを実装する。rebuild(u)のコストを無視すると、ScapegoatTreeはadd(x)、remove(x)、find(x)をいずれも$O(\log \mathtt{n})$の時間で実行できる。さらに、m個のadd(x)およびremove(x)からなる操作の列を空のScapegoatTreeに対して順に実行するとき、rebuild(u)に要する時間の合計は$O(m\log m)$である。

8.2 ディスカッションと練習問題

scapegoat treeという名称は、このデータ構造を定義して解析したGalperinとRivestにより提案された[33]。ただし、同じデータ構造はAnderssonによって先に発見されており、そこでは**general balanced trees**と呼ばれていた[5, 7]。これは、このデータ構造が、高さが小さいならどのような形状も取れることによる。

ScapegoatTreeを実装し、実験してみると、この本で紹介した他のSSetの実装と比べてかなり遅いことがわかる。高さの上界は以下である。

$$\log_{3/2} \mathtt{q} \approx 1.709 \log \mathtt{n} + O(1)$$

これはSkiplistの探索経路の長さの期待値よりも小さく、Treapともほぼ同じなので、ScapegoatTreeが遅いのは意外かもしれない。ScapegoatTreeの最適化として、各ノードに部分木の大きさを保持したり、すでに計算した部分木のサイズを再利用したりできる（問 8.5と問 8.6を参照）。これらの最適化をしても、依然としてadd(x)やdelete(x)を繰り返し実行すると、ScapegoatTreeは他のSSetの実装より遅いことがあるだろう。

ScapegoatTreeが、本章で紹介した他のSSetの実装と比べて性能が芳しくないのは、再構築にかかる時間が長いからである。本章で紹介した他のSSetの実装では、n個の操作の間にデータ構造の再構築に費やす時間は$O(\mathtt{n})$であった。一方、問 8.3より、ScapegoatTreeではn個の操作を実行する間にnlognオーダーの時間をrebuild(u)に費やす。これは、データ構造の再構築をすべてrebuild(u)で行っていることに起因する[20]。

性能が劣るとはいえ、ScapegoatTreeが正しい選択になる場合もある。それは、各ノードに追加のデータを入れる場合である。特に、回転操作では定数時間で更新できないが、rebuild(u)では定数時間で更新できる場合がある。そのような場合にはScapegoatTree（もしくは部分的な再構築を行う他のデータ構造）を選ぶのがよい。応用例を問 8.11で取り上げる。

問 8.1： 図8.1のScapegoatTreeに1.5、1.6を順に追加する様子を描け。

問 8.2： 空のScapegoatTreeに1,5,2,4,3を順に追加する様子を描け。加えて、補題 8.3の証明で使った預金がどう移動し、どのように使われるかも説明せよ。

問 8.3： 空のScapegoatTreeに対し、$\mathtt{x} = 1,2,3,\ldots,\mathtt{n}$について順にadd(x)を呼び出す。このとき、ある定数$c > 0$が存在し、rebuild(u)に要する時間の合計が$c\mathtt{n}\log\mathtt{n}$以上であることを示せ。

問 8.4： ScapegoatTreeにおける探索経路の長さは$\log_{3/2} q$を超えない。

1. ScapegoatTreeを修正し、$1 < b < 2$を満たすパラメータbについて探索経路の長さが$\log_b q$を超えないデータ構造を設計、解析、実装せよ。
2. find(x)、add(x)、remove(x)の償却コストがnとbの関数としてどう表せるか、解析および実験によって考えよ。

問 8.5：ScapegoatTreeのadd(x)メソッドを修正し、すでに計算した部分木の大きさは再計算しないように無駄を省け。size(w)を計算するとき、size(w.left)かsize(w.right)はすでに計算しているので、このような最適化が可能である。修正前後での性能を比較せよ。

問 8.6： ScapegoatTreeの変種として、明示的に各ノードを根とする部分木の大きさを蓄えるものを実装せよ。もともとのScapegoatTreeや問 8.5での実装と、ここでの実装とを性能比較せよ。

問 8.7： この章の最初に説明したrebuild(u)を、再構築する部分木に含まれるノードを蓄える配列を使わずに再実装せよ。代わりに、まずは再帰を使ってこれらのノードを連結リストにし、この連結リストを非常にバランスのよい二分木に変換せよ（いずれのステップにも華麗な再帰を使った実装がある）。

問 8.8： WeightBalancedTreeを設計、実装せよ。このデータ構造では、根以外の各ノードuが**バランス条件**size(u) ≤ (2/3)size(u.parent)を満たす。WeightBalancedTreeにおけるadd(x)およびremove(x)操作は、通常のBinarySearchTreeにおける各操作とほぼ同じだが、ノードuでバランス条件が成り立たないときにはu.parentを根とする部分木が再構築される。

さらに、WeightBalancedTreeの償却実行時間が$O(\log n)$であることを示せ。

問 8.9： CountdownTreeを設計、実装せよ。このデータ構造では、各ノードuは**タイマー** u.tを持っている。CountdownTreeにおけるadd(x)およびremove(x)操作は、通常のBinarySearchTreeにおける各操作とほぼ同じだが、いずれかの操作がuの部分木に影響を与えるときにはu.tを1つ小さくする。u.t = 0のときは、uを根とする部分木を非常にバランスのよい二分木へと再構築する。ノードuが再構築に関与する（uが再構築されるか、uの祖先のうちの1つが再構築される）とき、u.tはsize(u)/3にリセットされる。

さらに、CountdownTreeの償却実行時間が$O(\log n)$であることを示せ（ヒント：バランスに関するある種の不変条件を任意のノードuが満たすことを最初に示すとよい）。

問 8.10： DynamiteTreeを設計、実装せよ。このデータ構造では、すべてのノードuは、uを根とする部分木の大きさをu.sizeとして保持する。add(x)およびremove(x)操作は、通常のBinarySearchTreeとほぼ同じだが、いずれかの操作がuの部分木に影響を与えるときにはuが確率1/u.sizeで**爆発**する。uが爆発したときは、uを根とする部分木を非常にバランスのよい二分木に再構築する。

さらに、DynamiteTreeの実行時間の期待値が$O(\log n)$であることを示せ。

問 8.11： 要素の列を保持するデータ構造Sequenceを設計、実装せよ。これは次のような操作を提供する。

- addAfter(e)：要素eの次に新たな要素を追加して、新たに追加した要素を返す（eがnullなら新たな要素を列の先頭に追加する）
- remove(e)：eを列から削除する
- testBefore(e1,e2)：e1がe2の前にある場合、またその場合に限り、trueを返す

はじめの2つの操作の償却実行時間は$O(\log n)$でなければならない。3つめの操作は定数時間でなければならない。

Sequenceは、列の中の順序を使ってScapegoatTreeのようにデータを蓄えることで実装できる。testBefore(e1,e2)を定数時間で実装するには、要素eを根からeへの経路を符号化した整数でラベル付けする。そうしてtestBefore(e1,e2)でe1とe2のラベルを比較すればよい。

第9章

赤黒木

この章では、赤黒木（red-black tree）という、木の高さが要素数の対数で抑えられる二分木を紹介する。赤黒木は最も広く使われるデータ構造のひとつである。Javaのコレクションフレームワークや C++ の標準テンプレートライブラリのいくつかの実装など、多くのライブラリで探索のための基本的なデータ構造として採用されている。また、Linux の OS カーネル内部でも使われている。赤黒木が広く利用されている理由はいくつかある。

1. n 個の要素を含む赤黒木の高さが $2\log n$ 以下になる
2. add(x) および remove(x) を**最悪の場合でも** $O(\log n)$ の時間で実行できる
3. add(x) および remove(x) における回転の回数は、償却すると定数である

上記のうち、はじめの2つの性質が、Skiplist、Treap、ScapegoatTree に対する赤黒木の優位性を示している。Skiplist と Treap ではランダム化を利用するので、実行時間 $O(\log n)$ は期待値にすぎない。ScapegoatTree には高さに関する保証があるものの、add(x) と remove(x) の実行時間 $O(\log n)$ は償却実行時間にすぎない。上記のうち3つめの性質は、おまけである。この性質から、要素 x を追加および削除するときにかかる主な時間は、x を見つける処理によることがわかる[†1]。

しかし、赤黒木の優れた性質には代償がある。実装が複雑なのである。高さの上界を $2\log n$ に保つのは容易ではない。さまざまな可能性を慎重に解析する必要がある。そして、そのすべてにおいて、実装が正しくなければならないのである。回転を1つ間違えたり、色を間違えたりすると、わかりにくいバグが発生することになる。

ここでは、いきなり赤黒木の実装に取り掛からず、まずは関連する背景知識として2-4木について説明する。これにより、赤黒木が発見された経緯と、なぜ赤黒木を効率的に管理できるのかを理解する助けとなるだろう。

---

†1 スキップリストや Treap も平均的にはこの性質を持つ。問 4.6 および問 7.5 参照。

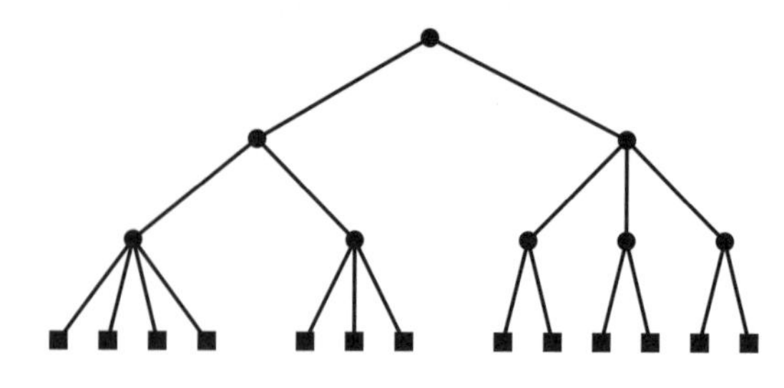

▶図9.1　高さ3である2-4木

9.1 2-4木

2-4木は次の性質を持つ根付き木である。

> **性質 9.1：**
> **[高さ] すべての葉の深さは等しい。**

> **性質 9.2：**
> **[次数] すべての内部ノードは2個以上4個以下の子ノードを持つ。**

2-4木の例を図9.1に示す。上記の性質より、2-4木の高さは葉の数の対数で抑えられる。

> **補題 9.1：**
> **n個の葉を持つ2-4木の高さは log n 以下である。**

> **証明：** 内部ノードの子の数は2以上なので、2-4木の高さをhとすると葉の数は2^h以上である。
>
> $$n \geq 2^h$$
>
> 両辺の対数を取ると$h \leq \log n$である。　□

9.1.1 葉の追加

2-4木に葉を追加するのは簡単である（図9.2）。別の葉の親ノードであるwの子として葉uを追加したいときは、単にuをwの子とする。このとき、高さの制約は保たれるが、次数の制約が成り立たなくなるかもしれない。つまり、uを追加する前にwが子を4つ持っていたなら、wの子の数が5となってしまう。この場合、wを**分割**し、子を2つ持つノードwと、子を3つ持つノードw′とする。このときw′には親がいないので、wの親をw′の親とする。この処理を再帰的に繰り返す。つまり、先の処理の結

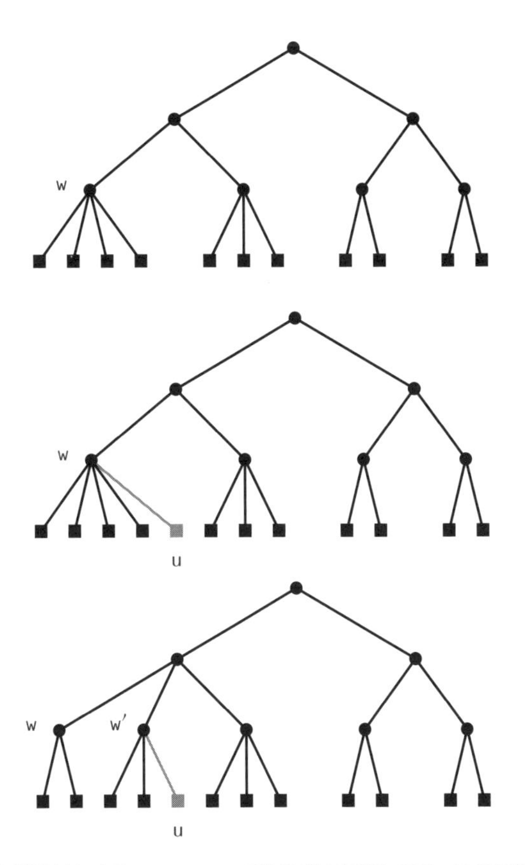

▶ 図9.2　2-4木に葉を追加する。w.parentの次数が4未満なので、この処理は1回の分割の後終了する

果としてwの親が持つ子の数が多くなりすぎるかもしれないので、その場合にはwの親を分割する。この処理を、子の数が4未満のノードができるか、根rをrとr′に分割する状況に至るまで繰り返す。後者の場合には新しい根を作り、rとr′をその新しい根の子とする。そのときにはすべての葉の深さが同時に増えることになるので、高さの性質はやはり保たれる[†2]。

2-4木の高さは常にlog n以下なので、葉の追加はlog nステップ以下で完了する。

†2 訳注：これに似た議論は14.2.2節において現れる。

9.1.2 葉の削除

2-4木から葉を削除するには少し工夫が必要である（図9.3）。葉uをその親wから削除するときは、単にuを削除する。削除する直前にwの子が2つだけだったなら、wの子が1つだけになるので、次数についての制約を満たさなくなる。

これを修正するため、wの兄弟w′を調べる。wの親が持つ子の数は2以上なので、兄弟w′は必ず存在する。w′の子が3つ以上なら、そのうち1つをw′からwに移す。すると、wの子は2つ、w′の子は2つか3つになるので、処理を終える。

一方、w′の子が2つなら、wとw′を**併合**して、子を3つ持つノードwとする。そのうえで、今度はw′をw′の親から削除する。これ再帰的に繰り返し、親が3つ以上子を持つノードか、兄弟が子を3つ以上持っているノードが見つかる、または根に到達したら処理を終了する。根に到達した場合は、根の子は1つだけなので、その子を新たな根として以前の根を削除する。この場合もすべての葉の高さが同時に減るので、高さの性質はやはり保たれる。

2-4木の高さは常に$\log n$以下なので、葉の削除もやはり$\log n$ステップ以下で完了する。

9.2 RedBlackTree：2-4木をシミュレートする二分木

赤黒木は、各ノードuが**赤**か**黒**の**色**を持つ二分探索木である。赤ノードを0、黒ノードを1で表現する。

RedBlackTree

```
class RedBlackNode : public BSTNode<Node, T> {
  friend class RedBlackTree<Node, T>;
  char colour;
};
int red = 0;
int black = 1;
```

赤黒木では、操作の前後で次の2つの性質を満たす。いずれの性質も、色（赤、黒）を使って定義することもできるし、数値（0、1）を使って定義することもできる。

性質 9.3：

［黒の高さの性質］葉から根への経路には、いずれも黒ノードが同じ数だけ含まれる。（いずれの葉から根への経路についても、色を表す数値の総和は等しい。）

性質 9.4：

［赤の辺の性質］赤の辺はない。すなわち、赤ノード同士は隣接しない。（根でない任意のノードuについて、$\mathtt{u.colour} + \mathtt{u.parent.colour} \geq 1$が成り立つ。）

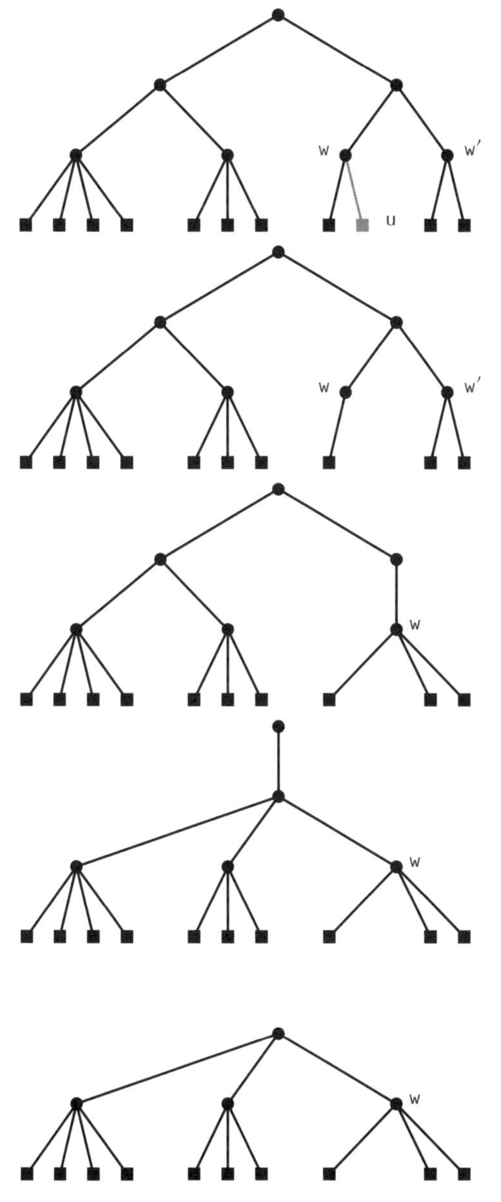

▶ 図 9.3　2-4木から葉を削除する。uの祖先とその兄弟は、いずれも子が2つなので、この処理は根まで繰り返す

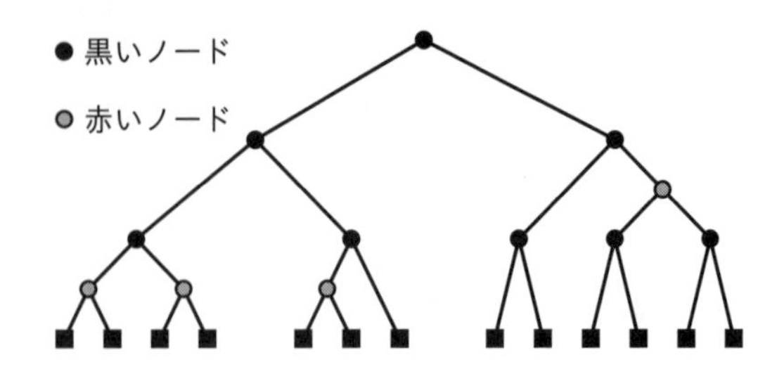

▶ 図9.4　黒の高さが3である赤黒木の例。正方形は外部ノード（nil）を表す

これらの性質は、根rがどちらの色であっても満たせる。そこで、ここでは根は黒だと仮定する。また、赤黒木を更新するアルゴリズムは、根を黒のままに保つようにする。さらに、赤黒木を単純化するためのもう1つの工夫として、外部ノード（nilで表す）は黒ノードとして扱うことにする。図9.4に赤黒木の例を示す。

9.2.1　赤黒木と2-4木

赤黒木は、前項で定義した「黒の高さの性質」と「赤の辺の性質」を保ちながら効率的に更新できる。この事実を初めて聞くと驚くことだろう。だが、そもそもこれらの性質がなんの役に立つのかわからない人もいるだろう。実は、赤黒木は、2-4木を二分木として効率的にシミュレートするように設計されているのである。

図9.5を見てほしい。n個のノードを持つ赤黒木Tに対し、「すべての赤ノードuを取り除き、uの2つの子を両方ともuの親（黒ノード）に直接接続する」という操作を実行する。こうして得られる木T'は、黒ノードだけを含む。

T'の内部ノードは、すべて2〜4個の子を持つ。黒い子を2つ持っていた黒ノードは、変換後も黒い子を2つ持つ。赤い子と黒い子を1つずつ持っていた黒ノードは、変換後は黒い子を3つ持つ。赤い子を2つ持っていた黒ノードは、変換後は黒い子を4つ持つ。加えて、「黒の高さの性質」より、T'の任意の葉から根への経路の長さは同じである。つまり、T'は2-4木なのである！

2-4木T'はn+1個の葉を持ち、各葉は赤黒木Tのn+1個の外部ノードと対応する。よって、T'の高さは$\log(n+1)$以下である。T'の葉から根への経路はいずれも、Tにおける根から外部ノードへの経路と対応する。この経路の最初と最後のノードは黒で、隣接する2つの内部ノードのうち赤いものは高々1つなので、この経路にあるノードのうち黒いものは$\log(n+1)$個以下、赤いものは$\log(n+1)-1$個以下である。よって、任意の$n \geq 1$について、根から任意の**内部**ノードへの経路のうちで最長のものの長さは、次の左辺の値以下である。

$$2\log(n+1)-2 \leq 2\log n$$

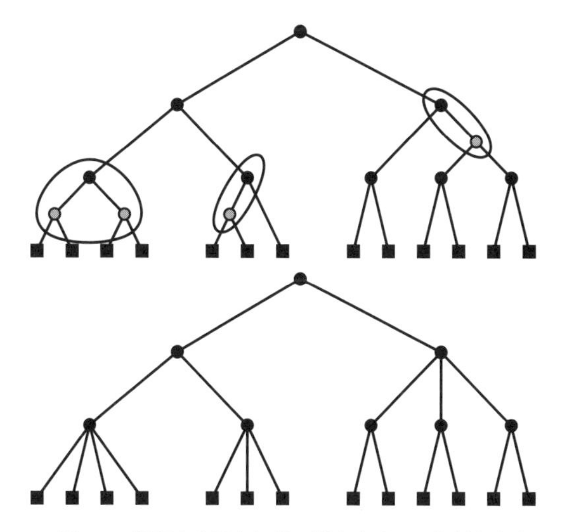

▶ 図9.5　任意の赤黒木には、対応する2-4木が存在する

このことから、赤黒木の最も重要な性質を示せる。

補題 9.2：
n個のノードからなる赤黒木の高さは $2\log n$ 以下である。

2-4木と赤黒木の関係がわかれば、赤黒木の性質を維持したまま効率的に要素を追加、削除できるように思えてくるだろう。

これまでの章で、BinarySearchTreeに対して要素を追加するには、新たな葉を追加すればいいことを見てきた。よって、赤黒木におけるadd(x)を実装するには、2-4木において子を5つ持つノードの分割をシミュレートする方法があればよい。子を5つ持つ2-4木のノードは、赤い子を2つ持つ黒ノードwであって、2つの赤い子のうちの一方がさらに赤い子を持つようなものである。wを「分割」するには、wを赤ノードにし、wの子をいずれも黒ノードにすればよい。例を図9.6に示す。

remove(x)を実装するには、2つのノードを併合する方法と、兄弟から子を借りる方法があればよい。2つのノードの併合は、図9.6で示した分割とは逆の処理であり、黒い兄弟をいずれも赤ノードにし、その共通の赤い親を黒ノードにすればよい。兄弟から子を借りる操作が最も複雑で、回転と色の変更が両方とも必要になる。

もちろん「赤の辺の性質」と「黒の高さの性質」をいずれも満たす必要がある。それが可能なことは驚くに値しないだろうが、2-4木をシミュレートして赤黒木とするには、考慮すべき場合分けがかなり多くなる。ある程度までいったら、背景となる2-4木は無視してしまい、赤黒木の性質を保つことだけを考えてシンプルな実装にする。

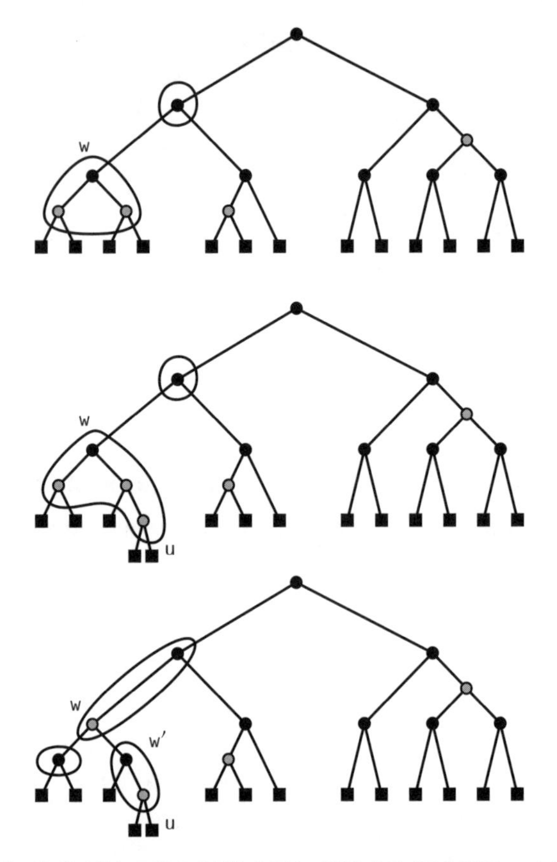

▶ 図9.6　2-4木における追加の際の分割を赤黒木で模倣する（これは図9.5に示した2-4木への要素の追加を模倣している）

9.2.2 左傾赤黒木

赤黒木の定義は1つではない。むしろ、add(x) と remove(x) の前後で「赤の辺の性質」と「黒の高さの性質」を維持できるようなデータ構造には色々とある。データ構造が違えば、実装方法も異なる。この節で実装するデータ構造を、RedBlackTree と呼ぶことにしよう。RedBlackTree は赤黒木の一種であり、左傾性（left-leaning）と呼ぶ次の性質を満たす。

> **性質 9.5：**
> **[左傾性] 任意のノード u について、u.left が黒ならば u.right も黒である。**

例えば、図9.4は左傾性を満たしていない。右に向かう経路の赤ノードの親がこの

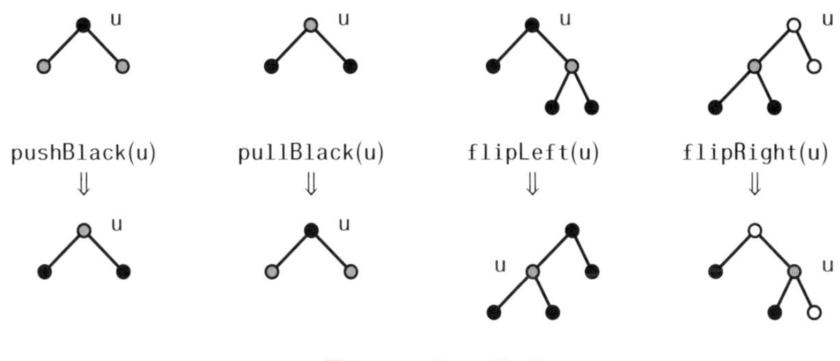

▶図9.7 push、pull、flip

性質を満たしていないからだ。

左傾性の維持に意味があるのは、これによりadd(x)とremove(x)において木を更新するときの場合分けが単純になるからである。なぜ単純になるかというと、対応する2-4木の表現が、次のように一意に定まるからである。すなわち、2-4木における次数が2のノードは赤黒木における黒ノードであり、黒い子を2つ持つ。次数が3のノードは黒ノードであり、左の子が赤ノード、右の子が黒ノードである。次数が4のノードは黒ノードであり、赤い子を2つ持つ。

add(x)とremove(x)の実装の詳細に入る前に、図9.7に示す単純なサブルーチンを導入する。最初の2つのサブルーチンは、「黒の高さの性質」を保ったまま色を操作するものである。pushBlack(u)の入力uは、赤い子を2つ持つ黒ノードで、uを赤ノードに、その2つの子をいずれも黒ノードに塗り替える。pullBlack(u)は、その逆の操作である。

RedBlackTree
```
void pushBlack(Node *u) {
  u->colour--;
  u->left->colour++;
  u->right->colour++;
}
void pullBlack(Node *u) {
  u->colour++;
  u->left->colour--;
  u->right->colour--;
}
```

flipLeft(u)は、uとu.rightの色を入れ替え、そのあとでuを左回転する。この操作は、これら2つのノードの色と親子関係をいずれも入れ替えるのである。

```
RedBlackTree
void flipLeft(Node *u) {
  swapcolours(u, u->right);
  rotateLeft(u);
}
```

flipLeft(u) は、u が左傾性を満たしていないとき、すなわち u.left が黒ノード、u.right が赤ノードである場合に、左傾性を取り戻すのに役立つ。この場合は特に、この操作によって、「黒の高さの性質」と「赤の辺の性質」がいずれも満たされることが保証される。flipRight(u) は、flipLeft(u) を左右対称に入れ替えた操作である。

```
RedBlackTree
void flipRight(Node *u) {
  swapcolours(u, u->left);
  rotateRight(u);
}
```

9.2.3　要素の追加

RedBlackTree において add(x) を実装するには、BinarySearchTree における通常の挿入操作によって、u.x = x かつ u.colour = red を満たす新たな葉 u を追加すればよい。この処理では、どのノードでも黒の高さは変わらないので、「黒の高さの性質」を満たさなくなることはない。しかし、左傾性が満たされなくなる可能性がある（u が右の子である場合）。また、「赤の辺の性質」が満たされなくなることもある（u の親が赤ノードの場合）。そこで、これらの性質を満たすようにするため、addFixup(u) を呼び出す。

```
RedBlackTree
bool add(T x) {
  Node *u = new Node();
  u->left = u->right = u->parent = nil;
  u->x = x;
  u->colour = red;
  bool added = BinarySearchTree<Node,T>::add(u);
  if (added)
    addFixup(u);
  else
    delete u;
  return added;
}
```

図9.8 に図示したように、addFixup(u) は赤ノード u を入力に取るが、これにより「赤の辺の性質」や左傾性を満たさなくなるかもしれない。この先の議論を理解するには、図9.8 をよく観察したり、自分で紙に描いてみたりしないと難しいだろう。続きを読む前に、図9.8 に目を通して意味を考えてみてほしい。

u が木の根なら、u を黒ノードにすれば2つの性質が成り立つ。u の兄弟も赤ノード

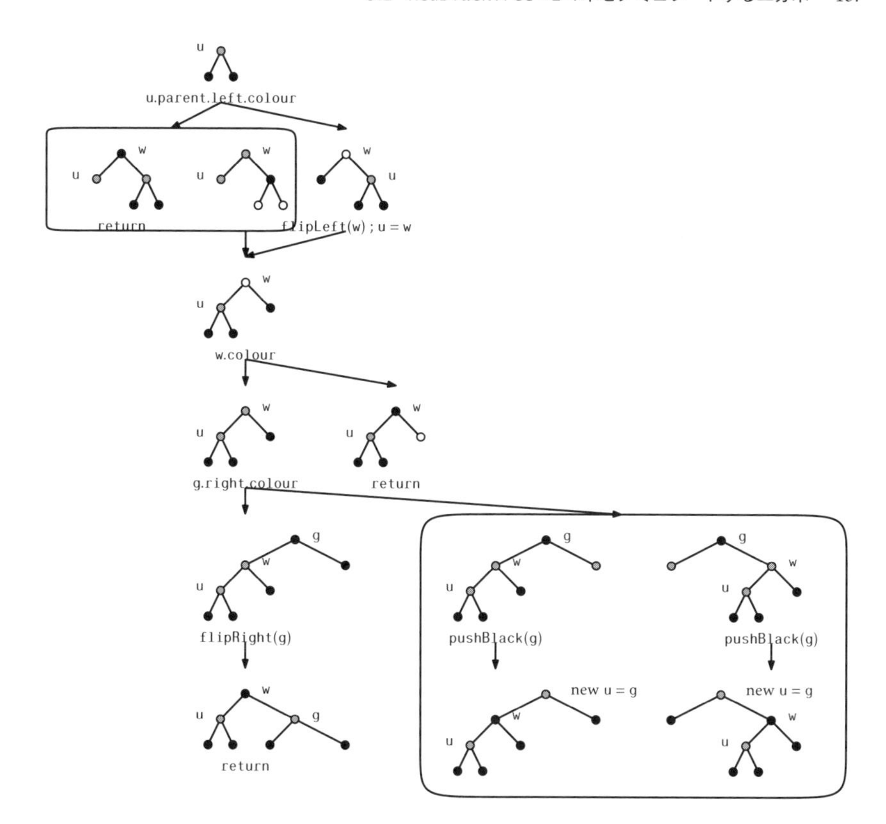

▶ 図9.8　要素を挿入したあと、2つの性質を満たすようにするための処理

なら、uの親は黒ノードなので、2つの性質はすでに成り立っている。

このいずれでもないとき、まずはuの親wが左傾性を満たしているか確認し、もし満たしていないならflipLeft(w)を実行してu＝wとする。すると、uは親であるwの左の子になるので、wが左傾性を満たすようになる。あとは、uについて「赤の辺の性質」が満たされることを示せばよい。wが黒ノードなら、すでに「赤の辺の性質」は満たされているので、wが赤ノードである場合だけを心配すれば十分である。

まだ処理は終わりではない。いま、uとwはいずれも赤ノードである。「赤い辺の性質」（uでは満たされていないが、wでは満たされている）より、uには親の親gが存在し、それは黒ノードである。gの右の子が赤ノードなら、左傾性より、gの子は共に赤ノードである。pushBlack(g)を呼ぶと、gは赤ノードに、wは黒ノードになる。これにより、uについて「赤の辺の性質」が満たされるが、gについては「赤の辺の性質」が満たされなくなっているかもしれないので、u＝gとして同じ処理を再度繰り返す。

もしgの右の子が黒ノードなら、flipRight(g)を呼べばwはgの（黒い）親になり、wはuとgという2つの赤い子を持つ。これは、uが「赤い辺の性質」を満たすこと、gが左傾性を満たすことを保証する。この場合、処理はここで終了してよい。

RedBlackTree
```
void addFixup(Node *u) {
  while (u->colour == red) {
    if (u == r) { // u は根なので完了
      u->colour = black;
      return;
    }
    Node *w = u->parent;
    if (w->left->colour == black) { // 左傾性を保つ
      flipLeft(w);
      u = w;
      w = u->parent;
    }
    if (w->colour == black)
      return; // 赤い辺がないので完了
    Node *g = w->parent; // u の祖父母
    if (g->right->colour == black) {
      flipRight(g);
      return;
    } else {
      pushBlack(g);
      u = g;
    }
  }
}
```

addFixup(u)は、繰り返しごとにかかる実行時間は定数で、繰り返しのたびにuを根のほうへ移動するか、もしくは処理が終了する。よって、addFixup(u)は$O(\log n)$回の繰り返しのあとに終了し、このときの実行時間は$O(\log n)$である。

9.2.4　要素の削除

RedBlackTreeの実装で最も複雑なのはremove(x)である。これは既知の赤黒木のすべてについていえる。突き詰めて考えれば、**二分探索木**におけるremove(x)のように、uだけを子に持つノードwを特定し、uをw.parentと接続して、wを木から取り除くことになる。

このとき、wが黒ノードだと、「黒の高さの性質」がw.parentで成り立たなくなってしまう。w.colourをu.colourに継ぎ足せば、この問題は一時的に解決する。もちろん、そうすると、今度は次の2つの問題が発生する可能性がある。(1) uとwが共に黒ノードのときは、u.colour + w.colour = 2であり、不正な色（ダブルブラックと呼ぶことにする）になってしまう。(2) wが赤ノードのときは、uと入れ替えることで、u.parentの左傾性が崩れるかもしれない。これらの問題は、いずれもremoveFixup(u)を呼ぶことで解決できる。

```
RedBlackTree
bool remove(T x) {
  Node *u = findLast(x);
  if (u == nil || compare(u->x, x) != 0)
    return false;
  Node *w = u->right;
  if (w == nil) {
    w = u;
    u = w->left;
  } else {
    while (w->left != nil)
      w = w->left;
    u->x = w->x;
    u = w->right;
  }
  splice(w);
  u->colour += w->colour;
  u->parent = w->parent;
  delete w;
  removeFixup(u);
  return true;
}
```

removeFixup(u)の入力であるノードuの色は、1もしくは2（ダブルブラック）である。uの色がダブルブラックなら、removeFixup(u)によって回転と色の塗り替え操作を繰り返すことで、ダブルブラックのノードを木から追い出す。この処理では、更新している部分木の根をノードuが参照するようになるまで、更新を繰り返す。この部分木の根の色は変わっているかもしれない。具体的には、赤から黒に変わっているかもしれない。そのためremoveFixup(u)では、最後にuの親が左傾性を満たしているかどうかを確認し、必要があれば修正する。

```
RedBlackTree
void removeFixup(Node *u) {
  while (u->colour > black) {
    if (u == r) {
      u->colour = black;
    } else if (u->parent->left->colour == red) {
      u = removeFixupCase1(u);
    } else if (u == u->parent->left) {
      u = removeFixupCase2(u);
    } else {
      u = removeFixupCase3(u);
    }
  }
  if (u != r) { // 必要であれば左傾性を満たすようにする
    Node *w = u->parent;
    if (w->right->colour == red && w->left->colour == black) {
      flipLeft(w);
    }
  }
}
```

図9.9にremoveFixup(u)を図示する。以降の説明も、図9.9をよく観察しないと理解が難しいだろう。removeFixup(u)を繰り返すたびに、ダブルブラックのノード

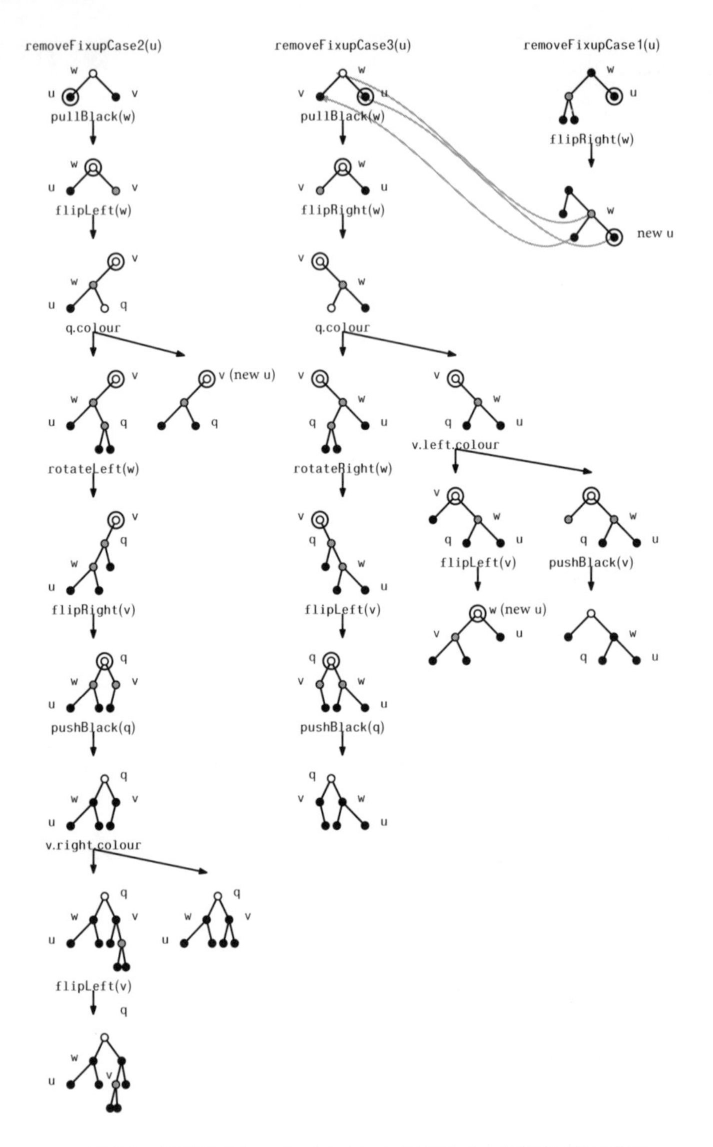

▶ 図9.9　削除のあと、double-blackであるノードを追い出す様子

uは、次の4つの場合分けに従って処理される。

Case 0：uが根である場合。このときは最も簡単で、単にuを黒に塗り直せばよい（これは赤黒木のいずれの性質も崩さない）。

Case 1：uの兄弟vが赤ノードの場合。このときは、左傾性より、uの兄弟vはその親

wの左の子である。wで右回転を実行し、次の繰り返しに進む。この操作では、wの親が左傾性を満たさなくなり、uの深さが1大きくなることに注意する。しかし、次の繰り返しはwが赤ノードの場合（Case 3）である。あとで説明するCase 3を実行すればうまく処理できる。

```
RedBlackTree
Node* removeFixupCase1(Node *u) {
  flipRight(u->parent);
  return u;
}
```

Case 2：uの兄弟vが黒ノードの場合。このとき、uは親wの左の子である。pullBlack(w)を呼ぶと、uは黒ノードに、vは赤ノードになり、wは黒もしくはダブルブラックになる。このときwは左傾性を満たしておらず、flipLeft(w)を呼んでこれを解決する。

この時点でwは赤ノードであり、vは処理を開始した部分木の根となっている。wが「赤の辺の性質」を満たしているか確認する必要がある。そこで、wの右の子qを見る。qが黒ノードなら、wは「赤の辺の性質」を満たしているので、u＝vとして次の繰り返しに進める。

そうでない（qが赤ノード）なら、qとwによって「赤の辺の性質」と左傾性が満たされていない。左傾性を成り立たせるには、rotateLeft(w)を呼べばよい。この時点で、「赤の辺の性質」は依然として崩れている。qはvの左の子で、wはqの左の子である。また、qとwはいずれも赤ノードであり、vは黒またはダブルブラックである。flipRight(v)を実行すれば、qがvとwの両方の親になる。続いてpushBlack(q)を呼ぶと、vとwはいずれも黒ノードになり、qの色はwのもともとの色になる。

これでダブルブラックのノードはなくなり、「赤の辺の性質」と「黒の高さの性質」がいずれも満たされる。あと気にする必要があるのは、vの右の子は赤ノードかもしれないという点であり、その場合は左傾性が満たされなくなっている。そのためこれを確認し、もし必要ならflipLeft(v)を実行する。

RedBlackTree

```
Node* removeFixupCase2(Node *u) {
  Node *w = u->parent;
  Node *v = w->right;
  pullBlack(w); // w->left
  flipLeft(w); // 今は w は赤
  Node *q = w->right;
  if (q->colour == red) { // q と w はいずれも赤
    rotateLeft(w);
    flipRight(v);
    pushBlack(q);
    if (v->right->colour == red)
      flipLeft(v);
    return q;
  } else {
    return v;
  }
}
```

Case 3：uの兄弟が黒ノードで、uが右の子である場合。この場合はCase 2と対称であり、ほぼ同様に処理できる。ただし、左傾性が非対称であることに起因する相違がある。そのため少し違った処理をする必要もある。

前と同様に、まずは`pullBlack(w)`によってvを赤ノードに、uを黒ノードにする。`flipRight(w)`を呼ぶと、vが部分木の根になる。この時点でwは赤ノードである。そこで、wの左の子の色とqの色に応じて処理が分岐する。

qが赤ノードのときは、Case 2の場合とまったく同様に処理を終えられる。ただし、vが左傾性を満たさなくなる心配がないので、さらに単純な処理で済ませられる。

複雑なのはqが黒ノードである場合の処理である。この場合、vの左の子の色を確認する。もし赤ノードなら、vの2つの子は赤ノードであり、`pushBlack(v)`を実行して余分な黒を下に送ることができる。この時点でvはwのもともとの色になっているので処理を終えられる。

vの左の子が黒いなら、vは左傾性を満たさなくなっているので、`flipLeft(v)`を呼んでこれを解消する。そして、次の`removeFixup(u)`の繰り返しをu = vとして続けるために、ノードvを返す。

```
RedBlackTree
Node* removeFixupCase3(Node *u) {
  Node *w = u->parent;
  Node *v = w->left;
  pullBlack(w);
  flipRight(w);            // w は赤
  Node *q = w->left;
  if (q->colour == red) { // q と w はいずれも赤
    rotateRight(w);
    flipLeft(v);
    pushBlack(q);
    return q;
  } else {
    if (v->left->colour == red) {
      pushBlack(v); // v の子はみな赤
      return v;
    } else { // 左傾性を保つ
      flipLeft(v);
      return w;
    }
  }
}
```

removeFixup(u) の各繰り返しは定数時間で実行できる。Case 2 と Case 3 では、処理が終了するか、もしくは u を根に近づける。Case 0 では、u が根であり、処理は常に終了する。Case 1 は、すぐに Case 3 を引き起こし、この場合も処理は終了する。木の高さは高々 $2\log n$ なので、高々 $O(\log n)$ 回の removeFixup(u) を繰り返せばよいことがわかる。したがって removeFixup(u) の実行時間は $O(\log n)$ である。

9.3 要約

次の定理に RedBlackTree の性能をまとめる。

> **定理 9.1：**
> RedBlackTree は SSet インターフェースの実装である。RedBlackTree には操作 add(x)、remove(x)、find(x) があり、いずれの最悪実行時間も $O(\log n)$ である。

加えて次の定理も成り立つ。

> **定理 9.2：**
> 空の RedBlackTree に対して、m 個の add(x) および remove(x) からなる操作の列を実行するとき、addFixup(u) および removeFixup(u) に使われる時間の合計は $O(m)$ である。

定理 9.2 の証明は概要を示すだけとする。addFixup(u) および removeFixup(u) と、2-4 木における葉の追加および削除とを比べると、この性質は 2-4 木に由来するものであることが推察できるだろう。特に、2-4 木における分割、併合、子を借りる処理に必要な時間が$O(m)$であることを示せれば、これから定理 9.2 を導けるはずだ。

2-4 木に関するこの定理の証明は、ポテンシャル法を使った償却解析による[†3]。2-4 木の内部ノードuのポテンシャルを次のように定義する。

$$\Phi(\mathsf{u}) = \begin{cases} 1 & \mathsf{u}\text{の子の数が}2\text{のとき} \\ 0 & \mathsf{u}\text{の子の数が}3\text{のとき} \\ 3 & \mathsf{u}\text{の子の数が}4\text{のとき} \end{cases}$$

また、2-4 木のポテンシャルを、そのすべてのノードのポテンシャルの和と定義する。分割の際には、4つの子を持つノードが、それぞれ2つの子と3つの子を持つ2つのノードになる。すなわち、全体のポテンシャルは$3-1-0=2$だけ小さくなる。併合の際には、それぞれ2つの子を持っていた2つのノードが、3つの子を持つ1つのノードになる。このとき、全体のポテンシャルは$2-0=2$だけ小さくなる。よって、分割や併合の際には、ポテンシャルは2だけ小さくなる。

分割と併合以外の処理については、葉を加えたり削除したりしたときに子の数が変わるノードの個数は定数である。ノードを追加するときは、1つのノードの子が1だけ増え、ポテンシャルは高々3増える。ノードを削除するときは、1つのノードの子が1だけ減り、ポテンシャルは高々1増える。また、子を借りる処理には2つのノードが関連し、それらのポテンシャルは高々1だけ増える。

まとめると、分割と併合はポテンシャルを2以上減らす。分割と併合以外では、追加と削除はポテンシャルを高々3増やし、ポテンシャルは常に非負である。よって、空の木に対してm回の追加と削除を実行するとき、分割と併合は合わせて高々$3m/2$回だけ実行される。定理 9.2 はこの解析の帰結であり、2-4 木と赤黒木の間の対応を示している。

9.4 ディスカッションと練習問題

赤黒木は Guibas と Sedgewick によって最初に提案された [38]。赤黒木は実装が非常に複雑であるにもかかわらず、ライブラリやアプリで最も頻繁に使われるデータ構造のうちの1つである。アルゴリズムやデータ構造の本の多くでは、何種類かの赤黒木が説明されている。

Andersson [6] では、赤黒木に似た、左傾なバランスされた木が提案されている。この木では、任意のノードが最大で1つの赤い子を持つ、という制約が加えられている。そのため、このデータ構造がシミュレートするのは、2-4 木ではなく 2-3 木である。このデータ構造は、本章で説明した `RedBlackTree` よりもかなり単純である。

[†3] ポテンシャル法の他の例としては、補題 2.2 や補題 3.1 の証明を参照せよ。

Sedgewick [64] では、二種類の左傾な赤黒木が提案されている。それらのデータ構造では、2-4 木における上から下方向への分割および併合のシミュレーションに加えて、再帰が利用されている。これによりプログラムが短くエレガントになっている。

赤黒木に関連したより古いデータ構造として、**AVL 木** [3] がある。AVL 木は、**height-balanced 性**と呼ばれる性質を満たす木である。height-balanced 性とは、「任意のノード u について、`u.left` を根とする部分木の高さと、`u.right` を根とする部分木の高さとの差は、高々 1 である」という性質だ。この性質より、$F(h)$ を高さ h である木のうちで葉が最も少ないものの葉の数とするとき、$F(h)$ が次のフィボナッチの漸化式を満たすことが従う。

$$F(h) = F(h-1) + F(h-2)$$

ただし $F(0) = 1, F(1) = 1$ である。ここで**黄金比**を $\varphi = (1+\sqrt{5})/2 \approx 1.61803399$ とするとき、$F(h)$ は近似的に $\varphi^h/\sqrt{5}$ である（より正確には $|\varphi^h/\sqrt{5} - F(h)| \le 1/2$ である）。補題 9.1 の証明で述べたように、これは次の式を含意する。

$$h \le \log_\varphi \mathtt{n} \approx 1.440420088 \log \mathtt{n}$$

よって、AVL 木の高さは赤黒木の高さよりも低い。`add(x)` および `remove(x)` の際は、根に向かって戻る際に通過する各ノード `u` について、`u` の左右の部分木の高さが 2 以上異なる場合にはバランスを再調整して高さのバランスを保つ（図 9.10）。

Andersson のデータ構造、Sedgewick のデータ構造、AVL 木は、いずれも `RedBlackTree` よりも実装が単純である。しかし、いずれも、バランスを再調整するための償却実行時間が $O(1)$ であることを保証できない。特に、定理 9.2 のような保証はない。

問 9.1： 図 9.11 の `RedBlackTree` に対応する 2-4 木を図示せよ。

問 9.2： 図 9.11 の `RedBlackTree` に 13、3.5、3.3 を順に追加する様子を図示せよ。

問 9.3： 図 9.11 の `RedBlackTree` から 11、9、5 を順に削除する様子を図示せよ。

問 9.4： どれだけ大きな `n` についても、`n` 個のノードを持ち、高さが $2\log \mathtt{n} - O(1)$ である赤黒木が存在することを示せ。

問 9.5： 操作 `pushBlack(u)` および `pullBlack(u)` を考える。これらは、赤黒木によって表現されている 2-4 木に対し、どんなことをする操作か。

問 9.6： どれだけ大きな `n` についても、`n` 個のノードを持ち、高さが $2\log \mathtt{n} - O(1)$ である赤黒木を構成する `add(x)` および `remove(x)` からなる操作の列が存在することを示せ。

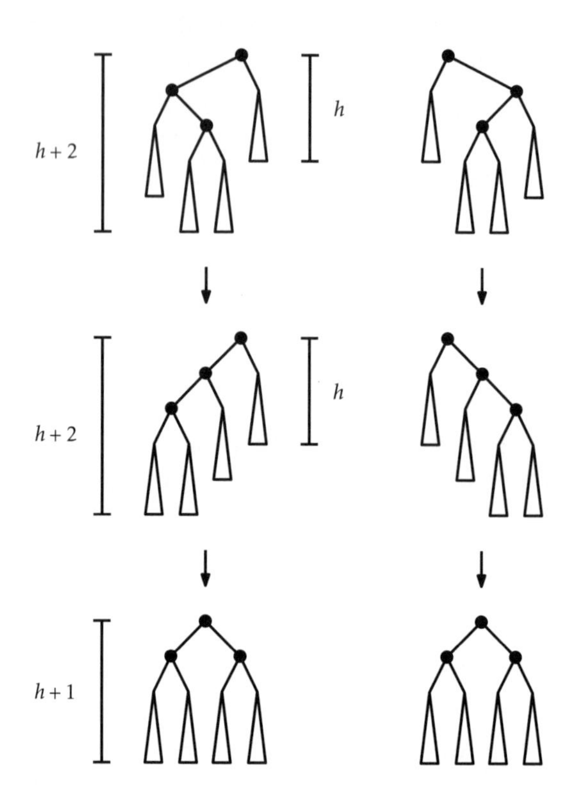

▶ 図9.10　AVL木におけるバランスの再調整の様子。その子の部分木の大きさがhと$h+2$であるノードについて、いずれの子の部分木の高さも$h+1$とする際に必要な回転は高々2回である

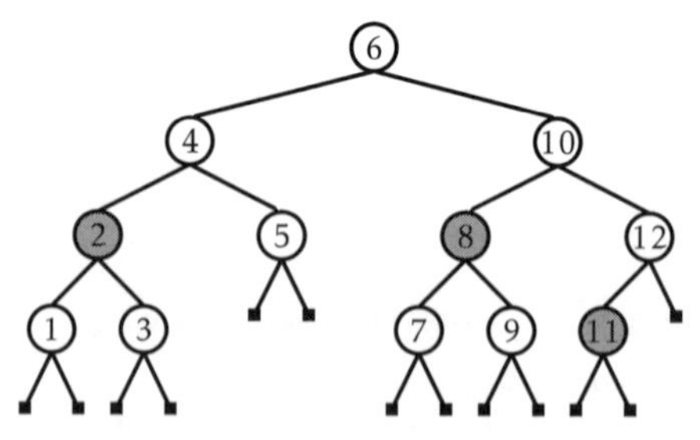

▶ 図9.11　練習問題のための赤黒木

問 9.7： RedBlackTree の実装における remove(x) で、u.parent = w.parent とするのはなぜか説明せよ。この処理は splice(w) においてすでに実行済みではないだろうか。

問 9.8： 2-4 木 T は、n_ℓ 個の葉と n_i 個の内部ノードを持つとする。

1. n_ℓ が与えられたとき、n_i の最小値を求めよ。
2. n_ℓ が与えられたとき、n_i の最大値を求めよ。
3. T を表現する赤黒木を T' とすると、T' が持つ赤ノードの個数を求めよ。

問 9.9： n 個のノードを持ち、高さが $2\log n - 2$ 以下の二分探索木があるとする。このとき、この木のすべてのノードを、「黒の高さの性質」と「赤の辺の性質」をいずれも満たすように、赤または黒に塗ることはできるか。もし可能なら、それに加えて左傾性を満たすことはできるか。

問 9.10： 赤黒木 T_1 および T_2 は、黒の高さがいずれも h であり、T_1 の最大のキーは T_2 の最小のキーよりも小さいとする。このとき、$O(h)$ の時間で T_1 と T_2 を 1 つの赤黒木に併合する方法を示せ。

問 9.11： 問 9.10 の解法を拡張し、T_1 および T_2 の黒の高さ h_1 および h_2 が異なるとき、すなわち $h_1 \neq h_2$ であるときにも適用可能にせよ。ただし、実行時間は $O(\max\{h_1, h_2\})$ とする。

問 9.12： AVL 木における add(x) の間に、最大で一度だけバランスの再調整操作を実行しなければならないことを証明せよ（このとき、回転を最大で 2 回実行することになる。図 9.10 参照）。また、remove(x) 操作の際に必要となるバランス再調整のオーダーが $\log n$ であるような AVL 木の例を挙げよ。

問 9.13： 上で説明した AVL 木の実装として、AVLTree クラスを作成せよ。作成した実装の性能と RedBlackTree の性能とを比較せよ。find(x) が高速なのはどちらの実装か。

問 9.14： SSet の実装である SkiplistSSet、ScapegoatTree、Treap、RedBlackTree における find(x)、add(x)、remove(x) の相対的な性能を評価する実験を設計、実装せよ。ランダムなデータや整列済みのデータ、ランダムな順序や規則正しい順序での削除などを含む、さまざまなテストシナリオを作ること。

第10章

ヒープ

優先度付きキューは利用価値がとても高い。この章では、優先度付きキューの実装を2つ説明する。いずれの実装も特殊な二分木であり、**ヒープ**（**heap**）と呼ばれている。ヒープには「雑多に積まれたもの」という意味がある。これは「高度に構造化されて積み上げられたもの」であった二分探索木とは対照的である。

1つめのヒープの実装では、完全二分木をシミュレートするのに配列を使う。この実装は極めて高速であり、ヒープソート（11.1.3節参照）という整列アルゴリズムを実装できる。ヒープソートは既知の整列アルゴリズムの中で最速なもののひとつである。2つめに紹介する実装では、完全二分木に限らず、より柔軟な二分木を扱う。この実装では、優先度付きキューの要素すべてを別の優先度付きキューに取り込む操作を利用する。

10.1 BinaryHeap：二分木を間接的に表現する

1つめに紹介する優先度付きキューの実装は、400年以上前に発見された**Eytzinger法**という手法に基づく。この手法により、木のノードを幅優先順（6.1.2節）に配列に入れていくことで、完全二分木を表現できる。具体的には、配列の添字0の位置に木の根を、添字1の位置に根の左の子を、添字2の位置に根の右の子を、添字3の位置に根の左の子の左の子を格納していく（図10.1）。

大きな木に対してEytzinger法を適用すると規則性が見えてくる。添字`i`のノードの左の子は添字`left(i)` $= 2$`i` $+ 1$の位置に入り、右の子は添字`right(i)` $= 2$`i` $+ 2$の位置に入る。添字`i`のノードの親は、添字`parent(i)` $= ($`i` $- 1)/2$の位置にある。

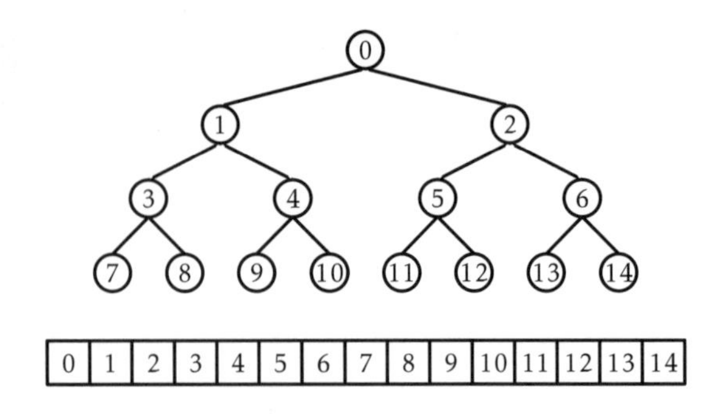

▶ 図10.1　Eytzinger法により、配列を使って完全二分木を表現する

BinaryHeap
```
int left(int i) {
  return 2*i + 1;
}
int right(int i) {
  return 2*i + 2;
}
int parent(int i) {
  return (i-1)/2;
}
```

BinaryHeapでは、この手法を使うことで、要素が**ヒープ順（heap order）**に並んだ間接的な形で完全二分木を表す。ヒープ順とは、添字i（i = 0）の位置に格納されている値が、添字parent(i)に格納されている値以上であるような順番である。したがってBinaryHeapでは、優先度付きキューにおける最小値が添字0の位置、つまり根に格納されていることになる。

BinaryHeapではn個の要素を配列aに格納する。

BinaryHeap
```
array<T> a;
int n;
```

add(x)の実装は簡単である。他の配列ベースのデータ構造と同じく、まずはaが一杯かどうかを確認する（a.length = nかどうかを確認する）。もしそうならaを拡張する。続いてxをa[n]に入れ、nを1増やす。あとはヒープ性（要素がヒープ順に並んでいること）を保てばよい。これは、xとその親とを交換する操作を、xが親以上になるまで繰り返せばよい（図10.2）。

```
BinaryHeap
bool add(T x) {
  if (n + 1 > a.length) resize();
  a[n++] = x;
  bubbleUp(n-1);
  return true;
}
void bubbleUp(int i) {
  int p = parent(i);
  while (i > 0 && compare(a[i], a[p]) < 0) {
    a.swap(i,p);
    i = p;
    p = parent(i);
  }
}
```

remove() は、ヒープから最小の値を削除する。この操作の実装には少し工夫が必要になる。根が最小値であることはわかっているのだが、これを削除したあともヒープ性が成り立つことを保証しなければならない。

最も簡単な方法は、根と a[n − 1] を交換し、交換後に a[n − 1] にある値を削除して、n を1小さくすることだ。しかし、結果として新しく根となった値は、おそらく最小値ではない。そこで、これを下方向に動かしていく必要がある。新しく根となった要素を2つの子と比較し、新しく根となった要素の値が3つのうちで最小ならば処理を終了する。そうでないなら、2つの子のうち小さいものと入れ替え、同様の処理を繰り返す。

```
BinaryHeap
T remove() {
  T x = a[0];
  a[0] = a[--n];
  trickleDown(0);
  if (3*n < a.length) resize();
  return x;
}
void trickleDown(int i) {
  do {
    int j = -1;
    int r = right(i);
    if (r < n && compare(a[r], a[i]) < 0) {
      int l = left(i);
      if (compare(a[l], a[r]) < 0) {
        j = l;
      } else {
        j = r;
      }
    } else {
      int l = left(i);
      if (l < n && compare(a[l], a[i]) < 0) {
        j = l;
      }
    }
    if (j >= 0)  a.swap(i, j);
    i = j;
  } while (i >= 0);
}
```

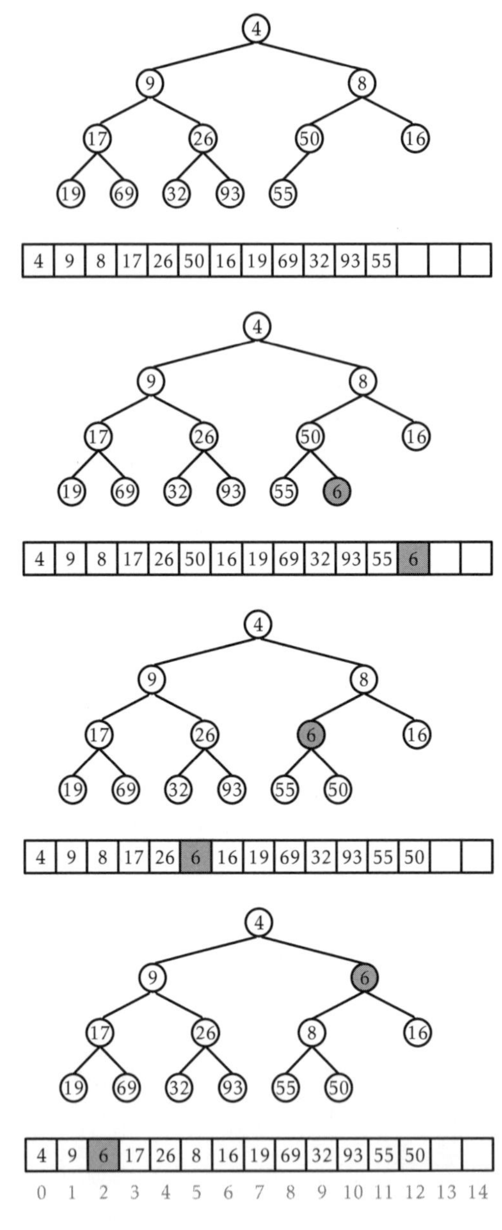

▶ 図10.2　BinaryHeapに値6を追加する

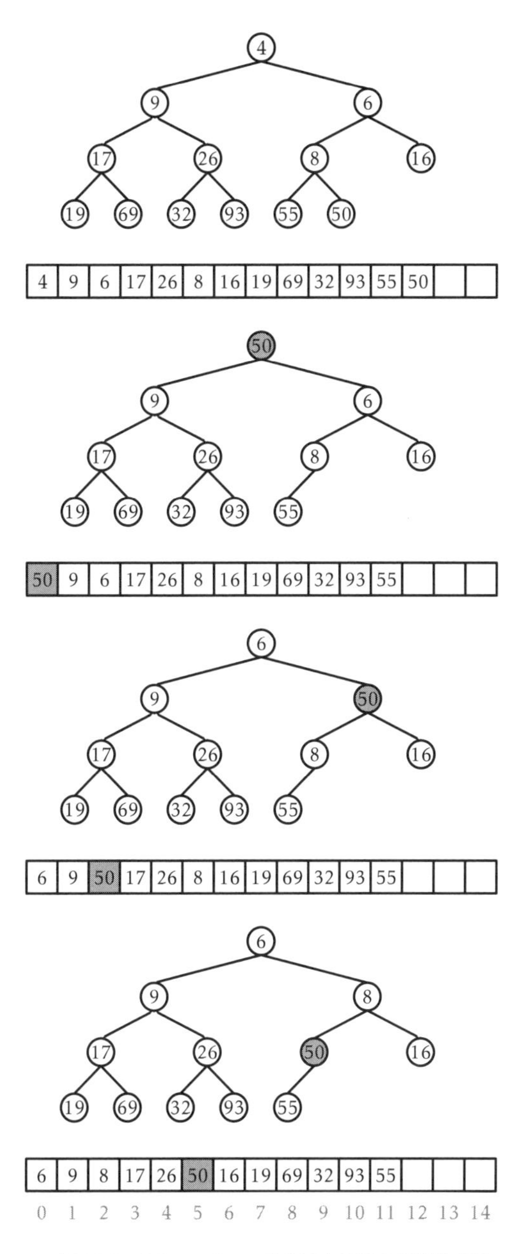

▶図10.3　BinaryHeapから最小の値4を削除する

他の配列ベースのデータ構造と同様に、resize() のための時間は無視することにする。resize() の時間は補題 2.1 の償却解析において考慮されるからだ。すると、add(x) と remove() の実行時間は、配列によって間接的に表されている二分木の高さに依存する。この二分木は、都合がいいことに、**完全**二分木である。どの深さにも、最下層を除いて、その層で取りうる個数のノードが含まれている。よって、h を木の高さとすると、この木には少なくとも 2^h 個のノードがある。言い換えると、次の式が成り立つ。

$$\mathtt{n} \geq 2^h$$

両辺の対数を取ると、次の式が成り立つ。

$$h \leq \log \mathtt{n}$$

以上より、add(x) と remove() の実行時間はいずれも $O(\log \mathtt{n})$ である。

10.1.1 要約

次の定理に BinaryHeap の性能をまとめる。

> **定理 10.1：**
> **BinaryHeap は、優先度付きキューのインターフェースを実装する。BinaryHeap は add(x) と remove() をサポートする。resize() のコストを無視すると、いずれの操作の実行時間も $O(\log \mathtt{n})$ である。**
> **空の BinaryHeap から、m 個の add(x) 操作および remove() 操作からなる任意の列を実行する。このとき、すべての resize() にかかる時間の合計は $O(m)$ である。**

10.2 MeldableHeap：つなぎ合わせられるランダムなヒープ

この節では MeldableHeap を紹介する。MeldableHeap も BinaryHeap と同じく優先度付きキューの実装であり、背後にある構造もヒープである。しかし、BinaryHeap と違って、要素数から二分木の形が一意には決まらない。MeldableHeap では、背後にある二分木の形状に制約がない。

MeldableHeap における add(x) および remove() は、merge(h1,h2) という操作を使って実装される。この操作は、ヒープのノード h1 と h2 を引数とし、h1 を根とする部分木と h2 を根とする部分木のすべてのノードを含むヒープの根を返す。

merge(h1,h2) は再帰的に定義できる（図 10.4）。h1 または h2 が nil なら、単に h2 と h1 をそれぞれ返せばよい。そうでない場合について考える。一般性を失うことなく、h1.x ≤ h2.x の場合について考えればよい。この場合、新たなヒープの根の値はh1.xである。続いて、h2をh1.leftかh1.rightのどちらかと再帰的に併合する。ここでランダム性の出番だ。コインを投げ、h2をh1.leftとh1.rightのどちらと併合するかを決める。

```
MeldableHeap
Node* merge(Node *h1, Node *h2) {
  if (h1 == nil) return h2;
  if (h2 == nil) return h1;
  if (compare(h1->x, h2->x) > 0) return merge(h2, h1);
    // この時点で h1->x <= h2->x だとわかる
  if (rand() % 2) {
    h1->left = merge(h1->left, h2);
    if (h1->left != nil) h1->left->parent = h1;
  } else {
    h1->right = merge(h1->right, h2);
    if (h1->right != nil) h1->right->parent = h1;
  }
  return h1;
}
```

merge(h1,h2)の実行時間については、期待値が$O(\log n)$であることを次節で示す。ここで、nはh1とh2の要素数の合計である。

merge(h1,h2)を使えば、add(x)は簡単に実装できる。xを含む新たなノードuを作り、uをヒープの根と併合すればよい。

```
MeldableHeap
bool add(T x) {
  Node *u = new Node();
  u->left = u->right = u->parent = nil;
  u->x = x;
  r = merge(u, r);
  r->parent = nil;
  n++;
  return true;
}
```

このとき、実行時間の期待値は$O(\log(n+1)) = O(\log n)$である。

remove()も同様に簡単に実装できる。削除したいのは根なので、その2つの子を併合し、その結果を新たな根とすればよい。

```
MeldableHeap
T remove() {
  T x = r->x;
  Node *tmp = r;
  r = merge(r->left, r->right);
  delete tmp;
  if (r != nil) r->parent = nil;
  n--;
  return x;
}
```

このときも実行時間の期待値は$O(\log n)$である。

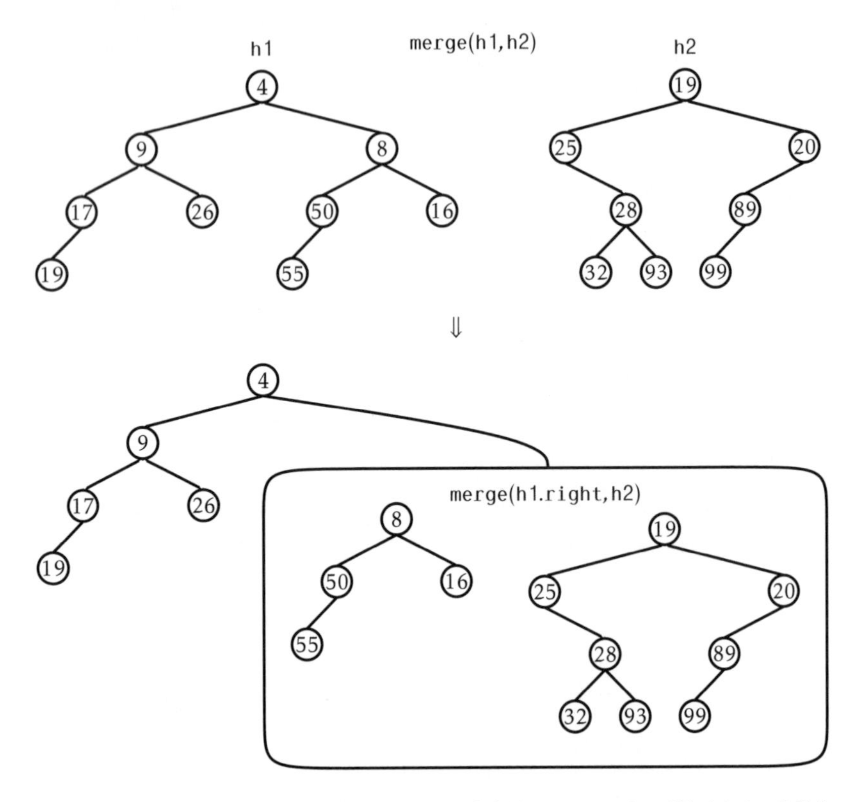

▶ 図10.4　h1とh2を併合するために、h1.leftまたはh1.rightのいずれかにh2を併合する

実行時間の期待値が$O(\log n)$であるMeldableHeapの操作は、このほかにもいくつかある。例えば次のような操作がある。

- remove(u)：ノードuをヒープから削除する
- absorb(h)：ヒープにhの要素をすべて追加し、hを空にする

いずれの操作も、定数回のmerge(h1,h2)を使って実装できる。

10.2.1　merge(h1,h2)の解析

merge(h1,h2)は、二分木におけるランダムウォークを考えることで解析できる。二分木における**ランダムウォーク**は、根から出発する。各ステップでコインを投げ、その結果に応じて、いまいるノードから右の子もしくは左の子に進む。木からはみ出したら、つまり、進んだ先がnilになったら、処理を終了する。

次の補題は、二分木の形状にかかわらず成り立つという点で注目に値する。

補題 10.1：
n個のノードからなる二分木におけるランダムウォークの長さの期待値は$\log(n+1)$以下である。

証明： nに関する帰納法により証明する。$n=0$のとき、ステップ数は$0=\log(n+1)$である。以下では、任意の非負整数$n'<n$について、示したい補題が成り立つと仮定する。

n_1を左の部分木の大きさとする。このとき、$n_2=n-n_1-1$が右の部分木の大きさである。根から出発して一歩進み、大きさn_1の部分木またはn_2の部分木の処理へと進む。n_1とn_2はいずれもnより小さいので、帰納法の仮定より、ステップ数の期待値は次のようになる。

$$E[W] \le 1 + \frac{1}{2}\log(n_1+1) + \frac{1}{2}\log(n_2+1)$$

logは上に凸な関数なので、$E[W]$は$n_1=n_2=(n-1)/2$で最大値を取る。よって、ランダムウォークのステップ数の期待値は次のようになる。

$$\begin{aligned} E[W] &\le 1 + \frac{1}{2}\log(n_1+1) + \frac{1}{2}\log(n_2+1) \\ &\le 1 + \log((n-1)/2+1) \\ &= 1 + \log((n+1)/2) \\ &= \log(n+1) \end{aligned}$$

□

なお、情報理論では、補題 10.1 をエントロピーの用語を使って証明できる。

証明： [補題 10.1 の情報理論的な証明] d_iを、添字iに対応する外部ノード（nil）の深さとする。n個のノードを持つ二分木が$n+1$個の外部ノードを持つことを思い出そう。ランダムウォークがi番めの外部ノードに辿り着く確率は$p_i=1/2^{d_i}$である。よって、ランダムウォークのステップ数の期待値は次のように計算できる。

$$H = \sum_{i=0}^{n} p_i d_i = \sum_{i=0}^{n} p_i \log\left(2^{d_i}\right) = \sum_{i=0}^{n} p_i \log(1/p_i)$$

右辺は、$n+1$個の要素にわたって確率分布のエントロピーを求めたものだとわかるだろう。$n+1$個の要素にわたる確率分布のエントロピーに関する基本的な事実として、この値は$\log(n+1)$を超えない。よって、補題が示された。 □

ランダムウォークに関するこの結果より、merge(h1,h2)の実行時間の期待値は$O(\log n)$であることを示せる。

補題 10.2：
　h1およびh2は2つのヒープの根であり、それぞれのヒープはn_1個およびn_2個のノードを含むとする。このとき、merge(h1,h2)の実行時間は$O(\log n)$以下である。ただし、$n = n_1 + n_2$である。

証明： mergeの各ステップでは、ランダムウォークを1ステップ実行し、h1かh2のいずれかを根とする部分木に進む。このアルゴリズムは、2つのランダムウォークのどちらか一方が木からはみ出してh1 = nullまたはh2 = nullになったら終了する。よって、併合アルゴリズムのステップ数の期待値は次の値以下である。

$$\log(n_1 + 1) + \log(n_2 + 1) \le 2\log n$$

□

10.2.2　要約

次の定理にMeldableHeapの性能をまとめる。

定理 10.2：
　MeldableHeapは、優先度付きキューのインターフェースを実装する。MeldableHeapは、add(x)とremove()をサポートする。いずれの操作も、実行時間の期待値は$O(\log n)$である。

10.3　ディスカッションと練習問題

完全二分木を配列またはリストとして間接的に表現する方法を最初に提案したのはEytzinger[27]であると考えられてきた。彼は、貴族の家系図が記された書物でこの手法を使った。この章で説明したBinaryHeapは、Williamsが最初に提案したものである[76]。

この章で説明した、ランダム性を利用したMeldableHeapは、GambinとMalinowskiが最初に提案したものである[34]。同様なデータ構造はほかにもいくつか知られている。leftist heaps [16, 48, Section 5.3.2]、binomial heaps [73]、Fibonacci heaps [30]、pairing heaps [29]、skew heaps [70]などである。しかし、いずれもMeldableHeapほどシンプルではない。

これらのデータ構造の中には、decreaseKey(u,y)という操作をサポートするものもある。これはノードuに格納される値を小さくしてyとする操作である（$y \le u.x$であることを前提とする）。これらのデータ構造の大部分では、このような操作のためにノードuを削除してyを追加するので、$O(\log n)$の時間がかかる。しかし、もっと効率的にこの操作を実装できるデータ構造もある。中でも、Fibonacci heapsは、

$O(1)$ の償却実行時間で decreaseKey(u,y) を実行できる。pairing heaps の特殊なものでは、$O(\log\log n)$ の償却実行時間で decreaseKey(u,y) を実行できる [25]。効率的な decreaseKey(u,y) は、ダイクストラ法など、グラフアルゴリズムの高速化に役立つ [30]。

問 10.1： 図 10.2 に示した BinaryHeap に 7 と 3 を順に追加する様子を図示せよ。

問 10.2： 図 10.3 に示した BinaryHeap から次の 2 つの値（6 と 8）を順に削除する様子を図示せよ。

問 10.3： remove(i) を実装せよ。これは BinaryHeap における a[i] の値を削除するメソッドである。このメソッドの実行時間は $O(\log n)$ でなければならない。また、なぜこのメソッドが役に立ちそうにないかを説明せよ。

問 10.4： d 分木は二分木の一般化である。これは各内部ノードが d 個の子を持つ木である。Eytzinger の方法を使えば、完全 d 分木も配列を使って表現できる。添字 i が与えられたとき、i の親と、i の d 個の子、それぞれの添字を計算する方法を与えよ。

問 10.5： 問 10.4 で学んだことを使って **DaryHeap** を設計、実装せよ。これは d 分木版の BinaryHeap である。DaryHeap の操作の実行時間を解析し、DaryHeap の性能を BinaryHeap と比較せよ。

問 10.6： 図 10.4 に示した MeldableHeap に 17、82 を順に追加する様子を図示せよ。ランダムなビットが必要なときにはコイン投げを使うこと。

問 10.7： 図 10.4 に示した MeldableHeap から、次の 2 つの値（4 と 8）を削除せよ。ランダムなビットが必要なときにはコイン投げを使うこと。

問 10.8： MeldableHeap からノード u を削除する remove(u) を実装せよ。ただし、このメソッドの実行時間の期待値は $O(\log n)$ でなければならない。

問 10.9： BinaryHeap および MeldableHeap において 2 番めに小さい値を定数時間で見つける方法を示せ。

問 10.10： BinaryHeap および MeldableHeap において k 番めに小さい値を $O(k\log k)$ の時間で見つける方法を示せ。（ヒント：別のヒープを使ってみよう。）

問 10.11： k 個の整列済みリストであって、合計の長さが n であるものがあるとき、ヒープを使ってこれらのリストを 1 つの整列済みリストにする方法を示せ。このとき、実行時間は $O(n\log k)$ でなければならない。（ヒント：$k = 2$ の場合から考えてみよう。）

第11章

整列アルゴリズム

この章では、大きさnの集合を整列するアルゴリズムを紹介する。データ構造の教科書なのに、整列アルゴリズムの説明が始まるなんて、奇妙に思うかもしれない。これにはいくつか理由がある。例えば、この章で紹介するクイックソートはランダム二分探索木と深い関係があるし、ヒープソートはデータ構造のヒープと深い関係がある。

11.1節では、比較に基づく整列アルゴリズムを3つ紹介する。3つとも、整列にかかる実行時間が$O(\mathtt{n}\log\mathtt{n})$であるような整列アルゴリズムである。さらに、この実行時間が漸近的に最適であることを示す。つまり、比較に基づく整列アルゴリズムでは、最悪実行時間にせよ平均実行時間にせよ、最低でも約$\mathtt{n}\log\mathtt{n}$回の比較が必要なのだ。

なお、これまでの章で説明してきた整列済み集合SSetや優先度付きQueueであれば、どれを使っても$O(\mathtt{n}\log\mathtt{n})$の時間で整列可能なアルゴリズムを実装できる。例えば、n個の要素をBinaryHeapまたはMeldableHeapにadd(x)し、続いてremove()をn回繰り返せば、順番に要素を取り出せる。あるいは、何らかの二分探索木に対してadd(x)をn回実行し、そのあと行きがけ順（問6.8）で木を巡回すれば、整列された順で要素が見つかる。ただし、どちらの例でも、わざわざ作ったデータ構造の限られた機能しか使っておらず、かなり無駄なことをしている。整列は、可能な限り速く、単純で、省メモリな手法をあえて開発するだけの価値がある、極めて重要な問題なのである。

章の後半では、比較のほかに使える操作があれば、さらに優れた実行時間で整列が可能なことを見る。実際、配列のランダムアクセスを使うことで、n個の要素$\{0,\ldots,\mathtt{n}^c-1\}$を$O(c\mathtt{n})$の時間で整列できることを説明する。

11.1 比較に基づく整列

この節では、マージソート、クイックソート、ヒープソートという3つの整列アルゴリズムを紹介する。3つとも、配列aを入力すると、$O(n\log n)$の（期待）実行時間でaの要素を昇順に整列する。いずれも**比較に基づく**アルゴリズムである。整列するデータの型は何でもよい。ただし、データの比較を実行するメソッドがなければならない。1.2.4節と同様に、以降ではcompare(a,b)というメソッドがあるとする。compare(a,b)は、$a < b$なら負の値を、$a > b$なら正の値を、$a = b$ならゼロを返すものとする。

11.1.1 マージソート

マージソート（merge sort）は、再帰的な分割統治法の例として古典的なアルゴリズムである。配列aの長さが1以下なら、aはすでに整列されており、何もする必要はない。そうでなければ、配列aを半分ずつ、すなわち、配列$a0 = a[0], \ldots, a[n/2-1]$および配列$a1 = a[n/2], \ldots, a[n-1]$に分ける。a0とa1をそれぞれ再帰的に整列し、整列済みのa0とa1とを併合することで、整列済みの配列aを得る。

```
Algorithms
void mergeSort(array<T> &a) {
  if (a.length <= 1) return;
  array<T> a0(0);
  array<T>::copyOfRange(a0, a, 0, a.length/2);
  array<T> a1(0);
  array<T>::copyOfRange(a1, a, a.length/2, a.length);
  mergeSort(a0);
  mergeSort(a1);
  merge(a0, a1, a);
}
```

図11.1にマージソートの例を示す。

a0とa1の併合は、整列と比べればかなり簡単である。aに要素を1つずつ加えていけばよい。a0かa1がどちらかが空になったら、空でないほうの配列の残りの要素をすべてaに加える。それまでは、a0の次の要素とa1の次の要素のうち、小さいほうをaに加えていく。

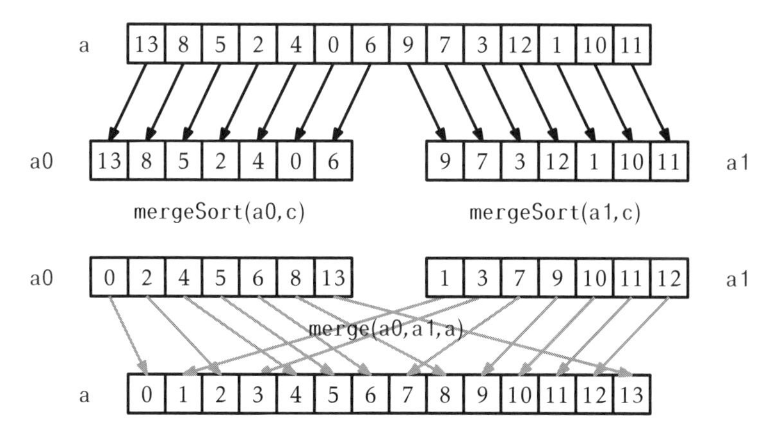

▶ 図11.1 mergeSort(a,c)を実行する様子

Algorithms
```
void merge(array<T> &a0, array<T> &a1, array<T> &a) {
  int i0 = 0, i1 = 0;
  for (int i = 0; i < a.length; i++) {
    if (i0 == a0.length)
      a[i] = a1[i1++];
    else if (i1 == a1.length)
      a[i] = a0[i0++];
    else if (compare(a0[i0], a1[i1]) < 0)
      a[i] = a0[i0++];
    else
      a[i] = a1[i1++];
  }
}
```

a0とa1の要素数の合計をnとすると、merge(a0,a1,a,c)では、a0またはa1が空になる前に最大で$n-1$回の比較を行う。

マージソートの実行時間を求めるには、図11.2のような再帰的な木を考えるとよい。いま、nが2の冪乗であると仮定する。このとき、$n = 2^{\log n}$であり、$\log n$は整数となる。マージソートでは、n個の要素の整列問題を、「n/2個の要素の並べ替え」という2つの問題に分割して考える。分割した2つの問題をそれぞれさらに2つの問題に分割することで、「n/4個の要素の並べ替え」が4つになる。この4つの問題をそれぞれさらに分割することで、「n/8個の要素の並べ替え」が8つになる。これを繰り返して、「2個の要素の並べ替え」がn/2個になり、最終的には「1個の要素の並べ替え」がn個になる。大きさ$n/2^i$の問題を解くには、すでに解かれた2つの部分問題の解答をマージしながらコピーするのに、$O(n/2^i)$の時間がかかる。大きさ$n/2^i$の問題が2^i個あるので、大きさ2^iの問題のために必要な時間の合計は次のようになる（まだ

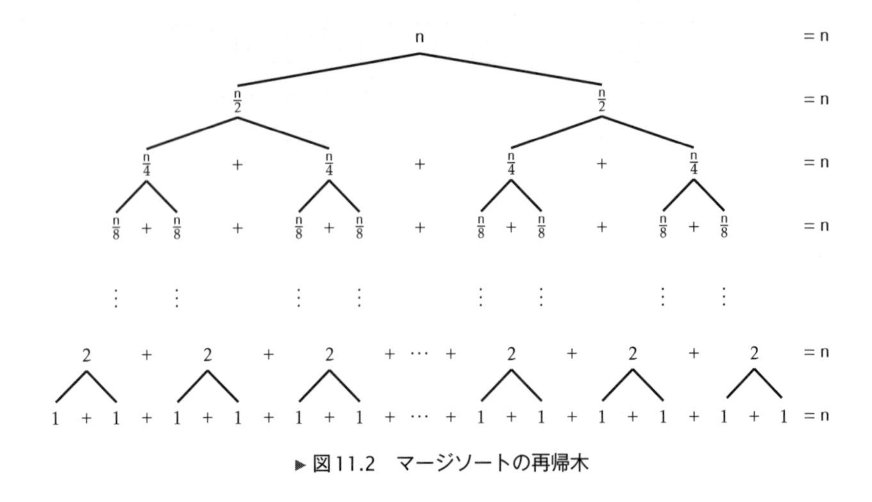

▶図11.2　マージソートの再帰木

再帰的に数え上げていないことに注意)。

$$2^i \times O(\mathrm{n}/2^i) = O(\mathrm{n})$$

よって、マージソートに必要な時間の合計は次のようになる。

$$\sum_{i=0}^{\log \mathrm{n}} O(\mathrm{n}) = O(\mathrm{n}\log \mathrm{n})$$

次の定理は、以上の解析に基づいて証明できる。ただし、nが2の冪乗でない場合も扱うので、少しだけ注意が必要になる。

定理 11.1：
mergeSort(a)の実行時間は$O(\mathrm{n}\log \mathrm{n})$であり、最大でn log n回の比較を行う。

証明： nについての帰納法により証明する。n = 1の場合は自明である。配列の長さが0または1のときは、単に配列を返すだけで、比較を行わない。

長さの合計がnである2つのリストを併合するときは、最大でn − 1回の比較が必要である。長さnの配列aに対して`mergeSort(a,c)`を実行するときに必要な比較回数の最大値を$C(\mathrm{n})$とする。nが偶数なら、それぞれの部分問題に対して帰納法の仮定を適用し、次のように計算できる。

$$\begin{aligned} C(\mathrm{n}) &\le \mathrm{n} - 1 + 2C(\mathrm{n}/2) \\ &\le \mathrm{n} - 1 + 2((\mathrm{n}/2)\log(\mathrm{n}/2)) \\ &= \mathrm{n} - 1 + \mathrm{n}\log(\mathrm{n}/2) \end{aligned}$$

$$
\begin{aligned}
&= n - 1 + n \log n - n \\
&< n \log n
\end{aligned}
$$

nが奇数の場合は、やや複雑になる。この場合は、次に示す2つの不等式を使う。まず、任意の$x \geq 1$について次の不等式が成り立つ。

$$
\log(x+1) \leq \log(x) + 1 \tag{11.1}
$$

また、任意の$x \geq 1/2$について次の不等式が成り立つ。

$$
\log(x+1/2) + \log(x-1/2) \leq 2\log(x) \tag{11.2}
$$

いずれの不等式も簡単に検証できる。まず、不等式式(11.1)は、$\log(x) + 1 = \log(2x)$が成り立つことからいえる。不等式式(11.2)は、logが上に凸な関数であるであることによりいえる。これらの不等式を利用することで、奇数nについて次の式が成り立つ。

$$
\begin{aligned}
C(n) &\leq n - 1 + C(\lceil n/2 \rceil) + C(\lfloor n/2 \rfloor) \\
&\leq n - 1 + \lceil n/2 \rceil \log \lceil n/2 \rceil + \lfloor n/2 \rfloor \log \lfloor n/2 \rfloor \\
&= n - 1 + (n/2 + 1/2)\log(n/2 + 1/2) + (n/2 - 1/2)\log(n/2 - 1/2) \\
&\leq n - 1 + n\log(n/2) + (1/2)(\log(n/2 + 1/2) - \log(n/2 - 1/2)) \\
&\leq n - 1 + n\log(n/2) + 1/2 \\
&< n + n\log(n/2) \\
&= n + n(\log n - 1) \\
&= n \log n
\end{aligned}
$$

□

11.1.2 クイックソート

クイックソート（quicksort）も古典的な分割統治アルゴリズムである。クイックソートでは、2つの部分問題を解いたあとで結果を併合するマージソートとは違い、事前にすべての処理を済ませてしまう。

クイックソートの説明は単純だ。まず、aからランダムに**軸（pivot）**となる要素xを選ぶ。そして、xより小さい要素、xと同じ要素、xより大きい要素の3つにaを分割する。そして、分割の1つめと3つめを再帰的に整列する。図11.3に例を示す。

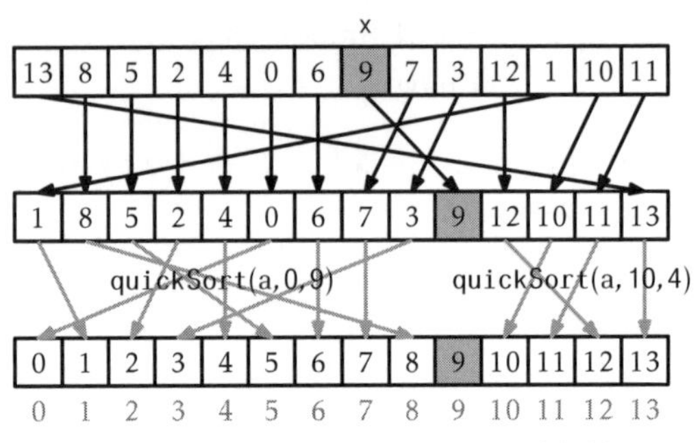

▶図11.3 quickSort(a,0,14)の実行例

```
void quickSort(array<T> &a) {
  quickSort(a, 0, a.length);
}
void quickSort(array<T> &a, int i, int n) {
  if (n <= 1) return;
  T x = a[i + rand()%n];
  int p = i-1, j = i, q = i+n;
  // a[i..p]<x,  a[p+1..q-1]??x, a[q..i+n-1]>x
  while (j < q) {
    int comp = compare(a[j], x);
    if (comp < 0) {
      a.swap(j++, ++p); // 配列の前方に移す
    } else if (comp > 0) {
      a.swap(j, --q);   // 配列の後方に移す
    } else {
      j++;              // 中ほどに残す
    }
  }
  // a[i..p]<x,  a[p+1..q-1]=x, a[q..i+n-1]>x
  quickSort(a, i, p-i+1);
  quickSort(a, q, n-(q-i));
}
```

すべての処理はin-place[†1]で実行される。したがって、整列のために配列の各部をコピーすることはない。その代わり、quickSort(a,i,n)では、配列の一部a[i],...,a[i + n − 1]だけを整列する。このメソッドを、最初にquickSort(a,0,n)として呼び出すわけである。

クイックソートのアルゴリズムで最も肝心なポイントは、in-placeな分割を行うアルゴリズムである。このアルゴリズムでは、無駄な領域を使わずにaの中の要素を入

[†1] 訳注：in-placeとは、入力配列a以外にはどの時点においても定数個の変数しか使わない、ということを表す。前節のマージソートの実装は、aの一部をコピーするために別の配列を必要としたので、in-placeなアルゴリズムではない。ただし、マージソートをin-placeに行う方法も存在する。

れ替え、次の制約を満たすような添字$\mathtt{p}$と$\mathtt{q}$を計算する。

$$\mathtt{a[i]}\begin{cases} <\mathtt{x} & \text{if } 0\le \mathtt{i}\le \mathtt{p} \\ =\mathtt{x} & \text{if } \mathtt{p}<\mathtt{i}<\mathtt{q} \\ >\mathtt{x} & \text{if } \mathtt{q}\le \mathtt{i}\le \mathtt{n}-1 \end{cases}$$

コード中のwhileループでは、繰り返しのたびに、これらの制約の1つめと3つめの条件を保ちながら$\mathtt{p}$が増加し、$\mathtt{q}$は減少していく。繰り返しの各ステップで、$\mathtt{j}$番めの位置にある要素は、前に動くか、その場に留まるか、後ろに動く。前に動くか、その場に留まる場合は、$\mathtt{j}$を1増やす。後ろに動く場合は、$\mathtt{j}$番めの要素は未処理ということなので、$\mathtt{j}$を増やさない。

クイックソートは、7.1節で学んだランダム二分探索木と深い関係がある。実は、相異なる要素をクイックソートに入力した場合の再帰木は、ランダム二分探索木とみなせるのである。ランダム二分探索木を作るときは、まずランダムに要素$\mathtt{x}$を選び、これを根にしたうえで各要素を$\mathtt{x}$と比較して、最終的に小さい要素を左の部分木とし、大きい要素を右の部分木とした。そのことを思い出せば、両者の関係が見えてくるだろう。

クイックソートでは、ランダムに要素$\mathtt{x}$を選び、$\mathtt{x}$と全要素とを比較したうえで、$\mathtt{x}$より小さい要素を配列の前方に、大きい要素を配列の後方に集める。それから、前方の配列と後方の配列をそれぞれ再帰的に整列する。同じように、ランダム二分木では、小さい要素を左の部分木、大きい要素を右の部分木とする操作を再帰的に繰り返した。

ランダム二分探索木とクイックソートにこのような対応があるということは、補題7.1をクイックソートの言葉で言い換えられるということである。

補題 11.1：
クイックソートで整数$0,\ldots,\mathtt{n}-1$を含む配列を整列するとき、要素$\mathtt{i}$と軸とが比較される回数の期待値は、$H_{\mathtt{i}+1}+H_{\mathtt{n}-\mathtt{i}}$以下である。

調和数の計算により、クイックソートの実行時間に関する次の定理が得られる。

定理 11.2：
$\mathtt{n}$個の相異なる要素をクイックソートで整列するとき、実行される比較の回数の期待値は$2\mathtt{n}\ln\mathtt{n}+O(\mathtt{n})$以下である。

証明： $\mathtt{n}$個の相異なる要素をクイックソートで整列するときに実行される比較の回数をTとする。補題11.1と期待値の線形性より次が成り立つ。

$$
\begin{aligned}
\mathrm{E}[T] &= \sum_{i=0}^{\mathtt{n}-1} (H_{\mathtt{i}+1} + H_{\mathtt{n}-\mathtt{i}}) \\
&= 2\sum_{i=1}^{\mathtt{n}} H_i \\
&\le 2\sum_{i=1}^{\mathtt{n}} H_{\mathtt{n}} \\
&\le 2\mathtt{n}\ln\mathtt{n} + 2\mathtt{n} = 2\mathtt{n}\ln\mathtt{n} + O(\mathtt{n})
\end{aligned}
$$

□

定理 11.3 は、整列する要素が互いに相異なる場合についての定理である。入力の配列 a が重複する要素を含むとき、クイックソートの実行時間の期待値は悪くはならず、むしろ向上する場合さえある。これは、重複する要素 x が軸に選ばれた場合に x がまとめられ、2 つの部分問題のいずれにも含まれないからである。

定理 11.3：
quickSort(a) の実行時間の期待値は $O(\mathtt{n}\log\mathtt{n})$ である。また、実行される比較の回数の期待値は $2\mathtt{n}\ln\mathtt{n} + O(\mathtt{n})$ 以下である。

11.1.3　ヒープソート

ヒープソート（heap sort）も in-place で処理を行う整列アルゴリズムである。ヒープソートでは、10.1 節で説明した二分木の BinaryHeap を使う。BinaryHeap では、ヒープを表現するのに配列を 1 つ使っていたことを思い出そう。入力の配列をヒープに変換したあとで最小値を取り出すという操作を繰り返すのがヒープソートである。

具体的には、n 個の要素を配列 a に格納する。各要素は a[0],...,a[n − 1] に入っており、最小値は根、すなわち a[0] である。a を BinaryHeap に変換したあとで、次の操作を繰り返すのがヒープソートだ。すなわち、a[0] と a[n − 1] を入れ替え、n を 1 減らし、a[0],...,a[n − 2] を再びヒープにするために trickleDown(0) を呼ぶ。繰り返しが終了した段階、すなわち n = 0 になった段階で、a の要素は降順に並んでいる。よって、a を逆順にすれば、最終的な整列された状態になる[†2]。図 11.4 に heapSort(a,c) の実行の様子を示す。

[†2] compare(x,y) を定義し直せば、繰り返しの結果がそのまま昇順に並ぶようにもできる。

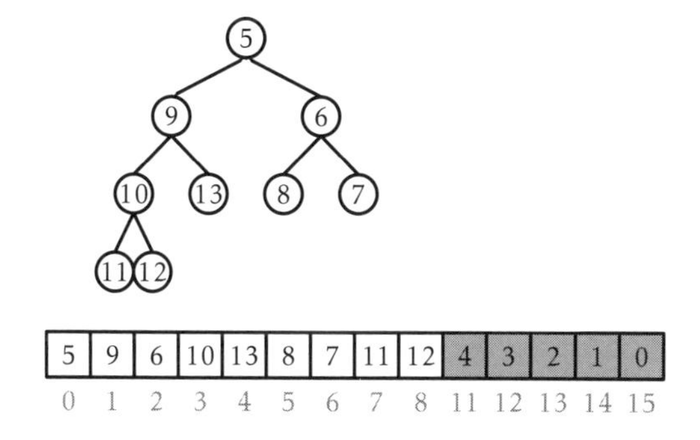

▶ 図11.4 heapSort(a,c) の実行中のある瞬間の様子。色がついている部分はすでに整列済みの配列である。色がついていない部分はBinaryHeapになっている。次の繰り返しでは、要素5が配列の位置8に移る

```
BinaryHeap
void sort(array<T> &b) {
  BinaryHeap<T> h(b);
  while (h.n > 1) {
    h.a.swap(--h.n, 0);
    h.trickleDown(0);
  }
  b = h.a;
  b.reverse();
}
```

ヒープソートにおいて最も重要な処理は、未整列の配列aからヒープを構築する部分である。BinaryHeapのadd(x)を繰り返し実行することで、これを$O(n\log n)$の時間で簡単に済ませてもいいだろう。しかし、ボトムアップなアルゴリズムを採用することで、さらに効率良くヒープを構築できる。BinaryHeapでは、a[i]の子がa[2i+1]とa[2i+2]に入っていた。ということは、a[$\lfloor n/2 \rfloor$],...,a[n−1]は子を持っていない。別の言い方をすれば、a[$\lfloor n/2 \rfloor$],...,a[n−1]は、それぞれ大きさ1の部分ヒープである。そこで、逆順に、$i \in \{\lfloor n/2 \rfloor - 1, \ldots, 0\}$に対して順番にtrickleDown(i)を呼べばよい。これでうまくいくのは、trickleDown(i)を呼ぶ時点までに、a[i]の子がいずれも部分ヒープの根になっているからだ。したがって、trickleDown(i)を呼ぶと、a[i]が次の部分ヒープの根になる。

```
BinaryHeap
BinaryHeap(array<T> &b) : a(0) {
  a = b;
  n = a.length;
  for (int i = n/2-1; i >= 0; i--) {
    trickleDown(i);
  }
}
```

このボトムアップな方法には、add(x)をn回実行するよりも効率的という特徴がある。それを見るには、葉の位置に存在する要素はn/2個あり、これらの要素には何もする必要がないこと、葉の親であって、a[i]を根とする高さが1の部分ヒープはn/4個あり、これらに対してはtrickleDown(i)を一度だけ呼べばよいこと、高さが2の部分ヒープはn/8個あり、これらに対してはtrickleDown(i)を二度呼べばよいこと……、に注目すればよい。trickleDown(i)の実行時間は、a[i]を根とする部分ヒープの高さに比例するので、実行時間の合計は高々次の値である。

$$\sum_{i=1}^{\log n} O((i-1)n/2^i) \le \sum_{i=1}^{\infty} O(in/2^i) = O(n)\sum_{i=1}^{\infty} i/2^i = O(2n) = O(n)$$

最後から2つめの等号は、$\sum_{i=1}^{\infty} i/2^i$がコインを投げて表が出るまでに要する回数（表が出た回を含む）の期待値に等しいこと（期待値の定義）、および、補題4.2から成り立つ。

heapSort(a,c)の性能は、次の定理によって説明できる。

定理 11.4：

heapSort(a,c)の実行時間は$O(n\log n)$であり、その際に実行する比較の回数は、最大でも$2n\log n + O(n)$である。

証明： このアルゴリズムには3つのステップがある。すなわち、(1) aをヒープに変形し、(2) aの最小値を繰り返し取り出し、(3) aを逆順にする。ステップ1の実行時間は$O(n)$で、$O(n)$回の比較を行う。ステップ3の実行時間は$O(n)$で、比較は行わない。ステップ2ではtrickleDown(0)をn回呼ぶ。i番めの呼び出しは、大きさ$n-i$のヒープに対するもので、最大で$2\log(n-i)$回の比較を行う。iについての和を取ると次の値が得られる。

$$\sum_{i=0}^{n-1} 2\log(n-i) \le \sum_{i=0}^{n-1} 2\log n = 2n\log n$$

3つのステップにおける比較の実行回数を足し合わせれば証明が完成する。 □

11.1.4 比較ベースの整列における下界

比較に基づく3つの整列アルゴリズムの実行時間は、いずれも$O(n\log n)$であった。ここで気になるのは、もっと速いアルゴリズムがあるかどうかである。端的に答えると、これは存在しない。aの要素に対して実行できる操作が比較だけなら、$n\log n$回程度の比較が必要なのである。これを示すのは難しくないが、そのためには想像力が必要だ。最終的は次の事実から導かれる。

$$\log(n!) = \log n + \log(n-1) + \cdots + \log(1) = n\log n - O(n)$$

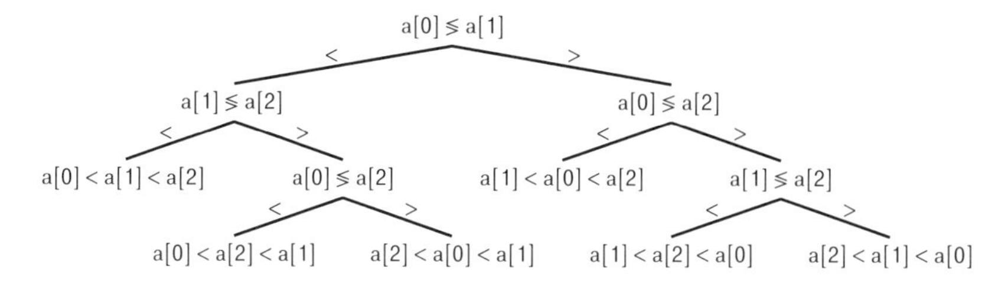

▶ 図11.5　長さ$n = 3$の配列a[0],a[1],a[2]を整列するときの比較木

（この事実の証明を問 11.10 とした。）

まずは、マージソートやヒープソートのような決定的なアルゴリズムを、ある特定の値nについて実行した場合について考える。このようなアルゴリズムでn個の相異なる要素を整列する場面を想像してみよう。下界を示すには、nを固定したとき、決定的なアルゴリズムで最初に比較する要素が常に決まったペアであることに注目する。例えばheapSort(a,c)では、nが偶数の場合、最初にtrickleDown(i)を呼ぶときは$i = n/2 - 1$であり、a[n/2 − 1]とa[n − 1]とを最初に比較する。

入力の要素はすべて相異なっているので、最初の比較の結果は2通りしかない。2回めの比較の結果は、最初の比較の結果に依存するだろう。3回めの比較は、その前の2回の比較の結果に依存するだろう。以降も同様に考えると、比較に基づく決定的な整列アルゴリズムは、根を持った二分木になる。この二分木を**比較木（comparison tree）**と呼ぶことにする。比較木のノードuには、u.iとu.jという添字の組が対応していて、a[u.i] < a[u.j]ならば整列アルゴリズムが左の部分木に進むものと考える。そうでなければ、整列アルゴリズムが右の部分木に進むものと考える。比較木の葉wには、0,...,n − 1の置換w.p[0],...,w.p[n − 1]のいずれかが対応している。整列アルゴリズムが、比較木の特定の葉に到達するということは、その葉に対応する置換でaの整列を表現できることを意味する。つまり、aは次のように整列される。

$$a[w.p[0]] < a[w.p[1]] < \cdots < a[w.p[n-1]]$$

大きさ$n = 3$の配列に対する比較木の例を図11.5に示す。

整列アルゴリズムの比較木を見ることで、そのアルゴリズムのすべてがわかる。n個の相異なる要素からなる配列aを入力とした場合に実行される一連の比較が正確にわかり、aを整列するためにアルゴリズムがどうやってaを並べ替えているかが見えるのである。必然的に、比較木には少なくとも$n!$個の葉がある。もしそうでなければ、同じ葉に到達する別々の入力が2つ存在してしまう。その場合、そのアルゴリズムでは、同じ葉に到達する入力のうち少なくとも1つを正しく整列できないことになる。

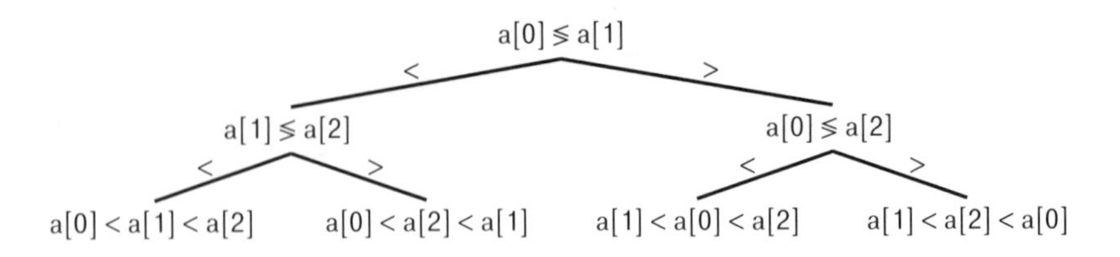

▶図11.6　正しく整列できない入力が存在する比較木

例えば図11.6に示した比較木には4つ（$< 3! = 6$）の葉がある。この木を見ると、2つの入力3,1,2と3,2,1がいずれも右端の葉に到達することがわかる。入力3,1,2に対する出力は$a[1] = 1, a[2] = 2, a[0] = 3$であり、これは正しく整列されている。しかし、入力3,2,1に対する出力は$a[1] = 2, a[2] = 1, a[0] = 3$となり、正しく整列されていない。以上の議論より、比較に基づくアルゴリズムの本質的な下界が得られる。

定理 11.5：
比較に基づく任意の決定的な整列アルゴリズム$\mathcal{A}$と、任意の整数$n \geq 1$について、ある長さnの入力配列aが存在して$\mathcal{A}$がaを整列するとき、$\log(n!) = n\log n - O(n)$回の比較が実行される。

証明：　これまでの議論から、$\mathcal{A}$の比較木には少なくともn!個の葉が必要である。帰納法により、k個の葉を持つ二分木の高さが$\log k$以上であることを簡単に示せる。よって、$\mathcal{A}$の比較木には深さ$\log(n!)$以上の葉wが存在し、ある入力配列aがこの葉に到達する。このaに対して、$\mathcal{A}$では$\log(n!)$回以上の比較が実行される。　□

定理11.5は、マージソートやヒープソートなどの決定的なアルゴリズムに関するものである。クイックソートのようなランダム性を利用するアルゴリズムに関しては、定理11.5では何もわからない。ランダム性を利用するアルゴリズムであれば、比較回数の下界$\log(n!)$を打ち破れるだろうか。実は、やはりできないのである。これを示すには、ランダム性を利用するアルゴリズムを別の観点から考えてみればよい。

以下の議論では、決定木は次の意味で「整理されている」と仮定する。具体的には、どのような入力配列aによっても到達できないノードは取り除かれているとする。このとき、木にはちょうどn!個だけの葉が含まれる。葉の数がn!以上であることは、そうでないと正しく整列できないことからわかる。葉の数がn!以下であることは、n個の相異なる要素の置換はn!通りであり、それぞれが決定木における根から葉への経路をちょうど1つ辿ることからわかる。

ランダムなソートアルゴリズム$\mathcal{R}$は、2つの入力を取る決定的なアルゴリズムだと考えられる。その2つの入力とは、整列すべき入力配列aと、[0,1]内のランダムな実数の長い列$b = b_1, b_2, b_3, \ldots, b_m$である。$b$は、アルゴリズムが利用するランダム性のために必要になる。すなわち、アルゴリズムでコイン投げによるランダムな選択が必要になったときにbの要素を使う。例えば、クイックソートにおいて最初の軸を選ぶとき、アルゴリズムでは式$\lfloor nb_1 \rfloor$を使う。

bとして、ある固定的な列$\hat{b}$を使うと、$\mathcal{R}$は決定的なアルゴリズムになる。このアルゴリズムを$\mathcal{R}(\hat{b})$とし、これによる比較木を$\mathcal{T}(\hat{b})$とする。aを{1,...,n}の置換からランダムに選ぶことは、$\mathcal{T}(\hat{b})$のn!個の葉のうちの1つをランダムに選ぶことと同じである点に注意してほしい。

問11.12の証明では、k個の葉を持つ二分木の葉をランダムに選ぶときに、葉の深さの期待値が$\log k$以上であることが必要だった。したがって、$\{1,\ldots,n\}$の置換からランダムに選んだものを入力とするとき、決定的なアルゴリズム$\mathcal{R}(\hat{b})$で実行される比較の回数の期待値はlog(n!)以上である。結局、任意の$\hat{b}$についてこれが成り立つので、$\mathcal{R}$についても同じことが成り立つ。こうしてランダム性を利用するアルゴリズムについても下界が示された。

定理 11.6：

任意の整数$n \geq 1$と、任意の比較（決定的でもランダムでもよい）に基づく整列アルゴリズム$\mathcal{A}$について、$\{1,\ldots,n\}$の置換からランダムに選んだ入力を整列するときに実行する比較の回数の期待値は$\log(n!) = n\log n - O(n)$以上である。

11.2 計数ソートと基数ソート

この節では、比較に基づくものではない整列アルゴリズムを2つ紹介する。この節で紹介するアルゴリズムは、小さい整数を整列することに特化し、要素（の一部）を配列の添字として使うことで、定理11.5の下界に制約されない。次のような文を考えてみよう。

$$c[a[i]] = 1$$

この文は定数時間で実行できるが、a[i]の値が何であるかに応じて、c.length種類の値を取りうる。つまり、このような文を使うアルゴリズムは、比較木のような二分木ではモデル化できない。突き詰めると、これこそが、この節で紹介するアルゴリズムが比較に基づくアルゴリズムよりも速く整列をこなせる理由なのである。

11.2.1 計数ソート

0,...,k − 1の範囲の要素n個からなる入力の配列aがあるとする。**計数ソート(counting sort)**では、aを整列するのに、カウンタを保持する補助配列cを使う。

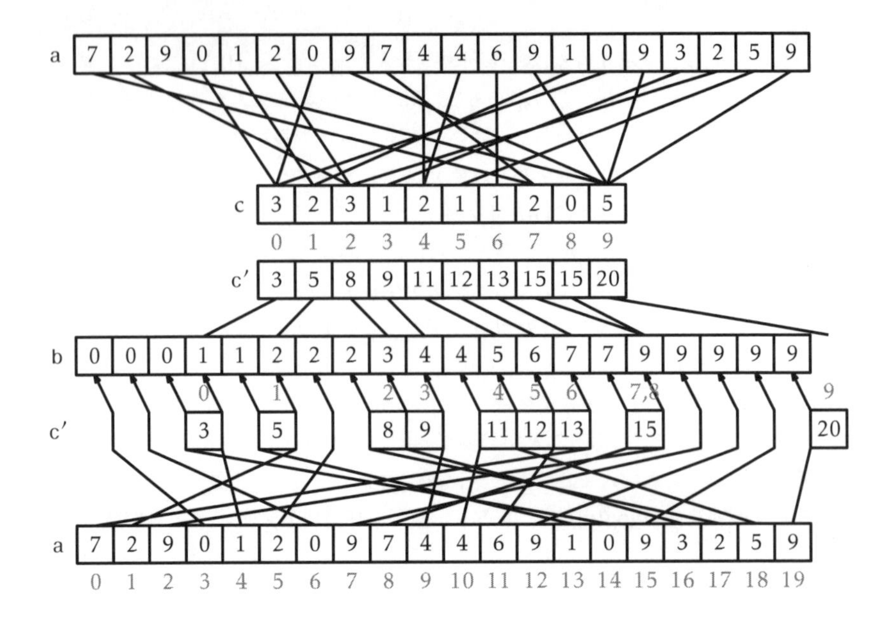

▶図11.7　0,…,k − 1 = 9のいずれかを格納する、長さn = 20の配列に対する計数ソートの操作

そして、整列されたaを、補助配列bとして返す。

計数ソートの背後にあるアイデアは単純だ。各i ∈ {0,…,k − 1}についてiがaに登場する回数を数え、それをc[i]に入れていく。整列が終わったときには、c[0]個の0が続き、c[1]個の1が続き、c[2]個の2が続き、…、c[k − 1]個のk − 1が続くような出力になっているだろう。この操作を巧妙なコードで実行する。実行の様子を図11.7に示す。

```
Algorithms
void countingSort(array<int> &a, int k) {
  array<int> c(k, 0);
  for (int i = 0; i < a.length; i++)
    c[a[i]]++;
  for (int i = 1; i < k; i++)
    c[i] += c[i-1];
  array<int> b(a.length);
  for (int i = a.length-1; i >= 0; i--)
    b[--c[a[i]]] = a[i];
  a = b;
}
```

このコードの最初のforループでは、それぞれカウンタc[i]を設置し、aにおいてiが何回現れるかを数えている。aの値を添字として使うことにより、すべての処理を1つのforループにより$O(\mathsf{n})$で終えている。この段階で、cから直接、出力配列bを埋めていくこともできるだろう。しかし、aの要素に何かしらのデータが関連づけられている場合、それだとうまくいかない。そこで、aからbへと要素をコピーする作業が追加で必要になる。

次のforループでは、c[i]がaにおけるi以下の要素の個数になるように、カウンタを順に足しこんでいる。これには$O(\mathsf{k})$の時間がかかる。任意の$\mathsf{i} \in \{0,\ldots,\mathsf{k}-1\}$について、出力配列bは特に次の式を満たす。

$$\mathsf{b}[\mathsf{c}[\mathsf{i}-1]] = \mathsf{b}[\mathsf{c}[\mathsf{i}-1]+1] = \cdots = \mathsf{b}[\mathsf{c}[\mathsf{i}]-1] = \mathsf{i}$$

最後に、要素をbへと順番に入れていくため、aを逆順に辿る。その際は、要素$\mathsf{a}[\mathsf{i}] = \mathsf{j}$を$\mathsf{b}[\mathsf{c}[\mathsf{j}]-1]$に入れ、c[j]を1減らす。

定理 11.7：
countingSort(a,k)は、集合$\{0,\ldots,\mathsf{k}-1\}$に含まれるn個の要素からなる配列aを$O(\mathsf{n}+\mathsf{k})$の時間で整列する。

計数ソートには**安定性（stable）**という良い性質がある。これは、元の配列において等しい要素同士の相対的な位置が、整列後の配列でも保たれるという性質である。すなわち、要素a[i]とa[j]が等しい値で、$\mathsf{i} < \mathsf{j}$であるとき、bにおいてもa[i]がa[j]の前にくる。この性質は次の項で役に立つ。

11.2.2 基数ソート

計数ソートは、配列内の要素の最大値$\mathsf{k}-1$と比べて配列の長さnがそれほど小さくない場合には非常に効率的である。これから説明する**基数ソート（radix sort）**では、最大値が比較的大きな場合でも効率的になるように、計数ソートを複数回利用する。

基数ソートでは、wビットの整数を整列させるのに、一度にdビットずつ、w/d回の計数ソートを実行する[†3]。より正確に言うと、基数ソートでは、まず整数の最下位dビットだけを見て整列する。続いて、次のdビットだけを見て整列する。これを繰り返し、最後には整数の最高位dビットだけを見て整列する。

[†3] dはwを割り切れると仮定する。もしそうでないときは、wを$\mathsf{d}\lceil \mathsf{w}/\mathsf{d} \rceil$に増やす必要がある。

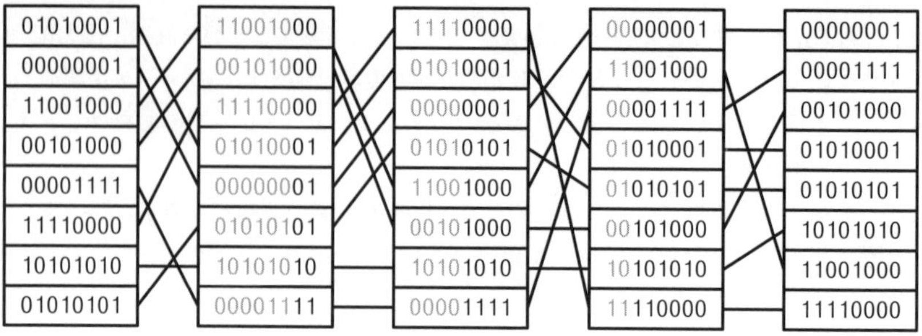

01010001	11001000	11110000	00000001	00000001
00000001	00101000	01010001	11001000	00001111
11001000	11110000	00000001	00001111	00101000
00101000	01010001	01010101	01010001	01010001
00001111	00000001	11001000	01010101	01010101
11110000	01010101	00101000	00101000	10101010
10101010	10101010	10101010	10101010	11001000
01010101	00001111	00001111	11110000	11110000

▶ 図11.8　基数ソートにより $w = 8$ ビットの整数を整列する。$d = 2$ ビットの整数を計数ソートによって整列する処理を4回行う

```
Algorithms
void radixSort(array<int> &a) {
  int d = 8, w = 32;
  for (int p = 0; p < w/d; p++) {
    array<int> c(1<<d, 0);
        // 次の3つの for ループで計数ソートを行う
        array<int> b(a.length);
    for (int i = 0; i < a.length; i++)
      c[(a[i] >> d*p)&((1<<d)-1)]++;
    for (int i = 1; i < 1<<d; i++)
      c[i] += c[i-1];
    for (int i = a.length-1; i >= 0; i--)
      b[--c[(a[i] >> d*p)&((1<<d)-1)]] = a[i];
    a = b;
  }
}
```

（このコードでは、$(\mathtt{a[i]} >> d * p)\&((1 << d) - 1)$ と書くことで、a[i]の二進表記において $(p+1)d-1,\ldots,pd$ ビットめを抜き出して並べた整数を取り出している。）

このアルゴリズムの例を図11.8に示す。

このアルゴリズムで正しく整列できるのは、計数ソートが安定なソートアルゴリズムだからである。aの2つの要素xとyが $x < y$ を満たし、xとyが添字 r の位置で異なるなら、$\lfloor r/d \rfloor$ 回めの整列でxはyより前に置かれる。そして、以降はxとyの相対的な位置は変わらない。

基数ソートでは w/d 回の計数ソートを実行する。各計数ソートの実行時間は $O(n + 2^d)$ である。よって、基数ソートの性能は次の定理のようになる。

定理 11.8：

任意の整数 $d > 0$ について、radixSort(a,k) は、n個のwビット整数を含む配列aを、$O((w/d)(n + 2^d))$ の時間で整列する。

配列の要素が $\{0,\ldots,\mathrm{n}^c-1\}$ の範囲の整数であり、$\mathrm{d}=\lceil\log\mathrm{n}\rceil$ だとすれば、定理 11.8 は次のように整理できる。

系 11.1：
radixSort(a,k) は、$\{0,\ldots,\mathrm{n}^c-1\}$ の範囲の n 個の整数からなる配列 a を、$O(c\mathrm{n})$ の時間で整列する。

11.3 ディスカッションと練習問題

整列は計算機科学における基本的なアルゴリズムであり、長い歴史がある。Knuth によれば、マージソートは von Neumann が 1945 年に考案したものだという [48]。クイックソートは Hoare が考案した [39]。最初にヒープソートを考案したのは Williams である [76]。ただし、本節で説明した $O(\mathrm{n})$ の時間でボトムアップにヒープを構築する方法は、Floyd によるものである [28]。比較に基づくソートの下界は古くから知られていた。次の表に、比較に基づくアルゴリズムの性能をまとめる。

	時間計算量		in-place
マージソート	$\mathrm{n}\log\mathrm{n}$	最悪実行時間	No
クイックソート	$1.38\mathrm{n}\log\mathrm{n}+O(\mathrm{n})$	期待実行時間	Yes
ヒープソート	$2\mathrm{n}\log\mathrm{n}+O(\mathrm{n})$	最悪実行時間	Yes

これらの比較に基づくアルゴリズムには、それぞれ長所と短所がある。マージソートは比較の回数が最も少なく、ランダムでもない。しかし、併合に補助配列が必要だ。この配列を確保するコストが高い。また、メモリの制限によりソートに失敗する可能性もある。クイックソートは、入力配列だけで処理が可能であり、比較の回数も 2 番めに少ないが、ランダム性を利用するアルゴリズムなので実行時間の保証が常には成り立たない。ヒープソートは、比較の回数は最も多いが、入力配列だけを使った決定的なアルゴリズムである。

マージソートが明らかに一番優れている場面がある。それは、連結リストを整列する場合である。この場合は補助的な配列が必要ない。2 つの整列済みの連結リストは、ポインタ操作によって簡単に併合でき、整列済みの配列が 1 つ得られる（問 11.2 を参照）。

この章で説明した計数ソートと基数ソートは Seward によるものである [66, Section 2.4.6]。ただし、1920 年代から、パンチカードを整列するために基数ソートの一種が使われていた機械がある。この機械では、カードの山を、ある場所に穴が空いているかどうかを判定して 2 つの山に分けた。さまざまな穴の位置についてこの処理を繰り返すことで、基数ソートになる。

最後に、計数ソートと基数ソートがいずれも非負整数以外の数も整列できることを確認しておく。計数ソートを単純に修正して、$\{a,\ldots,b\}$ の範囲の整数を整列できるようにすれば、実行時間は $O(\mathtt{n}+b-a)$ になる。同様に、基数ソートは同じ範囲の整数を $O(\mathtt{n}(\log_{\mathtt{n}}(b-a))$ の時間で整列するように修正できる。なお、いずれのアルゴリズムも、IEEE754形式の浮動小数点数の整列にも使える。これは、IEEE 754形式は、数の大きさに符号が付いた二進整数表現とみなして比較できるように設計されているからである [2]。

問 11.1： 1,7,4,6,2,8,3,5 からなる配列を入力とする、マージソートとヒープソートを実行する様子を描け。また、同じ配列について、クイックソートを実行する様子としてありえるものを1つ描け。

問 11.2： マージソートの一種で、補助配列を使わずに`DLList`を整列するものを実装せよ（問 3.13 を参照）。

問 11.3： `quickSort(a,i,n)` の実装には、常に `a[i]` を軸として選ぶものがある。この実装で $\binom{\mathtt{n}}{2}$ 回の比較が実行されるような、長さ `n` の入力の例を示せ。

問 11.4： `quickSort(a,i,n)` の実装には、常に `a[i+n/2]` を軸として選ぶものがある。この実装で $\binom{\mathtt{n}}{2}$ 回の比較が実行されるような、長さ `n` の入力の例を示せ。

問 11.5： 軸を決定的に選び、最初に `a[i],...,a[i+n-1]` を見ることがない `quickSort(a,i,n)` の実装には、どんな実装であっても、$\binom{\mathtt{n}}{2}$ 回の比較が実行されるような長さ `n` のある入力が存在することを示せ。

問 11.6： `quickSort(a,i,n)` に渡す `Comparator c` で、クイックソートにおいて $\binom{\mathtt{n}}{2}$ 回の比較が実行されるようなものを設計せよ（ヒント：`Comparator` は比較する値を実際に見なくてもよい）。

問 11.7： クイックソートが実行する比較の回数の期待値を、定理 11.3 の証明より細かく解析せよ。具体的には、比較の回数の期待値が $2\mathtt{n}H_{\mathtt{n}}-\mathtt{n}+H_{\mathtt{n}}$ であることを示せ。

問 11.8： ヒープソートを実行する際の比較の回数が $2\mathtt{n}\log\mathtt{n}-O(\mathtt{n})$ になる入力配列を与え、そのことを説明せよ。

問 11.9： 図11.6の比較木によって正しく整列できない1,2,3の置換として、別の例を見つけよ。

問 11.10： $\log\mathtt{n}! = \mathtt{n}\log\mathtt{n}-O(\mathtt{n})$ を示せ。

問 11.11： k 個の葉を持つ二分木の高さは $\log k$ 以上であることを示せ。

問 11.12： k個の葉を持つ二分木の葉をランダムに選ぶとき、その葉の高さの期待値は$\log k$以上であることを示せ。

問 11.13： この章で説明した`radixSort(a,k)`は、入力配列`a`が非負整数だけからなるときに動作する。入力配列が負の整数を含むときにも正しく動作するように実装を修正せよ。

第12章

グラフ

この章ではグラフの2つの表現方法を説明し、グラフを扱う基本的なアルゴリズムを紹介する。

数学における**有向グラフ**（**directed graph**）とは、**頂点**（**vertex**）の集合Vと、**辺**（**edge**）の集合Eからなる、組$G=(V,E)$である。なお、辺は頂点の組(i,j)であり、iからjに向かっているものとする。iは辺の**始点**（**source**）と呼ばれ、jは**終点**（**target**）と呼ばれる。頂点の列$v_0,\ldots,v_k$は、任意の$i \in \{1,\ldots,k\}$について辺(v_{i-1},v_i)がEに含まれる場合、Gにおける**経路**（**path**）と呼ばれる。経路$v_0,\ldots,v_k$は、(v_k,v_0)もEの要素であるとき、**循環**（**cycle**）と呼ばれる。経路（または循環）に含まれる頂点が互いに異なる場合、その経路（または循環）は**単純**（**simple**）であるという。頂点v_iから頂点v_jへの経路があるとき、v_jはv_iから**到達可能**（**reachable**）であるという。図12.1にグラフの例を示す。

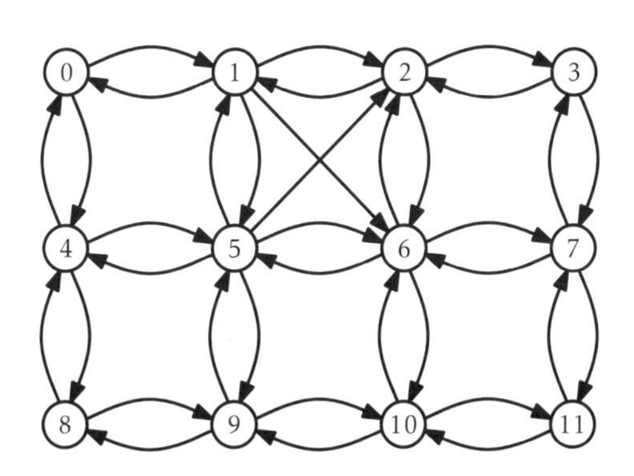

▶ 図12.1　12個の頂点からなるグラフ。頂点は番号付きの円で、辺はsourceからtargetに向かう矢印で描く

グラフを使ってモデル化できる現象は多く、そのためグラフには多くの応用がある。自明な例をいくつか挙げよう。コンピュータのネットワークは、コンピュータを頂点、それらを繋ぐ（直接の）通信路を辺とみなせば、グラフとしてモデル化できる。街道は、交差点を頂点、それらを繋ぐ通りを辺とみなせば、グラフとしてモデル化できる。

グラフが集合における二項関係のモデルであることに着目すると、もっと意外な例が見つかる。例えば、大学の時間割における**衝突グラフ（conflict graph）**というものが考えられる。このグラフでは、頂点を大学の講義とする。辺(i,j)は、講義iと講義jの両方を受講する生徒がいることを表している。よって、そのような辺があれば、講義iと講義jのテストを同じ時間に実施できないことがわかる。

この節を通じて、nは頂点の数、mは辺の数を表すことにする。すなわち、$n = |V|$ かつ $m = |E|$ である。さらに、$V = \{0,\ldots,n-1\}$ と仮定する。V の各頂点とひも付けられたデータを保存するには、大きさnの配列にデータを入れておけばよい。

グラフに対する典型的な操作には次のようなものがある。

- addEdge(i,j)：辺(i,j)をEに加える
- removeEdge(i,j)：辺(i,j)をEから除く
- hasEdge(i,j)：$(i,j) \in E$かどうかを調べる
- outEdges(i)：$(i,j) \in E$を満たす整数整数jのリストを返す
- inEdges(i)：$(j,i) \in E$を満たす整数整数jのリストを返す

これらの操作を効率的に実装するのはさほど難しくない。例えば、はじめの3つの操作はUSetを使って実装できる。第5章で説明したハッシュテーブルを使えば期待実行時間は定数である。最後の2つの操作は、各頂点ごとに隣接する頂点のリストを保持すれば、定数時間で実行できる。

しかし、グラフを何に応用するかによって、各操作への要求は異なる。理想的には、そうした要求をすべて満たす中で最も単純な実装を使いたい。そのため、この章ではグラフを表現する方法を大きく2つに分けて議論する。

12.1 AdjacencyMatrix：行列によるグラフの表現

n個の頂点を持つグラフ$G = (V,E)$を、真偽値を並べた$n \times n$行列aを使って表現したものを、**隣接行列（adjacency matrix）**と呼ぶ。

AdjacencyMatrix
```
int n;
bool **a;
```

隣接行列の要素a[i][j]は次のように定義される。

$$a[i][j] = \begin{cases} \mathtt{true} & (i,j) \in E \text{のとき} \\ \mathtt{false} & \text{そうでないとき} \end{cases}$$

図12.1のグラフの隣接行列を図12.2に示す。

隣接行列による表現において、addEdge(i,j)、removeEdge(i,j)、hasEdge(i,j)の各操作は、いずれも行列の要素a[i][j]を読み書きするだけで実装できる。

AdjacencyMatrix
```
void addEdge(int i, int j) {
  a[i][j] = true;
}
void removeEdge(int i, int j) {
  a[i][j] = false;
}
bool hasEdge(int i, int j) {
  return a[i][j];
}
```

いずれの操作も明らかに定数時間で実行できる。

隣接行列による表現で効率がよくない操作は、outEdges(i)とinEdges(i)である。これらを実装するには、aの対応する行または列にあるn個の要素を順にすべて見て、各添字jについてそれぞれa[i][j]とa[j][i]が真かどうかを確認しなければならない。

AdjacencyMatrix
```
void outEdges(int i, List &edges) {
  for (int j = 0; j < n; j++)
    if (a[i][j]) edges.add(j);
}
void inEdges(int i, List &edges) {
  for (int j = 0; j < n; j++)
    if (a[j][i]) edges.add(j);
}
```

これらの操作には明らかに$O(n)$の時間がかかる。

隣接行列による表現のもう1つの短所は、行列がかさばることである。真偽値からなる$n \times n$行列を格納するのに、n^2ビット以上のメモリが必要になる。この実装ではboolという値を使っているので、実際に必要なメモリはn^2バイトのオーダーになる。実装を工夫してw個の真偽値を各ワードに詰め込めば、空間使用量を$O(n^2/w)$ワードに減らせるだろう。

定理 12.1：

AdjacencyMatrixはGraphインターフェースを実装する。AdjacencyMatrixは以下の各操作をサポートする。

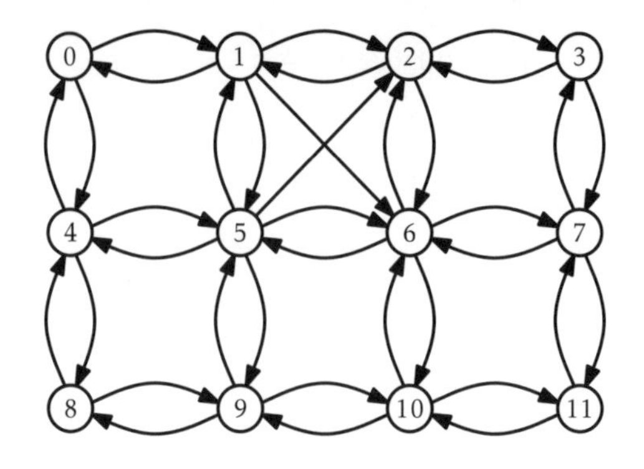

	0	1	2	3	4	5	6	7	8	9	10	11
0	0	1	0	0	1	0	0	0	0	0	0	0
1	1	0	1	0	0	1	1	0	0	0	0	0
2	1	0	0	1	0	0	1	0	0	0	0	0
3	0	0	1	0	0	0	0	1	0	0	0	0
4	1	0	0	0	0	1	0	0	1	0	0	0
5	0	1	1	0	1	0	1	0	0	1	0	0
6	0	0	1	0	0	1	0	1	0	0	1	0
7	0	0	0	1	0	0	1	0	0	0	0	1
8	0	0	0	0	1	0	0	0	0	1	0	0
9	0	0	0	0	0	1	0	0	1	0	1	0
10	0	0	0	0	0	0	1	0	0	1	0	1
11	0	0	0	0	0	0	0	1	0	0	1	0

▶ 図12.2　グラフとその隣接行列

- addEdge(i,j)、removeEdge(i,j)、hasEdge(i,j) を定数時間で実行できる
- inEdges(i)、outEdges(i) を $O(\mathtt{n})$ の時間で実行できる

AdjacencyMatrix の空間使用量は $O(\mathtt{n}^2)$ である。

メモリ使用量の多さと、inEdges(i) および outEdges(i) の性能の低さにもかかわらず、AdjacencyMatrix が有用な場合はある。具体的には、グラフ G が**密**なとき、つまり辺の数が $\mathtt{n}^2$ に近い場合には、$\mathtt{n}^2$ というメモリ使用量を許容できるだろう。

AdjacencyMatrix が広く使われる別の理由として、グラフ G の性質を効率的に計算するために行列 a の代数的な操作を使えるという点が挙げられる。これはアルゴリズムに関する話題だが、そのような性質を1つ紹介しよう。a の要素を整数（true が

1、falseが0）であるとみなし、a同士の積を行列の掛け算を使って計算すると、行列a^2が求まる。積の定義から成り立つ次の関係を思い出してほしい。

$$a^2[i][j] = \sum_{k=0}^{n-1} a[i][k] \cdot a[k][j]$$

グラフGの文脈で解釈すると、この和はGが辺(i,k)と辺(k,j)を共に持つ頂点kの個数になる。つまり、この和はiからjへの（中間頂点kを通る）経路のうち、長さがちょうど2であるものの個数である。この観察に基づいて、Gにおけるすべての頂点の対についての最短経路を$O(\log n)$回だけの行列の積で計算するアルゴリズムが考案されている。

12.2 AdjacencyLists：リストの集まりとしてのグラフ

隣接リスト（**adjacency list**）は、グラフの表現において辺を重視するアプローチである。隣接リストの実装にはさまざまな方法がある。この節では、その中でも単純な実装について説明し、それ以外の方法については末尾で紹介する。隣接リストによる表現では、グラフ$G = (V,E)$を、リストの配列adjで表現する。リストadj[i]には、頂点iと、隣接するすべての頂点が含まれる。つまり、adj[i]は、$(i,j) \in E$を満たすすべての添字jからなるリストである。

```
AdjacencyLists
int n;
List *adj;
```

図12.3に例を示す。この実装では、リストadjはArrayStackのサブクラスとする。なぜなら、添字を使って定数時間で要素にアクセスしたいからである。他の選択肢もありうる。特に、adjをDLListとして実装してもよいだろう。

addEdge(i,j)は、リストadj[i]にjを加えるだけだ。これは定数時間で実行できる。

```
AdjacencyLists
void addEdge(int i, int j) {
  adj[i].add(j);
}
```

removeEdge(i,j)では、リストadj[i]からjを見つけ、それを削除する。これには$O(\deg(i))$の時間がかかる。ここで、deg(i)は、Eの要素のうちiから出ている辺の個数であり、iの**次数**（**degree**）と呼ばれる。

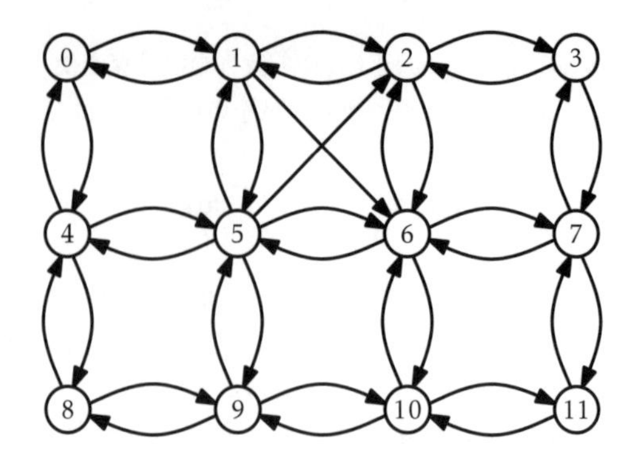

0	1	2	3	4	5	6	7	8	9	10	11
1	0	1	2	0	1	5	6	4	8	9	10
4	2	3	7	5	2	2	3	9	5	6	7
	6	6		8	6	7	11		10	11	
	5				9	10					
					4						

▶図12.3　グラフとその隣接リスト

AdjacencyLists
```
void removeEdge(int i, int j) {
  for (int k = 0; k < adj[i].size(); k++) {
    if (adj[i].get(k) == j) {
      adj[i].remove(k);
      return;
    }
  }
}
```

hasEdge(i,j) も同様だ。リスト adj[i] から j を探し、見つかれば真を、見つからなければ偽を返す。これにかかる時間は $O(\mathrm{deg}(\mathtt{i}))$ である。

AdjacencyLists
```
bool hasEdge(int i, int j) {
  return adj[i].contains(j);
}
```

outEdges(i) は、単純にリスト adj[i] の中身を出力リストにコピーする。これにかかる時間は $O(\mathrm{deg}(\mathtt{i}))$ である。

AdjacencyLists
```
void outEdges(int i, LisT &edges) {
  for (int k = 0; k < adj[i].size(); k++)
    edges.add(adj[i].get(k));
}
```

inEdges(i) ではもう少し手順が増える。すべての頂点 j について (i,j) が存在するかどうかを確認し、もし存在したら j を出力リストに追加する。この操作にはかなり時間が必要で、すべての頂点の隣接リストを見て回る必要があるので、$O(\mathtt{n}+\mathtt{m})$ の時間がかかる。

```
AdjacencyLists
void inEdges(int i, LisT &edges) {
  for (int j = 0; j < n; j++)
    if (adj[j].contains(i))  edges.add(j);
}
```

このデータ構造の性能を次の定理にまとめる。

定理 12.2：
AdjacencyLists は Graph インターフェースを実装する。AdjacencyLists は以下のように各操作をサポートする。

- **addEdge(i,j) は定数時間で実行できる**
- **removeEdge(i,j) および hasEdge(i,j) にかかる時間は $O(\deg(\mathtt{i}))$ である**
- **outEdges(i) にかかる時間は $O(\deg(\mathtt{i}))$ である**
- **inEdges(i) にかかる時間は $O(\mathtt{n}+\mathtt{m})$ である**

AdjacencyLists の空間使用量は $O(\mathtt{n}+\mathtt{m})$ である。

すでに触れたように、グラフを隣接リストとして実装する具体的な方法には多くの選択肢がある。それらの中から実装方法を選ぶ際に考慮する点としては次のようなものがある。

- adj の要素を格納するのに、どんなデータ構造を使うか。配列ベースか、ポインタベースか、あるいはハッシュテーブルか
- 各 i について $(\mathtt{j},\mathtt{i}) \in E$ を満たす頂点 j のリストを inadj とした場合、これを二次的な隣接リストとして利用するかどうか。二次的な隣接リストを利用することで、inEdges(i) の実行時間が劇的に改善するが、辺を追加、削除する際の仕事が少し増える
- adj[i] における辺 (i,j) に、対応する inadj[j] のエントリへの参照を持たせるべきか
- 辺をオブジェクトとして明示的に実装し、関連データを持たせるべきか。その場合は、adj に、頂点のリストではなく辺のリストを持たせることになる

これらの選択肢の多くは、実装の時間的および空間的な複雑さと実装の性能とのトレードオフに帰結する。

12.3 グラフの走査

この節では、グラフの頂点iから開始して、iから到達可能なすべての頂点を探索するアルゴリズムを2つ紹介する。2つとも、隣接リストで表現されたグラフに最適なアルゴリズムである。そのため、この節の解析では、グラフの表現がAdjacencyListsであることを仮定する。

12.3.1 幅優先探索

幅優先探索（breadth-first search）では、頂点iから開始し、iに隣接する頂点、iの隣の隣、iの隣の隣の隣、という順番で訪問していく。

このアルゴリズムは、二分木における幅優先の走査アルゴリズム（6.1.2節）の一般化であり、とてもよく似ている。木の幅優先走査では、初期状態でiだけを含めたキューqを使う。それから、qの要素を取り出してその要素に隣接する要素をqに追加していく。その際には、要素に隣接する要素について、いずれも過去にqに登場していないことを前提としていた。グラフにおける幅優先探索アルゴリズムでは、木の走査の場合と違い、同じ頂点をqに2回以上追加しないように気をつける必要がある。そのためには、真偽値の補助配列seenを使い、すでに見つかっている頂点を記録しておけばよい。

```
Algorithms
void bfs(Graph &g, int r) {
  bool *seen = new bool[g.nVertices()];
  SLList<int> q;
  q.add(r);
  seen[r] = true;
  while (q.size() > 0) {
    int i = q.remove();
    ArrayStack<int> edges;
    g.outEdges(i, edges);
    for (int k = 0; k < edges.size(); k++) {
      int j = edges.get(k);
      if (!seen[j]) {
        q.add(j);
        seen[j] = true;
      }
    }
  }
  delete[] seen;
}
```

図12.1に対してbfs(g,0)を実行する様子の一例を図12.4に示す。この処理の順番は隣接リストの並び順によって異なる。図12.4の処理では図12.3の隣接リストを使った。

bfs(g,i)の実行時間は簡単に解析できる。seenのおかげで、同じ頂点がqに2回以上追加されることはない。qに頂点を追加する（そしてあとで削除する）処理は定

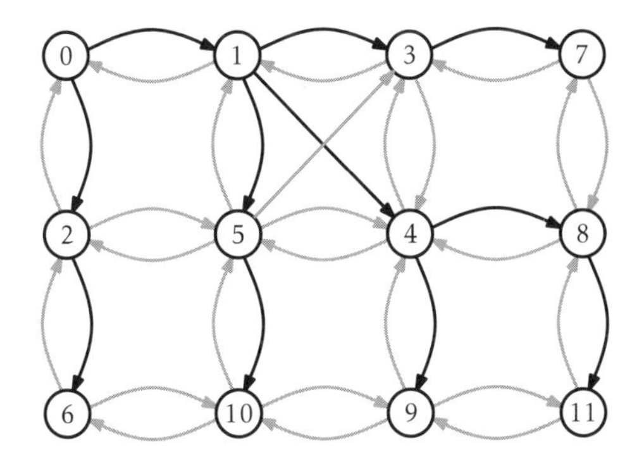

▶ 図12.4 ノード0から始まる幅優先探索の例。ノードの数字はこの探索においてqに追加される順番を表している。ノードがqに追加されるときに辿られる辺を黒、それ以外の辺を灰色で描いている

数時間で実行でき、合計$O(\mathtt{n})$だけの時間がかかる。すべての頂点が内側のループで高々1回処理されるので、すべての隣接リストが高々1回処理される。よって、Gの辺は高々1回だけ処理される。内部ループが一周するたびに辺が1つ処理され、一周は定数時間で実行できるので、合計$O(\mathtt{m})$だけの時間がかかる。以上より、アルゴリズム全体の実行時間は$O(\mathtt{n}+\mathtt{m})$である。

次の定理にbfs(g,r)の性能をまとめる。

定理 12.3：

bfs(g,r)の実行時間は、AdjacencyListsで実装されたGraph gを入力とすると、$O(\mathtt{n}+\mathtt{m})$である。

幅優先の走査には特別な性質がある。bfs(g,r)を呼ぶと、rからの有向経路が存在するすべての頂点が、最終的にはqに追加（およびあとで削除）される。また、rから距離0の頂点（r自身）は、rから距離1の頂点より先にqに追加され、距離1の頂点は距離2の頂点よりも先にqに追加される。以降も同様である。そのため、bfs(g,r)では、rからの距離の昇順で頂点を訪問していく。そして、rから到達不可能な頂点を訪問することはない。

このような方法で走査を行う幅優先探索の便利な応用として、最短経路の計算がある。rからすべての頂点への最短経路を求めるために、長さnの補助配列pを利用するbfs(g,r)の変種が利用できるのである。この変種では、頂点jをqに追加するとき、p[j] = iとする。こうすると、p[j]が、rからjへの最短経路における最後から2つめの頂点になる。p[p[j]]、p[p[p[j]]]、と繰り返し求めていくことで、rからjへ

の最短経路を（逆順に）再構築できる。

12.3.2 深さ優先探索

グラフに対する**深さ優先探索（depth-first search）**は、二分木を走査するときの標準的なアルゴリズムに似ている。すなわち、ある部分木を完全に探索し終えてから根の方向に戻り、それから別の部分木の探索に進む。深さ優先探索は、キューの代わりにスタックを使う幅優先探索であると考えてもよい。

各頂点 i には、深さ優先探索の実行中、色 c[i] を割り当てる。未訪問の頂点の色を white、現在訪問中の頂点の色を grey、すでに訪問した頂点の色を black にする。深さ優先探索の最も簡単な方法は、再帰的なアルゴリズムによるものである。まず、r を訪問するところから処理を開始する。頂点 i を訪問するときには i の色を grey にする。それから i の隣接リストを見て、その中の white な頂点を再帰的に訪問する。i に対する処理が終わったら、最後に i の色を black にする。

```
Algorithms
void dfs(Graph &g, int i, char *c) {
  c[i] = grey;  // i を訪問し始める
  ArrayStack<int> edges;
  g.outEdges(i, edges);
  for (int k = 0; k < edges.size(); k++) {
    int j = edges.get(k);
    if (c[j] == white) {
      c[j] = grey;
      dfs(g, j, c);
    }
  }
  c[i] = black; // i を訪問し終えた
}
void dfs(Graph &g, int r) {
  char *c = new char[g.nVertices()];
  dfs(g, r, c);
  delete[] c;
}
```

図 12.5 にこのアルゴリズムの処理の例を示す。

再帰は、深さ優先探索について考えるには最適だが、実装方法としては最善でない。上のコードは、スタックのオーバーフローが原因で、大きなグラフの探索に失敗してしまうことがある。そこで、再帰のスタックを明示的なスタック s で置き換える実装が考えられる。次の実装はこの方法を採用したものである。

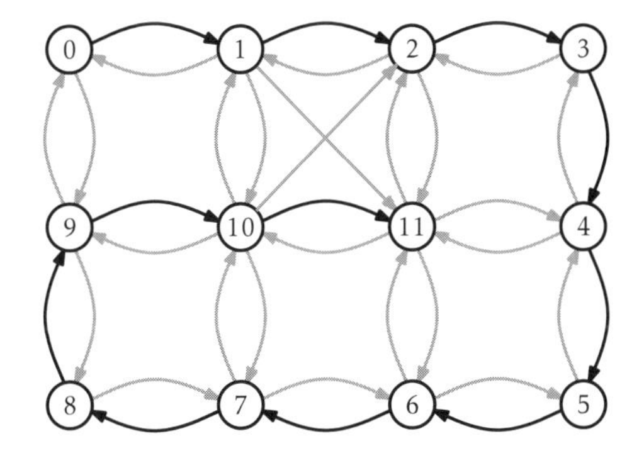

▶ 図12.5 ノード0から深さ優先探索を開始した例。各ノードに併記してある数字は、この探索において処理される順番。再帰的呼び出しになる辺を黒、それ以外の辺を灰色で描いている

```
void dfs2(Graph &g, int r) {
  char *c = new char[g.nVertices()];
  SLList<int> s;
  s.push(r);
  while (s.size() > 0) {
    int i = s.pop();
    if (c[i] == white) {
      c[i] = grey;
      ArrayStack<int> edges;
      g.outEdges(i, edges);
      for (int k = 0; k < edges.size(); k++)
        s.push(edges.get(k));
    }
  }
  delete[] c;
}
```

上のコードでは、次の頂点 i が処理されるときに i の色を grey にし、i の隣接リストに入っていた頂点をスタックに積んでから、そのうちの1つを i にしている。

当然のことだが、dfs(g,r) および dfs2(g,r) の実行時間は bfs(g,r) と同じである。

定理 12.4：

AdjacencyLists で実装された Graph g を入力すると、dfs(g,r) および dfs2(g,r) の実行時間はいずれも $O(n+m)$ である。

幅優先探索と同様に、深さ優先探索にも、実行に対応する木が考えられる。頂点 $i \neq r$ の色が white から grey になるのは、ある頂点 i′ を再帰的に処理する中で dfs(g,i,c) を呼び出したからである（dfs2(g,r) の場合、i は i′ をスタックで置き換えた頂点のうちの1つである）。i′ を i の親だと考えると、r を根とする木が得られ

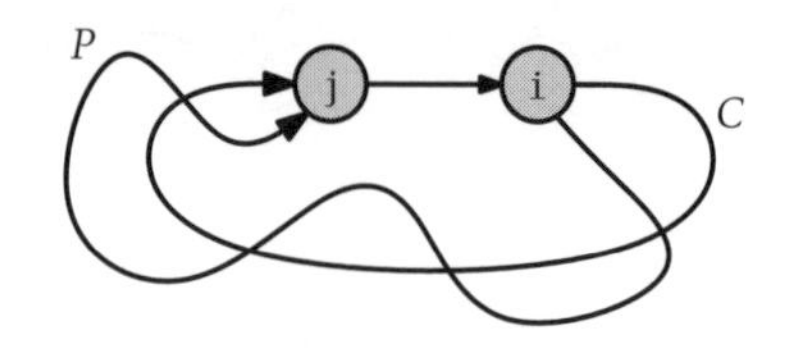

▶図12.6　深さ優先探索アルゴリズムにより、グラフGの循環を検出できる。ノードiが灰色であるとき、ノードjも灰色である。そのため、深さ優先探索木においてiからjへの経路Pが存在する。辺(j,i)が存在することから、Pが循環であることもわかる

る。この木は、図12.5だと、頂点0から頂点11への経路に相当する。

深さ優先探索には、次のような重要な性質がある。すなわち、iの色がgreyのときにiから他の頂点jへの経路で白い頂点だけを辿るものがある場合、iの色がblackになるよりも前に、jの色がgreyになってからblackになる（これは背理法で証明できる。iからjへの任意の経路Pを考えればよい）。

この性質は、例えば循環の検出に役立つ。図12.6で、rから到達可能なある循環Cがあるとする。Cの中で色がgreyである最初の頂点をiとし、Cにおいてiの前にある頂点をjとする。このとき、上の性質からjの色はgreyになり、辺(j,i)を辿るときにもiの色はまだgreyである。したがって、深さ優先探索木においてiからjへの経路Pが存在すること、および辺(j,i)が存在することが、アルゴリズムによりわかる。つまり、Pが循環であるとわかる。

12.4　ディスカッションと練習問題

定理12.3と定理12.4から導かれる幅優先探索と深さ優先探索のアルゴリズムの実行時間は、ある意味で厳しすぎるものだといえる。Gにおける頂点iのうち、iからrへの経路が存在するものの個数を、n_rと定義する。また、そのような頂点から出る辺の本数をm_rとする。このとき、幅優先探索と深さ優先探索のより正確な実行時間に関して、次の定理が成り立つ（練習問題で扱うアルゴリズムのうちの一部でこの定理が役に立つ）。

> **定理12.5**：
> bfs(g,r)、dfs(g,r)、dfs2(g,r)の実行時間は、AdjacencyListsで実装されたGraph gを入力とすると、いずれも$O(n_r + m_r)$である。

幅優先探索は、MooreとLeeによって独立に考案されたようである[52, 49]。前者では迷路の探索において、後者では回路における経路に関する文脈において発見さ

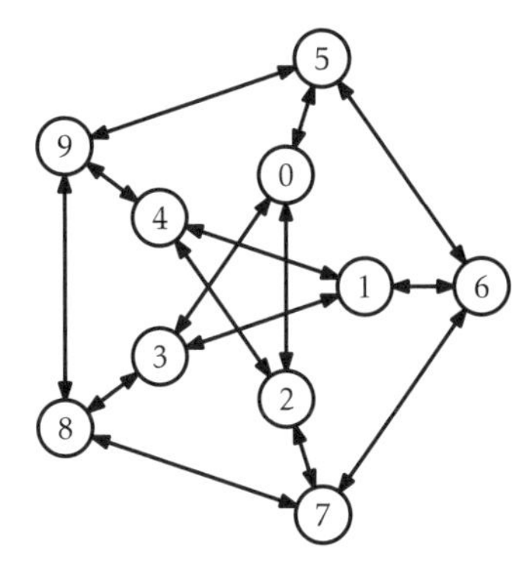

▶ 図 12.7 例題用のグラフ

れた。

グラフの隣接リストによる表現は、それまで一般的であった隣接行列による表現の代替として、Hopcroft と Tarjan により提案された [40]。隣接リストによる表現は、深さ優先探索のほか、Hopcroft-Tarjan の平面性テストのアルゴリズムにおいても重要な役割を果たす。これは、辺が交差しないようにグラフを平面に描けるかどうかを $O(\mathtt{n})$ の時間で調べるアルゴリズムである [41]。

以下の練習問題において、無向グラフとは、辺 (i,j) が存在するとき、またそのときに限り、辺 (j,i) が存在するようなグラフであるとする。

問 12.1： 図 12.7 のグラフの隣接リストによる表現および隣接行列による表現を書け。

問 12.2： グラフ G の**接続行列**（**incidence matrix**）とは、$\mathtt{n}\times\mathtt{m}$ 行列 A であって、次のように定義されるものである。

$$A_{\mathtt{i},\mathtt{j}} = \begin{cases} -1 & \text{頂点 i が辺 j の始点であるとき} \\ +1 & \text{頂点 i が辺 j の終点であるとき} \\ 0 & \text{それ以外のとき} \end{cases}$$

1. 図 12.7 のグラフの接続行列を書け。
2. グラフの接続行列による表現を設計、実装せよ。また、空間使用量を解析し、addEdge(i,j)、removeEdge(i,j)、hasEdge(i,j)、inEdges(i)、outEdges(i) の実行時間を求めよ。

問 12.3： 図 12.7 のグラフ G について、bfs(G,0) および dfs(G,0) を実行する様子を図示せよ。

問 12.4： Gを無向グラフとする。Gが**連結**（**connected**）であるとは、任意の相異なる頂点の組(i,j)について、iからjへの辺があることをいう（なお、このときGは無向グラフなので、jからiにも辺がある）。Gが連結かどうかを$O(\mathtt{n}+\mathtt{m})$の時間で確認する方法を示せ。

問 12.5： Gを無向グラフとする。Gの**連結成分ラベル付け**（**connected components labelling**）とは、それぞれが連結な部分グラフになるようなGの分割方法のうち、分割後の集合が極大となるようにGを分割することである。これを$O(\mathtt{n}+\mathtt{m})$の時間で計算する方法を示せ。

問 12.6： Gを無向グラフとする。Gの**全域森**（**spanning forest**）は木の集まりであって、各木の辺がGの辺であり、Gのすべての頂点をある木に含むようなものである。これを$O(\mathtt{n}+\mathtt{m})$の時間で計算する方法を示せ。

問 12.7： グラフGが**強連結**（**strongly-connected**）であるとは、Gの任意の頂点の組(i,j)について、iからjへの経路が存在することをいう。これを$O(\mathtt{n}+\mathtt{m})$の時間で確認する方法を示せ。

問 12.8： グラフ$G=(V,E)$と、特別な頂点$\mathtt{r}\in V$があるとき、rから全頂点$\mathtt{i}\in V$への最短経路の長さを計算する方法を示せ。

問 12.9： dfs(g,r)がdfs2(g,r)と異なる順番で頂点を訪問する単純な例を与えよ。また、dfs(g,r)と常に同じ順番で頂点を訪問するdfs2(g,r)を実装せよ（ヒント：rから2つ以上の辺が出ているグラフをいくつか作り、それぞれのアルゴリズムがどう動くか考えてみるといいだろう）。

問 12.10： グラフGの**universal sink**とは、$\mathtt{n}-1$個の辺の行き先になっており、かつそこから辺が出ていない頂点である[†1]。AdjacencyMatrixで表現されるグラフGがuniversal sinkを持つかどうかを判定するアルゴリズムを設計、実装せよ。ただし、実行時間は$O(\mathtt{n})$でなければならない。

[†1] universal sink vを**セレブリティ**（**celebrity**）と呼ぶこともある。部屋の中の全員がvのことを知っているが、vは部屋の中の人が誰だかまったく知らないため、有名人（セレブリティ）のような状態になっているからである。

第13章

整数を扱うデータ構造

この章では再びSSetの実装を扱う。ただし、wビットの整数の集まりを表すことに特化したSSetを紹介する。すなわち、$x \in \{0,\ldots,2^w-1\}$と仮定して、add(x)、remove(x)、find(x)を実装する。整数のデータや整数のキーを扱う状況が多いことは想像に難くないだろう。

この章で説明するデータ構造は3つある。1つめはBinaryTrieというデータ構造で、SSetの3つの操作をいずれも$O(w)$の時間で実行できる。この実行時間は、それほど驚くようなものでもないだろう。$\{0,\ldots,2^w-1\}$の部分集合の大きさnは$n \le 2^w$であり、$\log n \le w$が成り立つからだ。この本でこれまでに解説したSSetの実装では、各操作の実行時間は$O(\log n)$であった。すなわち、いずれもBinaryTrieと同じくらいは高速であったということである。

2つめはXFastTrieというデータ構造で、BinaryTrieの検索をハッシュ法を使って高速化したものである。この高速化により、find(x)の実行時間が$O(\log w)$になる。しかし、XFastTrieにおけるadd(x)およびremove(x)の実行時間は依然として$O(w)$であり、空間使用量は$O(n \cdot w)$である。

3つめはYFastTrieというデータ構造だ。このデータ構造では、およそw個ごとに、1つの要素だけをXFastTrieに格納し、それ以外の要素を通常のSSetに格納する。この工夫により、add(x)およびremove(x)の実行時間は$O(\log w)$になり、空間使用量は$O(n)$に抑えられる。

この章の実装には、整数と対応付けが可能な任意の型のデータを格納できる。サンプルコードでは、xに対応する整数をixで表し、xをixに変換する関数をintValue(x)とする。また、簡単のため、文中ではxを整数として扱う。

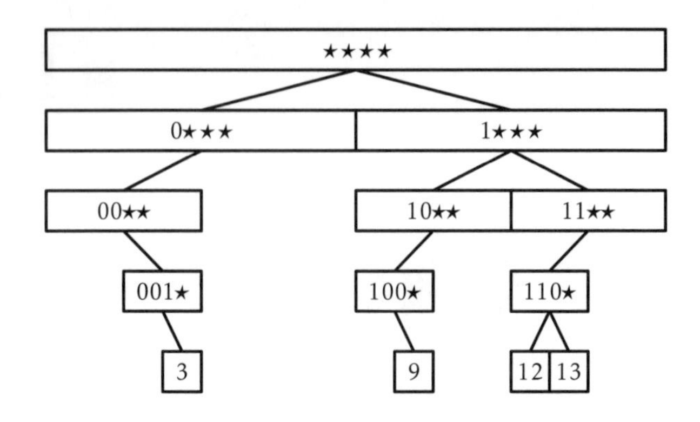

▶図13.1　二分トライ木では、整数を根から葉への経路として符号化する

13.1 BinaryTrie：二分トライ木

BinaryTrie[†1]は、wビット整数の集合を二分木で符号化したものである。BinaryTrieの葉の深さはいずれもwであり、根から葉への経路が、ある整数を表す。整数xを表す経路では、深さiにおいて、整数xの上からi番めのビットが0なら左に向かい、1なら右に向かう。図13.1に、w＝4の場合の例を示す。この例では、整数3（0011）、9（1001）、12（1100）、13（1101）が二分トライ木に格納されている。

二分トライ木に格納されているxを探し出すときの探索経路は、xの二進表記で決まる。そこで、ノードuの子を指すポインタu.child[0]およびu.child[1]に、それぞれleftおよびrightという名前を付けておくと便利である。葉には子がないので、葉ではこのポインタを別の用途に使う。具体的には、このポインタを使って、葉の双方向連結リストを作る。すなわち、二分トライ木の葉ではu.child[0]がリストにおけるuの直前のノード（prev）を指し、u.child[1]はリストにおけるuの直後のノード（next）を指す。さらに、特別なノードdummyにより、先頭のノードの前のノード、および、末尾のノードの後のノードを指すことにする（3.2節を参照）。サンプルコードでは、u.child[0]、u.left、u.prevがいずれもノードuの同じフィールドを参照している。u.child[1]、u.right、u.nextも同様である。

各ノードuには、さらにu.jumpというポインタも持たせる。u.jumpは、uが左の子を持たないときは、uを根とする部分木における最小の葉を指す。uが右の子を持たないときは、uを根とする部分木における最大の葉を指す。BinaryTrieのjumpポインタと、葉の双方向連結リストの例を、図13.2に示す。

---

†1　訳注：Trieはトライと読む。本来はRe"trie"valに由来する造語で、ツリーに近い発音だったようだが、treeと区別するためにトライと発音するようである。

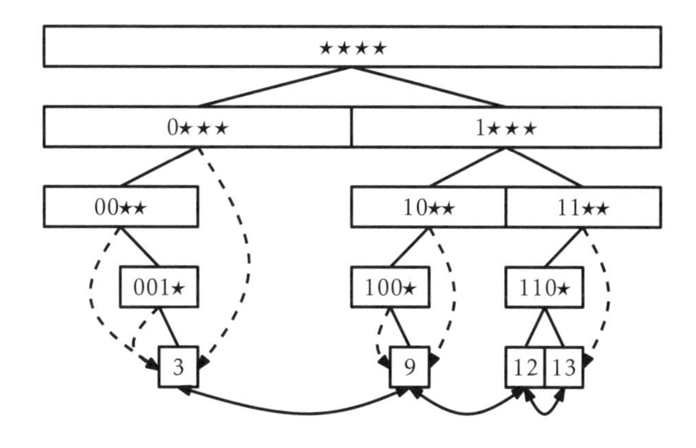

▶ 図13.2　二分トライ木における jump ポインタを破線の矢印で、リストのリンクを実線の矢印で表す

BinaryTrie における find(x) では、単純に x の探索経路を辿ればよい。葉に辿り着ければ、x が存在するとわかる。進みたい方向に子がなく、それ以上進めないノード u に辿り着いたときは、u.jump を辿る。そうすると、x より大きい最小の葉、または、x より小さい最大の葉が見つかる。どちらになるかは、u の左右どちらに子がいないかに応じて決まる。u が左の子を持たないなら、欲しいノードを見つけたことになる[†2]。u が右の子を持たないなら、連結リストを辿ることで欲しいノードが見つかる。図13.3 に、この2つの場合を示す。

```
BinaryTrie
T find(T x) {
  int i, c = 0;
  unsigned ix = intValue(x);
  Node *u = &r;
  for (i = 0; i < w; i++) {
    c = (ix >> (w-i-1)) & 1;
    if (u->child[c] == NULL) break;
    u = u->child[c];
  }
  if (i == w) return u->x;  // 見つけた
  u = (c == 0) ? u->jump : u->jump->next;
  return u == &dummy ? null : u->x;
}
```

find(x) の実行時間において支配的なのは、根から葉への経路を辿る処理であり、これにかかる時間は $O(\mathrm{w})$ である。

BinaryTrie における add(x) も単純だが、手順はかなり多い。

[†2] 訳注：第1章で定義したように、SSet の find(x) は、x 以上の最小の要素を見つける操作である。

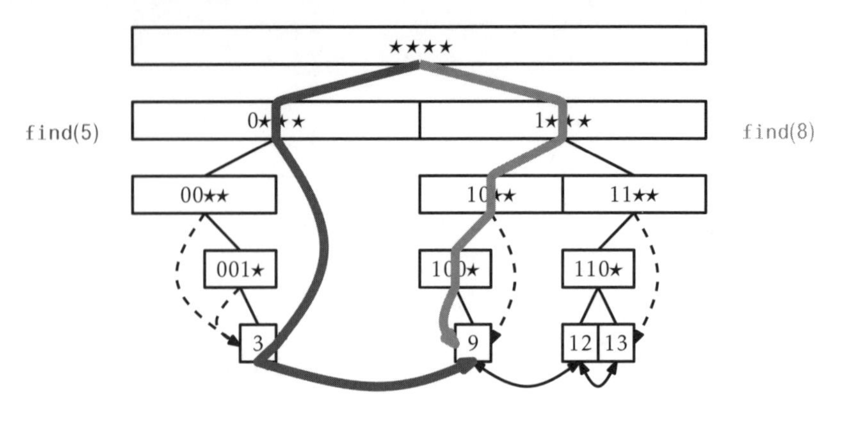

▶ 図13.3　find(5) および find(8) が辿る経路

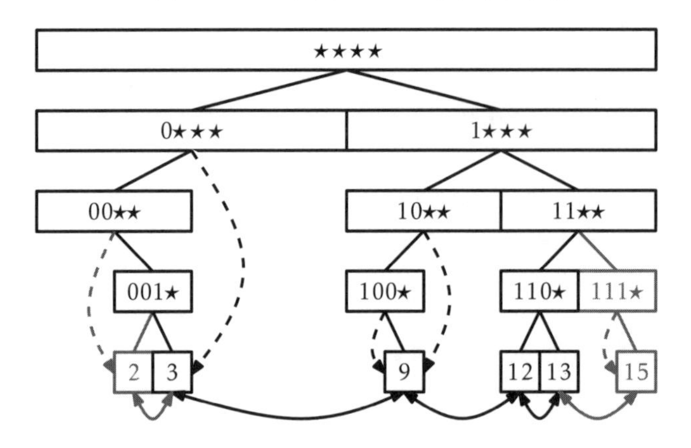

▶ 図13.4　図13.2のBinaryTrieに、値2、値15を追加する

1. xの探索経路を辿り、それ以上進めないノードuを見つける
2. uからxを含む葉への、探索経路に足りない部分を作る
3. xを含むノードu′を葉の連結リストに追加する（uのjumpポインタを使うことで、連結リストにおけるu′の直前のノードpredが得られる）
4. これまで辿ってきた経路を戻りながら、xを指すべきjumpポインタを更新する

図13.4に要素を追加する様子を示す。

BinaryTrie

```
bool add(T x) {
  int i, c = 0;
  unsigned ix = intValue(x);
  Node *u = &r;
  // 1. 木の端に着くまで ix を探す
  for (i = 0; i < w; i++) {
    c = (ix >> (w-i-1)) & 1;
    if (u->child[c] == NULL) break;
    u = u->child[c];
  }
  if (i == w) return false; // x はすでに入っているので中止する
  Node *pred = (c == right) ? u->jump : u->jump->left;
  u->jump = NULL;  // u は2つの子を持つようになる
  // 2. ix への経路を追加する
  for (; i < w; i++) {
    c = (ix >> (w-i-1)) & 1;
    u->child[c] = new Node();
    u->child[c]->parent = u;
    u = u->child[c];
  }
  u->x = x;
  // 3. u を連結リストに追加する
  u->prev = pred;
  u->next = pred->next;;
  u->prev->next = u;
  u->next->prev = u;
  // 4. 上に戻りながら jump ポインタを更新する
  Node *v = u->parent;
  while (v != NULL) {
    if ((v->left == NULL
        && (v->jump == NULL || intValue(v->jump->x) > ix))
    || (v->right == NULL
        && (v->jump == NULL || intValue(v->jump->x) < ix)))
      v->jump = u;
    v = v->parent;
  }
  n++;
  return true;
}
```

このメソッドは、まずxの探索経路を辿り、それから根の方向に向かって戻る。各ステップは定数時間で実行できるので、add(x) の実行時間は $O(\mathrm{w})$ である。

remove(x) は、add(x) の処理を取り消す。add(x) と同様に手順は多い。

1. x の探索経路を辿り、x を含む葉 u を見つける
2. u を双方向連結リストから削除する
3. u を削除し、x の探索経路に含まれない子を持つノード v が見つかるまで x の探索経路を逆に辿りながら、その過程で訪問したノードを削除する
4. v から根まで辿りながら、u を指していた jump があれば更新する

図 13.5 に削除の様子を示す。

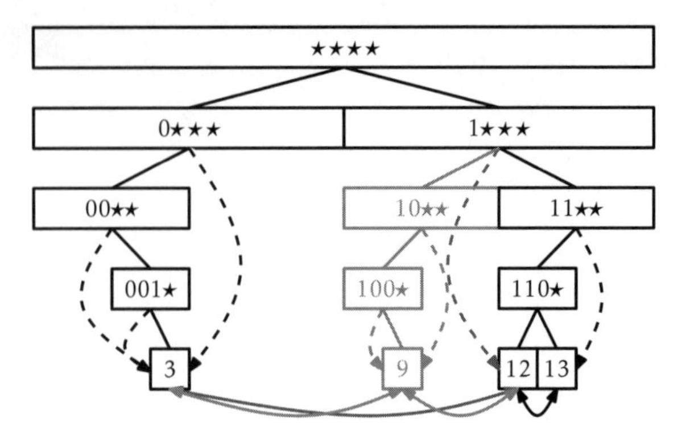

▶ 図13.5　図13.2のBinaryTrieから値9を削除する

BinaryTrie

```
bool remove(T x) {
  // 1. x を含む葉 u を見つける
  int i = 0, c;
  unsigned ix = intValue(x);
  Node *u = &r;
  for (i = 0; i < w; i++) {
    c = (ix >> (w-i-1)) & 1;
    if (u->child[c] == NULL) return false;
    u = u->child[c];
  }
  // 2. u を連結リストから削除する
  u->prev->next = u->next;
  u->next->prev = u->prev;
  Node *v = u;
  // 3. u を根から u への経路上のノードから削除する
  for (i = w-1; i >= 0; i--) {
    c = (ix >> (w-i-1)) & 1;
    v = v->parent;
    delete v->child[c];
    v->child[c] = NULL;
    if (v->child[1-c] != NULL) break;
  }
  // 4. jump ポインタを更新する
  c = (ix >> (w-i-1)) & 1;
  v->jump = u->child[1-c];
  v = v->parent;
  i--;
  for (; i >= 0; i--) {
    c = (ix >> (w-i-1)) & 1;
    if (v->jump == u)
      v->jump = u->child[1-c];
    v = v->parent;
  }
  n--;
  return true;
}
```

定理 13.1：
BinaryTrieは、wビット整数を格納するためのSSetインターフェースの実装である。BinaryTrieにおけるadd(x)、remove(x)、find(x)の実行時間はいずれも$O(w)$である。n個の要素を格納するBinaryTrieの空間使用量は$O(n \cdot w)$である。

13.2 XFastTrie：$O(\log(\log n))$時間での検索

BinaryTrieの性能は、あまりパッとしない。データ構造に格納できる要素数nは最大でも2^wなので、$\log n \leq w$である。少なくとも、この本で説明してきた比較に基づくSSetの実装は、いずれもBinaryTrieと同じくらい効率的であった。それに、整数しか格納できないというBinaryTrieのような制限もなかった。

これから説明するXFastTrieは、各深さに1つずつ、合計で$w+1$個のハッシュテーブルをBinaryTrieに付け足しただけのデータ構造である。XFastTrieでは、これらのハッシュテーブルを使うことで、find(x)の実行時間を$O(\log w)$に改善できる。BinaryTrieにおけるfind(x)は、xへの探索経路を辿り、左右の進みたい方向に子を持たないノードuを見つけた時点でほぼ完了であった。その時点で、u.jumpを利用して葉vにジャンプし、vもしくは葉のリストにおけるvの直前のノードのどちらかを返すだけである。XFastTrieでは、深さに関する二分探索によりノードuを見つけることで、この探索処理を高速に行う。

二分探索では、探しているノードuについて、ある深さiより上にあるのか、iまたはその下にあるのかを判定する必要がある。これは、xの二進表記における上位iビットを見ればわかる。このビット列によって、根から深さiまでのxの探索経路が決まる。例えば、図13.6を見てほしい。14（二進表記では1110）の探索経路における最後のノードuは、深さ2のところにある、11⋆⋆というラベルが付いたノードである。これは、深さ3の位置に111⋆というラベルが付いたノードがないためである。このようにして、深さiのノードすべてに、iビットの整数でラベルを付けられる。すると、探しているuが深さi、またはそれより下にあるのは、深さiにxの上位iビットと一致するラベルを持つノードがあるとき、かつそのときに限られる。

XFastTrieでは、$i \in \{0,\ldots,w\}$について、深さiのすべてのノードをUSet t[i]に格納する。USetはハッシュテーブル（第5章参照）で実装する。USetを使うことで、深さiにxの上位iビットと一致するラベルを持つノードがあるかどうか、定数オーダーの期待実行時間で判定できる。具体的には、そのようなノードをt[i].find(x >> (w − i))のようにして探し出せる。

uを見つけ出すのに二分探索が使えるのは、ハッシュテーブルt[0],...,t[w]のおかげである。最初の段階でわかっているのは、$0 \leq i < w+1$を満たす深さiにuがあることである。そこで、まずl = 0およびh = w + 1とし、$i = \lfloor (l+h)/2 \rfloor$についてハッ

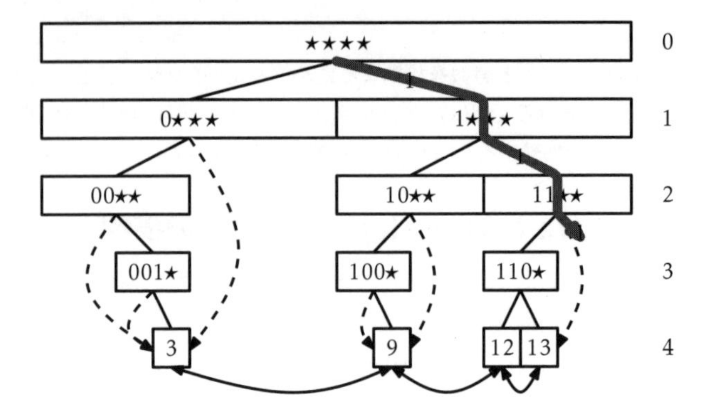

▶図13.6　ラベル111★を持つノードは存在しないので、14（1110）の探索経路はラベル11★★を持つノードで終了する

シュテーブルt[i]を繰り返し検索する。そして、t[i]がxの上位iビットと一致するラベルを持つノードを含むとき（したがってuが深さi、またはそれよりも下にあるとき）、l = iとする。そうでない、つまりuが深さiよりも上にあるときは、h = iとする。h − l ≤ 1になった段階で、この処理を終える。このとき、uは深さlにある。あとは、u.jumpおよび葉の双方向連結リストを使って、find(x)の処理を完了する。

XFastTrie

```
T find(T x) {
  int l = 0, h = w+1;
  unsigned ix = intValue(x);
  Node *v, *u = &r;
  while (h-l > 1) {
    int i = (l+h)/2;
    XPair<Node> p(ix >> (w-i));
    if ((v = t[i].find(p).u) == NULL) {
      h = i;
    } else {
      u = v;
      l = i;
    }
  }
  if (l == w) return u->x;
  Node *pred = (((ix >> (w-l-1)) & 1) == 1)
               ? u->jump : u->jump->prev;
  return (pred->next == &dummy) ? nullt : pred->next->x;
}
```

上に示したメソッドでは、whileループにおける各繰り返しにおいて、h − lが約半分になる。よって、このループを$O(\log w)$回繰り返したところでuが見つかる。繰り返しのたびに、毎回一定量の作業を実行し、USetのfind(x)を1回だけ呼ぶので、USetにおける検索の実行時間の期待値は定数オーダーである。残りの処理の実行時間も定数オーダーなので、XFastTrieにおけるfind(x)の実行時間の期待値は$O(\log w)$である。

XFastTrieにおけるadd(x)およびremove(x)は、BinaryTrieにおける各操作とほとんど同じである。ハッシュテーブルt[0],...,t[w]の更新処理を追加すればよい。add(x)の実行中に、深さiでノードが作られたら、このノードをt[i]に加えるようにする。remove(x)の実行中に、深さiでノードが削除されるなら、このノードをt[i]から削除するようにする。ハッシュテーブルにおける追加と削除の期待実行時間は定数オーダーなので、この修正によってadd(x)とremove(x)の期待実行時間は定数オーダーしか増えない。add(x)およびremove(x)のコードは、BinaryTrieのときに示した長いコードとほぼ同じなので、ここには掲載しない。

次の定理にXFastTrieの性能をまとめる。

> **定理 13.2：**
> XFastTrieは、wビット整数を格納するためのSSetインターフェースの実装である。XFastTrieがサポートするのは次の操作である。
>
> - add(x)およびremove(x)の実行時間の期待値は$O(w)$である
> - find(x)の実行時間の期待値は$O(\log w)$である
>
> n個の要素を格納するXFastTrieの空間使用量は$O(n \cdot w)$である。

13.3 YFastTrie：$O(\log(\log n))$時間のSSet

XFastTrieにおける検索の実行時間は、BinaryTrieに比べて指数的に速くなった。しかし、add(x)とremove(x)の実行時間は依然としてそれほど速くない。そのうえ、空間使用量は$O(n \cdot w)$であり、この本で紹介した他のSSetの実装の$O(n)$と比べて大きい。この2つの問題は互いに関連している。具体的には、n回のadd(x)によって大きさn·wの構造を作れば、add(x)の1回あたりの実行時間と空間使用量はw程度のオーダーになる。

この節で紹介するYFastTrieは、XFastTrieの実行時間と空間使用量を改善するものだ。YFastTrieではXFastTrie（以降ではxftとする）を使うが、このxftには$O(n/w)$個の値しか入れない。こうすると、xftの空間使用量は$O(n)$になる。さらに、add(x)とremove(x)をw回実行するときは、そのうち1回のみをxftに対して実行する。このようにすることで、xftにおけるadd(x)とremove(x)の平均実行時間は定数になる。

xftにはn/w個の要素しか格納しないのに、残りのn(1 − 1/w)個の要素はどこへ行ってしまうのか。これらの要素は、**二次構造**へと移動する。ここでは、二次構造

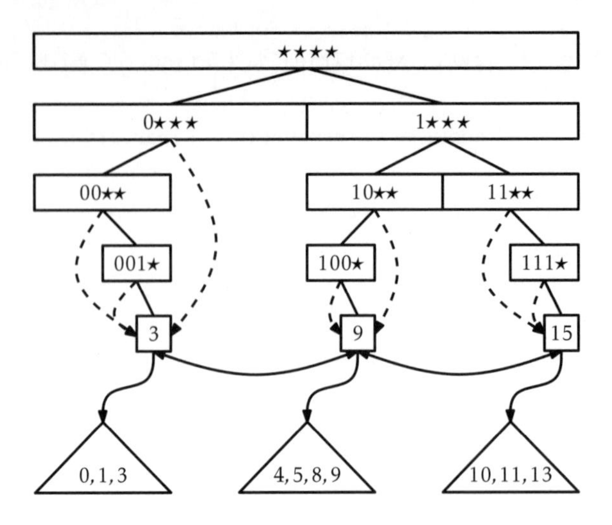

▶図13.7 0, 1, 3, 4, 6, 8, 9, 10, 11, 13を含むYFastTrie

として、Treap（7.2節参照）を拡張したデータ構造を使う。二次構造は全部でおよそn/w個あり、1つの二次構造には平均してO(w)個の要素を格納することにする。TreapはSSetの操作を対数時間でサポートするので、各操作の実行時間は、当初の目論見通り$O(\log w)$である。

より具体的に言うと、YFastTrieでは、確率1/wで選り抜いたデータを格納するためのXFastTrieを保持しておく。このXFastTrie（xft）には、都合により、常に2^w-1という値を含めておく。また、xftに含める要素は、$x_0 < x_1 < \cdots < x_{k-1}$とする。各要素$x_i$にはTreapが対応しており（以降では$x_i$に対応するTreapを$t_i$とする)、これに$x_{i-1}+1,\ldots,x_i$の範囲の値をすべて格納する。図13.7にこの様子を示す。

YFastTrieにおけるfind(x)は実に簡単である。xをxftから検索すれば、t_iに対応するx_iが見つかる。そこでt_iのfind(x)メソッドを使えば、求めていることが実現できる。このメソッド全体は1行で書ける。

```
YFastTrie
T find(T x) {
  return xft.find(YPair<T>(intValue(x))).t->find(x);
}
```

はじめのxftに対するfind(x)にかかる時間は$O(\log w)$である。その次のTreapに対するfind(x)にかかる時間は$O(\log r)$である。ここで、rはTreapの大きさである。Treapの大きさの期待値はO(w)なので（この節の後半で示す)、結局、この操

作の実行時間は $O(\log w)$ である[†3]。

YFastTrie への要素の追加も、ほとんどの場合は実に単純だ。add(x) メソッドでは、x を挿入すべき Treap を特定するために、xft.find(x) を呼ぶ。適切な Treap が見つかったら、それを t とし、t.add(x) を呼ぶことで x を t に追加する。ここで、確率 1/w で表が、確率 1 − 1/w で裏が出るような偏りのあるコインを投げる。もし表が出れば、x を xft に追加する。

ここから少し複雑になる。x を xft に追加するとき、t を 2 つの Treap に分割しなければならない。それらを t1 および t′ としよう。t1 には、x 以下の値をすべて含める。t′ は、それ以外の値を含むように t を更新したものである。最後に、(x, t1) という組を xft に追加する。図 13.8 に例を示す。

```
bool add(T x) {
  unsigned ix = intValue(x);
  Treap1<T> *t = xft.find(YPair<T>(ix)).t;
  if (t->add(x)) {
    n++;
    if (rand() % w == 0) {
      Treap1<T> *t1 = (Treap1<T>*)t->split(x);
      xft.add(YPair<T>(ix, t1));
    }
    return true;
  }
  return false;
}
```
YFastTrie

x を t に追加するのにかかる時間は $O(\log w)$ である。問 7.12 では、t を分割して t1 と t′ を得る処理の実行時間の期待値が $O(\log w)$ であることを示した。(x, t1) を xft に追加する処理の実行時間は $O(w)$ だが、これが起こる確率は 1/w である。以上より、add(x) の実行時間の期待値は次のようになる。

$$O(\log w) + \frac{1}{w}O(w) = O(\log w)$$

remove(x) は、add(x) による操作を取り消す。まず、xft.find(x) の結果を含んでいる xft から、葉 u を見つける。u から x を含んでいる Treap（t）を得て、その Treap から x を削除する。もし x が xft にも含まれていれば、そして x が $2^w - 1$ でなければ、x を xft から削除し、x を含む Treap の要素をすべて別の Treap（t2）に追加する。ここで、t2 は、連結リストにおける u の直後のノードに対応する Treap である。図 13.9 にこの様子を示す。

[†3] $E[r] = w$ ならば $E[\log r] \le \log w$ という **Jensen の不等式**の応用である。

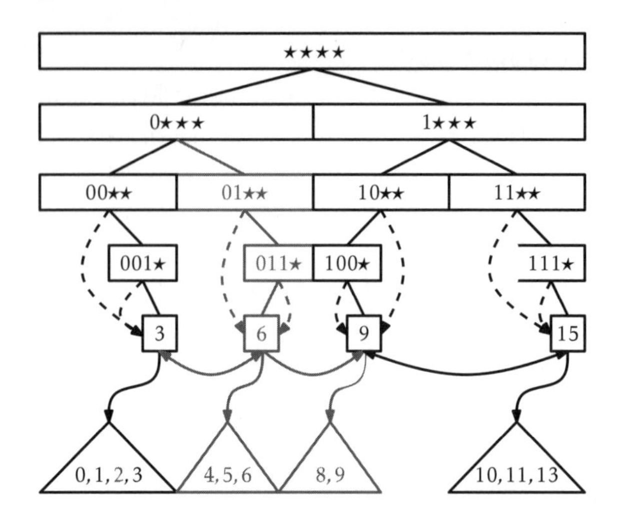

▶ 図13.8　YFastTrieに値2、値6を追加する。6を追加するときにコイン投げで表が出たので、6はxftに追加され、4,5,6,8,9を含むTreapは分割される

```
bool remove(T x) {
  unsigned ix = intValue(x);
  XFastTrieNode1<YPair<T> > *u = xft.findNode(ix);
  bool ret = u->x.t->remove(x);
  if (ret) n--;
  if (u->x.ix == ix && ix != UINT_MAX) {
    Treap1<T> *t2 = u->child[1]->x.t;
    t2->absorb(*u->x.t);
    xft.remove(u->x);
  }
  return ret;
}
```

xftからノードuを見つけるのに必要な時間の期待値は$O(\log w)$である。tからxを削除するのにかかる時間の期待値も$O(\log w)$である。繰り返しになるが、問7.12では、tを分割してt1とt′を得る処理の実行時間の期待値も$O(\log w)$であることを示した。xftからxを削除する必要があるときは、この処理に$O(w)$の時間がかかるが、xftにxが含まれる確率は1/wである。よって、YFastTrieにおける削除処理の実行時間の期待値は$O(\log w)$である。

ここまでの説明では、このデータ構造における各Treapの大きさの説明を後回しにしていた。この章を終える前に、必要な定理を証明しておく。まずは次の補題を示す。

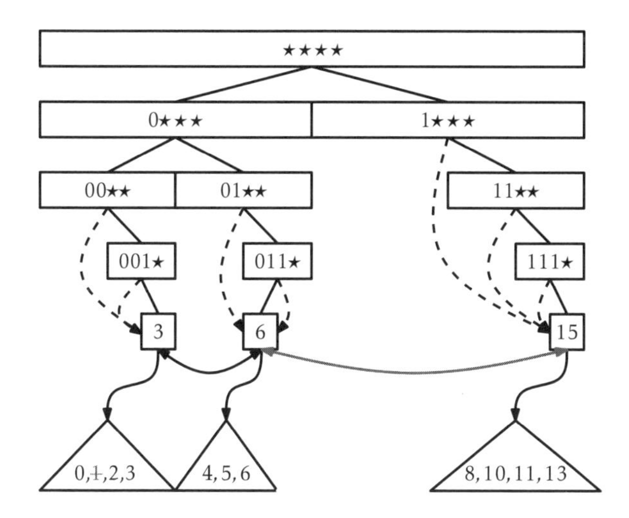

▶図13.9　図13.8のYFastTrieから値1、値9を削除する

補題 13.1：

YFastTrieに格納する整数をxとし、xを含むTreap tの要素数をn_xとする。このとき、$E[n_x] \leq 2w-1$が成り立つ。

証明： 図13.10を見てほしい。いま、YFastTrieの各要素を、$x_1 < x_2 < \cdots < x_i = x < x_{i+1} < \cdots < x_n$とする。Treap tに含まれるx以上の要素を$x_i, x_{i+1}, \ldots, x_{i+j-1}$とする。このうち、add(x)の際の偏りのあるコイン投げで表が出たのは、x_{i+j-1}だけである。つまり、$E[j]$は、偏りのあるコイン投げを表が出るまで繰り返すときのコイン投げ回数の期待値と等しい[†4]。コイン投げは独立な試行であり、表が出る確率は$1/w$である。そのため$E[j] \leq w$である（$w=2$の場合の解析については補題4.2を参照してほしい）。

同様に、tの要素でxより小さいもの$x_{i-1}, \ldots, x_{i-k}$について、これらに対応するk回のコイン投げはいずれも裏であり、x_{i-k-1}のコイン投げは表である。先の段落と同じく、偏りのあるコイン投げを表が出るまで繰り返すときに裏が出る回数を考えると、$E[k] \leq w-1$だとわかる。

まとめると、$n_x = j + k$より、以下のようになる。

$$E[n_x] = E[j+k] = E[j] + E[k] \leq 2w-1$$

□

[†4] この解析では、jが$n-i+1$を超えることがないことを無視している。しかし、その場合は$E[j]$が小さくなるので、上界に関する性質は依然として成り立つ。

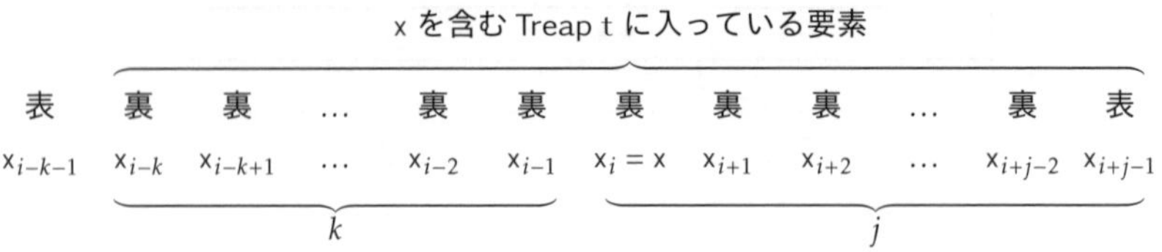

x を含む Treap t に入っている要素

表	裏	裏	…	裏	裏	裏	裏	裏	…	裏	表
x_{i-k-1}	x_{i-k}	x_{i-k+1}	…	x_{i-2}	x_{i-1}	$x_i = x$	x_{i+1}	x_{i+2}	…	x_{i+j-2}	x_{i+j-1}

k 　　j

▶ 図13.10 xを含むTreap tの要素数は連続した2回のコイン投げ試行により決まる

補題 13.1 は、YFastTrie の性能をまとめた次の定理を示す最後のピースである。

> **定理 13.3：**
> YFastTrieは、wビット整数を格納するためのSSetインターフェースの実装である。YFastTrieは、add(x)、remove(x)、find(x) をサポートし、いずれの実行時間の期待値も $O(\log w)$ である。n個の要素を格納するYFastTrieの空間使用量は $O(n+w)$ である。

空間使用量に w が影響するのは、xft が常に値 $2^w - 1$ を格納していることによる。実装を修正して、この値を格納せずに済ませることも可能だ（ただし、いくつか場合分けをコードに追加する必要がある）。この場合、上の定理における空間使用量は $O(n)$ になる。

13.4 ディスカッションと練習問題

add(x)、remove(x)、find(x) の実行時間がいずれも $O(\log w)$ であるデータ構造として初めて提案されたのは、van Emde Boas によるもので、**van Emde Boas 木**（または**stratified 木**）という名で知られている [72]。オリジナルの van Emde Boas 木の大きさは 2^w だったので、大きな整数を扱うには非実用的であった。

XFastTrie と YFastTrie は、Willard によって提案された [75]。XFastTrie と van Emde Boas 木には密接な関係がある。例えば、XFastTrie におけるハッシュテーブルは van Emde Boas 木の配列を置き換えたものである。つまり、ハッシュテーブル t[i] に要素を格納する代わりに、van Emde Boas 木では長さ 2^i の配列に要素を格納する。

整数を格納するためのデータ構造としては、これらのほかに、Fredman と Willard による fusion 木がある [32]。このデータ構造は、n 個の w ビット整数を $O(n)$ の領域に格納でき、find(x) を $O((\log n)/(\log w))$ の時間で実行できる。$\log w > \sqrt{\log n}$ ならば fusion 木を、$\log w \le \sqrt{\log n}$ なら YFastTrie を使えば、空間使用量が $O(n)$ で find(x) にかかる時間が $O(\sqrt{\log n})$ であるようなデータ構造が得られる。近年、Pătraşcu and

Thorupが示した下界によると、$O(\mathrm{n})$ だけの領域を使うデータ構造としては最適なものになる[57]。

問 13.1： 単純化されたBinaryTrieを設計、実装せよ。これは連結リストやjumpポインタを持たないものとする。ただし、find(x)の実行時間は依然として $O(\mathrm{w})$ である必要がある。

問 13.2： 単純化されたXFastTrieを設計、実装せよ。これは二分トライ木を使わないものとする。代わりに、この実装では、すべてを双方向連結リストと $\mathrm{w}+1$ 個のハッシュテーブルを使って格納する。

問 13.3： BinaryTrieは、長さwのビット列を根から葉への経路として表現するデータ構造であると考えられる。この発想を、可変長の文字列を格納するSSetの実装に拡張し、add(s)、remove(s)、find(s)をいずれもsの長さに比例する時間で実行できるデータ構造を実装せよ。
ヒント：データ構造の各ノードは、文字の値によってインデックスを計算するハッシュテーブルを格納する。

問 13.4： 整数 $\mathrm{x} \in \{0,\ldots 2^{\mathrm{w}}-1\}$ について、xとfind(x)の返り値との差を $d(\mathrm{x})$ と定義する（find(x)がnullを返すときは、$d(\mathrm{x})$ は 2^{w} であるとする）。例えば、find(23)が43を返すとき、$d(23)=20$ である。

1. XFastTrieにおけるfind(x)を修正し、実行時間の期待値が $O(1+\log d(\mathrm{x}))$ であるものを設計、実装せよ。ヒント：ハッシュテーブル $t[\mathrm{w}]$ には、$d(\mathrm{x})=0$ であるような値xがすべて格納されているので、処理を開始するのに適切な位置になるだろう。
2. XFastTrieにおけるfind(x)を修正し、実行時間の期待値が $O(1+\log\log d(\mathrm{x}))$ であるものを設計、実装せよ。

第14章

外部メモリの探索

この本を通じて、計算のモデルとしては、1.4節で定義したwビットのワードRAMモデルを使ってきた。このモデルでは、データ構造内のすべてのデータを格納できるくらいコンピュータのRAMが大きいことを暗に仮定している。この仮定は、場合によっては成り立たない。大きすぎてコンピュータのメモリには収まりきらないデータもある。そのような場合は、ハードディスクドライブ（HDD）、ソリッドステートドライブ（SSD）、あるいはネットワーク越しのサーバーなど、外部ストレージにデータを保持するしかない。

外部ストレージへのデータアクセスは非常に遅い。この本を書くのに使っているコンピュータでは、ハードディスクへの平均アクセス時間は19msである。SSDでも0.3msかかる。これに対し、RAMへの平均アクセス時間は0.000113ms未満である。RAMへのアクセスは、SSDと比べて2500倍、HDDと比べると160000倍以上も高速なのである。

RAMのほうが、HDDやSSDよりも、数千倍も高速にランダムアクセスが可能である。この速度そのものには何も特別なことはない。問題は、アクセスにかかる時間だけですべてを説明できるわけではないことにある。HDDやSSD上のバイトにアクセスするとき、実際には、**ブロック（block）**単位で読み出しを行う。コンピュータに接続されている各ドライブのブロックの大きさは4096である[†1]。つまり、1バイトの読み出しをするたびに、ドライブは4096バイトを返してくる。このことを踏まえてデータ構造を設計すれば、どのような操作を完了する場合であれ、HDDやSDDから4096バイトのデータを引き出してこられるだろう。

これが**外部メモリモデル（external memory model）**の背景となる発想だ。図14.1に模式図を示す。このモデルでは、コンピュータはすべてのデータが保存されて

---

†1 訳注：異なる大きさが使われることもあるが、ここでは簡単のため4096で統一している。

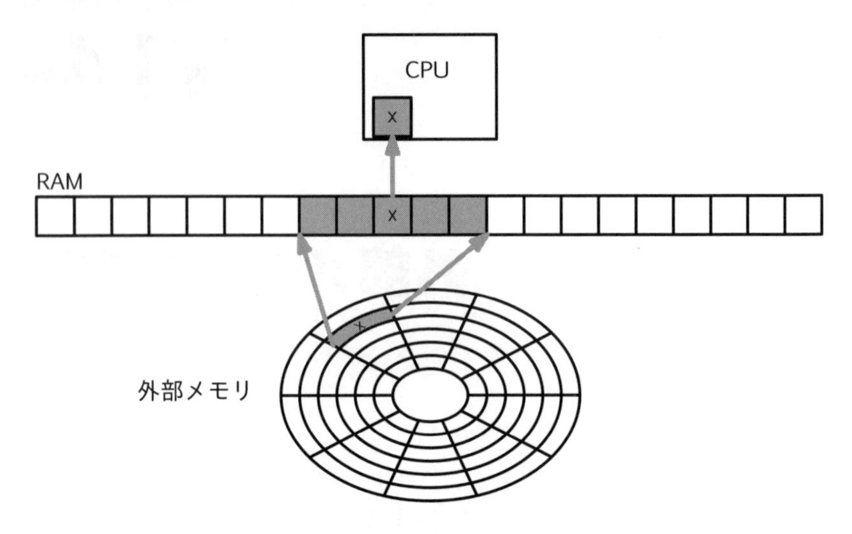

▶ 図14.1　外部メモリモデルでは、外部メモリに含まれる要素xにアクセスするために、xを含むブロックをまるごとRAMに読み込む必要がある

いる大きな外部メモリにアクセスできる。このメモリは**ブロック**に分割されている。各ブロックはBワードのデータを含む。コンピュータには、計算を実行できる有限の内部メモリもある。内部メモリと外部メモリの間でブロックを転送するには一定の時間がかかる。内部メモリでの計算は**フリー**である。つまり、一切の時間がかからない。奇妙な仮定に感じるかもしれないが、外部メモリへのアクセスが非常に遅いことを強調しているだけである。

本格的な外部メモリモデルでは、内部メモリの大きさも変数として考慮する必要がある。しかし、この章で扱うデータ構造では、大きさが$O(B + \log_B \mathtt{n})$の内部メモリがあると考えれば十分である。つまり、定数個のブロックと高さ$O(\log_B \mathtt{n})$のスタックを保持できるだけの内部メモリが必要ということである。必要な内部メモリの大きさを左右するのは、多くの場合、$O(B)$の項である。例えば、Bが比較的小さな値32であるとしても、すべての$\mathtt{n} \le 2^{160}$について$B \ge \log_B \mathtt{n}$が成り立つ。十進表記で書くと、以下を満たす任意の$\mathtt{n}$について$B \ge \log_B \mathtt{n}$が成り立つ。

$$\mathtt{n} \le 1,461,501,637,330,902,918,203,684,832,716,283,019,655,932,542,976$$

14.1 BlockStore

外部メモリにはHDDやSSDなどさまざまなデバイスが含まれる。ブロックの大きさはデバイスごとに定義されており、それぞれ独自のシステムコールによってアクセスされる。汎用性がある考え方を伝えるために、この章では解説を単純にしたいので、BlockStoreというオブジェクトで外部メモリのデバイスを隠蔽することにする。BlockStoreには、ブロックの集まりが格納されている。各ブロックの大きさはBである。各ブロックは整数のインデックスで一意に識別できる。BlockStoreがサポートする操作は次のとおり。

1. readBlock(i)：インデックスiで示されるブロックの内容を返す
2. writeBlock(i,b)：インデックスiで示されるブロックにbの内容を書く
3. placeBlock(b)：新規のインデックスを返し、そのインデックスが示すブロックにbの内容を書く
4. freeBlock(i)：インデックスiが示すブロックを開放する。これは、指定したブロックの内容をもう使わず、このブロックに割り当てられていた外部メモリを別の用途に使ってよいことを意味する

Bバイトごとのブロックに分割されたディスク上のファイルがBlockStoreであると考えるとわかりやすいだろう。readBlock(i)およびwriteBlock(i,b)は、このファイルに対するバイト列$\mathtt{i}B,\ldots,(\mathtt{i}+1)B-1$の読み書きに相当する。さらに、BlockStoreでは、利用可能なブロックからなる**フリーリスト**を保持してもよい。フリーリストには、freeBlock(i)により解放されたブロックを追加する。そのうえでplaceBlock(b)ではフリーリストのブロックを使い、もし利用可能なフリーリストがなければファイルの末尾に新しいブロックを追加すればよい。

14.2 B木

この節では、B木と呼ばれる、二分木を一般化したデータ構造について説明する。B木は外部メモリモデルにおける効率的なデータ構造である。なお、9.1節で説明した2-4木の自然な一般化としてB木を考えることもできる（B木において$B=2$とおくと2-4木になる）。

$B\geq 2$を任意の整数とする。**B木**とは、すべての葉が同じ深さにある木であり、すべての根でない内部ノードuについて、その子の数がB以上$2B$以下であるようなものである。ノードuの子は、配列u.childrenに格納される。根については、子の数に対する条件を緩くして、2以上$2B$以下とする。

B木の高さがhのとき、葉の数ℓは次の式を満たす。

$$2B^{h-1}\leq \ell \leq (2B)^h$$

この式の左辺は、根の子が2個のみですべての内部ノードがB個の子を持つときの葉の数に対応する。右辺は、葉以外のノードの子がすべて$2B$個であるときの葉の数に対応する。最初の不等式の両辺から対数を取り、項を並べ替えると、次の式が得られる。

$$
\begin{aligned}
h &\le \frac{\log \ell - 1}{\log B} + 1 \\
&\le \frac{\log \ell}{\log B} + 1 \\
&= \log_B \ell + 1
\end{aligned}
$$

つまり、B木の高さはBを底とする葉の数の対数に比例する。

B木における各ノードuには、キーの配列u.keys[0],...,u.keys[$2B-1$]を格納する。uがk個の子を持つ内部ノードのとき、uに格納されるキーの数はちょうど$k-1$個であり、それぞれu.keys[0],...,u.keys[$k-2$]に格納される。u.keysにおける残りの$2B-k+1$個の配列のエントリはnullにしておく。uが根でない葉ノードのとき、uは$B-1$個以上$2B-1$個以下のキーを持つ。B木におけるキーは、二分探索木と同様の順序に従う。$k-1$個のキーを格納する任意のノードuは次の式を満たす[†2]。

$$\texttt{u.keys}[0] < \texttt{u.keys}[1] < \cdots < \texttt{u.keys}[k-2]$$

uが内部ノードなら、任意の$\texttt{i} \in \{0,\ldots,k-2\}$について、u.keys[i]はu.children[i]を根とする部分木に格納されるどのキーよりも大きく、u.children[i + 1]を根とする部分木に格納されるどのキーよりも小さい。つまり、厳密な書き方ではないが、次が成り立つ。

$$\texttt{u.children[i]} \prec \texttt{u.keys[i]} \prec \texttt{u.children[i+1]}$$

$B=2$であるBの例を図14.2に示す。

B木のノードに格納されるデータの大きさは$O(B)$である。そのため、外部メモリとして使うことを考えると、B木のBの値は外部メモリのブロックの大きさに合わせて選ぶことになる。そうすれば、外部メモリモデルにおいてB木の操作にかかる時間は、操作時にアクセス（読み書き）するノードの数に比例する。

例えば、キーが4バイト整数であり、ノードのインデックスも4バイトであるとする。このとき、$B=256$とすれば、各ノードは次式により4096バイトのデータを格納することになる。

$$(4+4) \times 2B = 8 \times 512 = 4096$$

[†2] 訳注：この本では、B木をキーの重複がないSSetインターフェースを実装するために使うので、等号なしの不等号になる。キーの重複があるmultisetの実装時は、$\texttt{u.keys}[0] \le \texttt{u.keys}[1] \le \cdots \le \texttt{u.keys}[k-2]$、$\texttt{u.children[i]} \le \texttt{u.keys[i]} \le \texttt{u.children[i+1]}$を満たす。

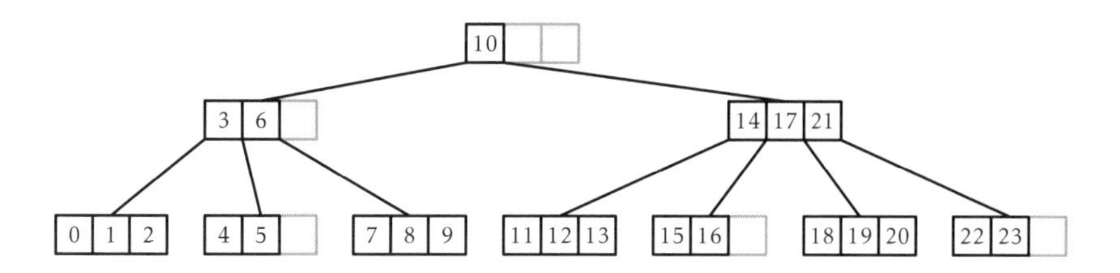

▶ 図14.2　$B = 2$であるB木

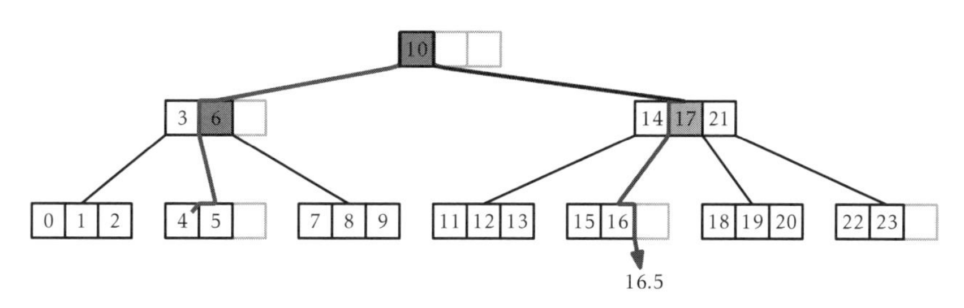

▶ 図14.3　B木における成功する探索（4を探す）と、失敗する探索（16.5を探す）の様子。色を付けたノードは探索の途中に値が更新されるものである

この章の冒頭で説明したように、ハードディスクやSSDのブロックサイズは4096バイトなので、このBはこれらのデバイスに適した値である。

BTreeクラスは、B木の実装である。BTreeクラスには、BlockStoreオブジェクトbsを格納する。このbsに、根のインデックスriと、BTreeのノードを格納する。他のデータ構造の場合と同様に、整数nはデータ構造の要素数を表す。

BTree
```
int n; // 木に含まれる要素の個数
int ri; // 根のインデックス
BlockStore<Node*> bs;
```

14.2.1　要素の探索

find(x)の実装（図14.3に示したもの）は、二分探索木におけるfind(x)操作の一般化である。xの探索を根から開始し、ノードuのキーを利用して、uの子のうちのどちらに探索を進めるべきかを決める。

具体的には、ノードuにおいて、探索しているxがu.keysに格納されているかどうかを確認する。格納されていれば、xが見つかったので処理を終了する。格納されていなければ、u.keys[i] > xを満たす最小の整数iを求め、u.children[i]を根とする部分木に進んで探索を続ける。u.keysにxより大きなキーがないときは、uの一番

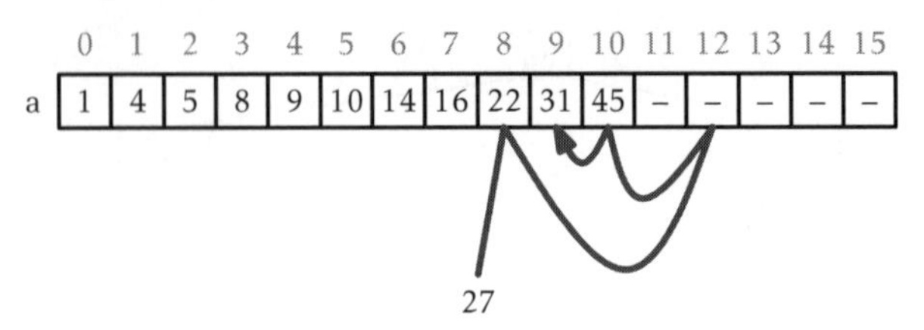

▶ 図14.4　findIt(a,27) を実行する様子

右の子に進んで探索を続ける。二分探索木の場合と同様に、このアルゴリズムでは、xより大きなキーのうち最後に訪れたものzを記録しておく。xが見つからなかったときは、x以上の最小の値であるzを返す。

BTree
```
T find(T x) {
  T z = null;
  int ui = ri;
  while (ui >= 0) {
    Node *u = bs.readBlock(ui);
    int i = findIt(u->keys, x);
    if (i < 0) return u->keys[-(i+1)]; // 見つけた
    if (u->keys[i] != null)
      z = u->keys[i];
    ui = u->children[i];
  }
  return z;
}
```

find(x) の肝は、nullで埋められた配列aからxを探す、findIt(a,x) というメソッドである。図14.4に示したように、a[0],...,a[$k-1$] はキーが整列された状態であり、a[k],...,a[a.length -1] にはすべてnullが入っている。xがこの配列のi番めの位置に入っているとき、findIt(a,x) は $-$i -1 を返す。そうでないときは、a[i] > xまたはa[i] = nullを満たす最小のインデックスiを返す。

BTree
```
int findIt(array<T> &a, T x) {
  int lo = 0, hi = a.length;
  while (hi != lo) {
    int m = (hi+lo)/2;
    int cmp = a[m] == null ? -1 : compare(x, a[m]);
    if (cmp < 0)
      hi = m;      // 前半を見る
    else if (cmp > 0)
      lo = m+1;    // 後半を見る
    else
      return -m-1; // 見つけた
  }
  return lo;
}
```

findIt(a,x) では二分探索を使う。各ステップで探索空間が半分ずつ減っていくので、$O(\log(\mathtt{a.length}))$ の時間で処理が完了する。この実装では $\mathtt{a.length} = 2B$ なので、$\mathtt{findIt(a,x)}$ の（RAMモデルでの）実行時間は $O(\log B)$ である。

B 木における $\mathtt{find(x)}$ の実行時間は、ワードRAMモデル（全命令を数える）でも、外部メモリモデル（アクセスするノードの数だけを数える）でも解析できる。B 木の葉には、少なくとも1つのキーが格納されており、ℓ 個の葉を持つ B 木の高さは $O(\log_B \ell)$ なので、$\mathtt{n}$ 個のキーを格納する B 木の高さは $O(\log_B \mathtt{n})$ である。よって、外部メモリモデルにおける $\mathtt{find(x)}$ の実行時間は $O(\log_B \mathtt{n})$ である。ワードRAMモデルにおける実行時間を計算するためには、アクセスするすべてのノードについて、$\mathtt{findIt(a,x)}$ 呼び出しのコストを考えればよい。したがって、この場合の $\mathtt{find(x)}$ の実行時間は次のようになる。

$$O(\log_B \mathtt{n}) \times O(\log B) = O(\log \mathtt{n})$$

14.2.2 要素の追加

B 木と、6.2節で説明した BinarySearchTree との重要な違いは、B 木のノードには親へのポインタがないことである。なぜ B 木で親へのポインタを保持していないかは、あとで軽く説明する。親へのポインタがないことから、B 木における $\mathtt{add(x)}$ と $\mathtt{remove(x)}$ は再帰を使って実装するのが最も簡単である。

他のバランスされた探索木と同様に、$\mathtt{add(x)}$ では何らかのバランス調整が必要になる。B 木では、ノードの**分割**によってバランスを調整する。以降の説明は図14.5を見ながら読んでほしい[†3]。分割は二段階の再帰におよぶのだが、$2B$ 個のキーを含んで $2B+1$ 個の子を持つノード $\mathtt{u}$ を引数とする操作であると考えると理解しやすいだろう。新たなノード $\mathtt{w}$ を作り、このノードに $\mathtt{u.children}[B],\ldots,\mathtt{u.children}[2B]$ を引き受けさせる。新たなノード $\mathtt{w}$ には、$\mathtt{u}$ のキーのうち、大きいほうから B 個（$\mathtt{u.keys}[B],\ldots,\mathtt{u.keys}[2B-1]$）も持たせる。この時点で、$\mathtt{u}$ は、B 個の子と B 個のキーを持っている。余分なキーである $\mathtt{u.keys}[B-1]$ は、$\mathtt{u}$ の親に渡す。$\mathtt{u}$ の親には、$\mathtt{w}$ も子として引き受けさせる。

分割で操作するノードは3つあることに注目してほしい。具体的には、$\mathtt{u}$、$\mathtt{u}$ の親、新たなノード $\mathtt{w}$ を操作する。B 木で親へのポインタを持たないことが重要なのは、これが理由である。もし親へのポインタがあれば、$\mathtt{w}$ が引き取る $B+1$ 個の子すべてについて、親へのポインタを $\mathtt{w}$ へのポインタとして書き換える必要がある。これによって外部メモリへのアクセスが3回から $B+4$ 回に増えるので、B が大きいときに B 木が非効率になってしまう。

B 木における $\mathtt{add(x)}$ の様子を図14.6に示す。俯瞰的に捉えると、$\mathtt{add(x)}$ メソッド

[†3] 訳注：図14.5の¢記号は、後の節で実行時間の解析に使うものなので、ここでは無視してよい。

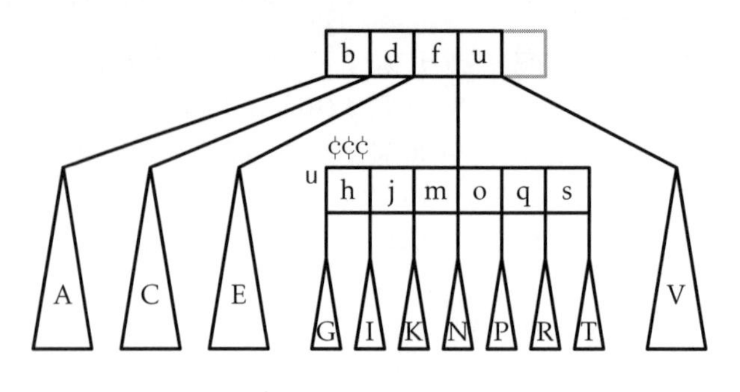

u.split()

⇓

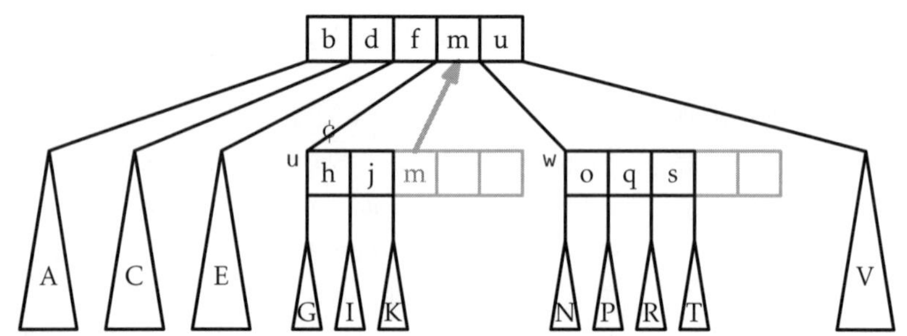

▶図14.5　$B=3$であるB木における、ノードuの分割。キーu.keys[2] = mはuからその親に移る

によって、値xを追加すべき葉uが見つかる。追加によってuが一杯になる（つまり、すでにuに$2B-1$個のキーがある）場合には、uを分割する。それによってuの親が一杯になる場合には、uの親を分割する。それによってuの親の親が一杯になる場合には、uの親の親を分割する……という操作を繰り返す。木を1つずつ上に登りながら、一杯でないノードを見つけるか、根を分割することになるまで、この操作を繰り返す。一杯でないノードが見つかった場合には、単に操作を終了する。根を分割することになる場合には、新たな根を作り、元の根を分割して得られる2つのノードを両方とも新しい根の子にする[†4]。

add(x) メソッドが実行することを整理すると、次のようになる。すなわち、xを追加すべき葉を探して根から開始し、見つけた葉にxを追加して、それから根に向かって戻り、その途中で一杯になったノードを見かけたらすべて分割する。おおまかな動作がわかったところで、再帰的な実装方法を見ていこう。

[†4] 訳注：これに似た議論は9.1.1節に出てくる。

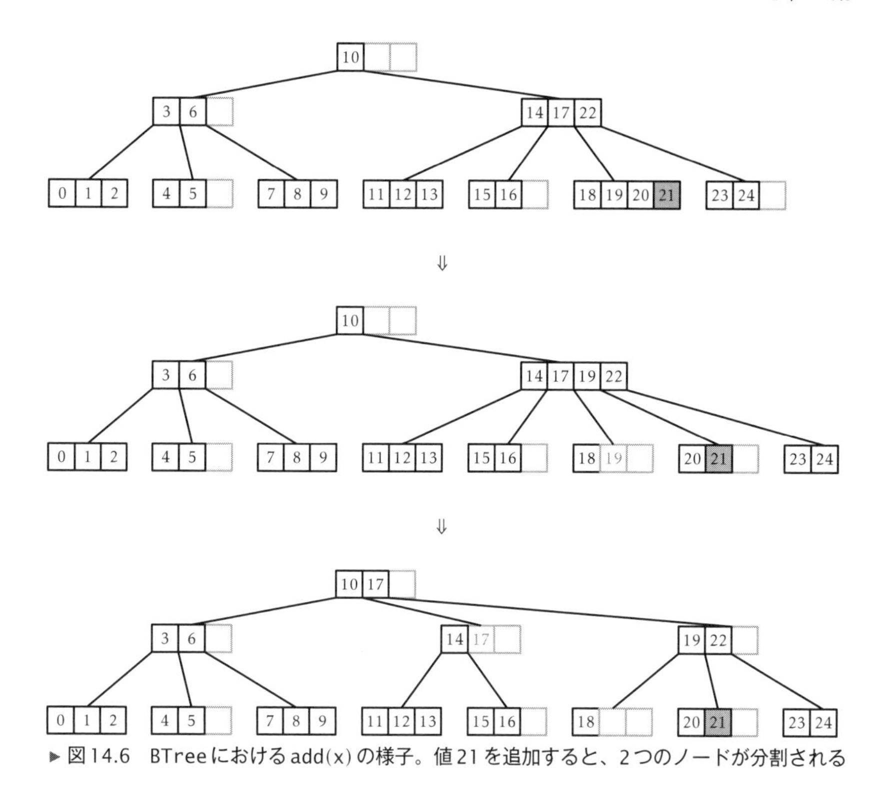

▶図14.6　BTreeにおけるadd(x)の様子。値21を追加すると、2つのノードが分割される

add(x)で処理のほとんどを担当するaddRecursive(x,ui)は、識別子uiを持つノードuを根とする部分木にxを追加するメソッドだ。uが葉なら、単にxをu.keysに挿入する。そうでないときは、uの子のうちで適切なものu′に対し、xを再帰的に処理する。この再帰的な呼び出しは、通常はnullを返すが、u′が分割された場合は、新たに作られるノードwの参照を返すことがある。後者の場合には、uがwを子として最初のキーを引き取り、u′の分割処理を終える。

addRecursive(x,ui)では、uまたはuの子孫にxを追加したあと、uの持つキーが多すぎないか（$2B-1$より多くないか）どうかを確認する。もし多すぎるなら、uを**分割**しなければならないので、u.split()を呼ぶ。u.split()の返り値である新しいノードが、addRecursive(x,ui)の返り値として使われる。

BTree

```
Node* addRecursive(T x, int ui) {
  Node *u = bs.readBlock(ui);
  int i = findIt(u->keys, x);
  if (i < 0) throw(-1);
  if (u->children[i] < 0) { // 葉ノードである。単に追加する
    u->add(x, -1);
    bs.writeBlock(u->id, u);
  } else {
    Node* w = addRecursive(x, u->children[i]);
    if (w != NULL) {  // 子は分割された。w は新たな子である
      x = w->remove(0);
      bs.writeBlock(w->id, w);
      u->add(x, w->id);
      bs.writeBlock(u->id, u);
    }
  }
  return u->isFull() ? u->split() : NULL;
}
```

addRecursive(x,ui) は add(x) の下請けである。add(x) では、x を B 木の根に挿入するために、addRecursive(x,ri) を呼ぶ[†5]。addRecursive(x,ri) によって根が分割される場合、新しい根は、古い根および古い根の分割において新たに作られたノードを子として持つ。

BTree

```
bool add(T x) {
      Node *w;
      try {
        w = addRecursive(x, ri);
      } catch (int e) {
        return false; // 重複した値を加えようとしている
      }
      if (w != NULL) {   // 根は分割された。新たな根を作る
    Node *newroot = new Node(this);
    x = w->remove(0);
    bs.writeBlock(w->id, w);
    newroot->children[0] = ri;
    newroot->keys[0] = x;
    newroot->children[1] = w->id;
    ri = newroot->id;
    bs.writeBlock(ri, newroot);
      }
      n++;
      return true;
}
```

add(x) および addRecursive(x,ui) は、二段階に分けて解析できる。

- **下向きに進む段階**

再帰において下向きに進む段階では、x を追加する前に、各ノードにて findIt(a,x)

†5 訳注：整数 ri は、BTree クラスで根のインデックスとして定義したことを思い出そう。一方で、addRecursive(x,ui) の引数として用いられている ui は、最初の呼び出しでは ri そのものであるが、以降はノード u のインデックスであることに注意。

を呼び、BTreeのノードを順番にアクセスする。find(x)と同様に、このメソッドの実行時間は、外部メモリモデルでは$O(\log_B n)$、ワードRAMモデルでは$O(\log n)$である。

- **上向きに進む段階**
  再帰において上向きに進む段階では、xを追加したあと、合計で最大$O(\log_B n)$回の分割を行う。各分割は3つのノードだけに影響するので、この段階の実行時間は、外部メモリモデルでは$O(\log_B n)$である。しかし、各分割ではB個のキーと子をノードからノードに移すので、ワードRAMモデルでは$O(B\log n)$である。

Bの値はかなり大きくなる。$\log n$と比べてもだいぶ大きいことを思い出そう。そのため、ワードRAMモデルでは、B木への要素の追加はバランスされた二分探索木への追加よりもかなり遅くなる可能性がある。このあと、14.2.4節で、状況がそれほど悲惨ではないことを示す。実は、償却すると、add(x)で実行される分割の回数は定数オーダーなのである。したがって、ワードRAMモデルにおけるadd(x)の償却実行時間は、$O(B+\log n)$である。

14.2.3 ノードの削除

BTreeにおけるremove(x)も、実装には再帰を使うのが最も簡単だ。再帰によるremove(x)の実装は、いくつかのメソッドにまたがる複雑なものだが、図14.7に示したように全体として見ればとても素直である。削除という課題は、うまくキーを入れ替えることで、ある葉uから値x′を削除するという問題に帰結される。x′を削除することで、uの持つキーの数が$B-1$未満になる場合もあるだろう。この状態を**アンダーフロー**（**underflow**）と呼ぶことにする。

アンダーフローが発生した場合、uは、自分の兄弟からキーを借用するか、自分の兄弟のいずれかと併合することになる。兄弟と併合する場合は、uの親が持つ子とキーの数が1ずつ減り、結果として今度はuの親でアンダーフローが発生するかもしれない。このアンダーフローは、再び兄弟からのキーの借用か、兄弟との併合により解決される。併合すれば、今度はuの親の親でアンダーフローが発生するかもしれない。この処理は根へと上向きに進み、アンダーフローが発生しなくなるか、根の2つの子が1つに併合されるかすれば終了する。後者の場合は根が削除され、その唯一の子が新たな根になる。

それでは、各ステップの実装方法を詳細に見ていこう。remove(x)で最初にすべきことは、削除する要素xの探索である。xが葉で見つかったなら、その葉からxを削除する。そうでなく、xがある内部ノードuのu.keys[i]で見つかったなら、u.children[i+1]を根とする部分木の最小値x′を削除する。x′は、xより大きい値

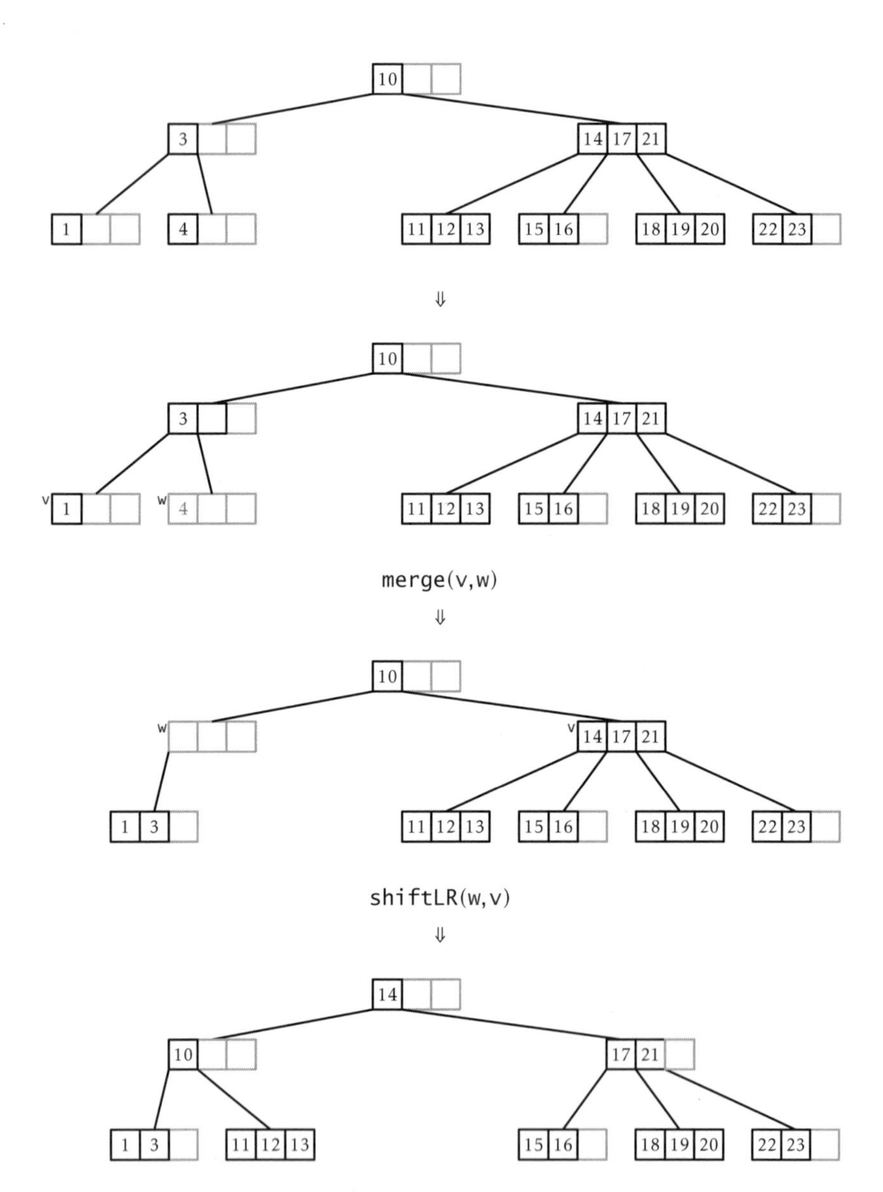

▶図14.7　この B 木から値4を削除すると、併合と借用が1回ずつ発生する

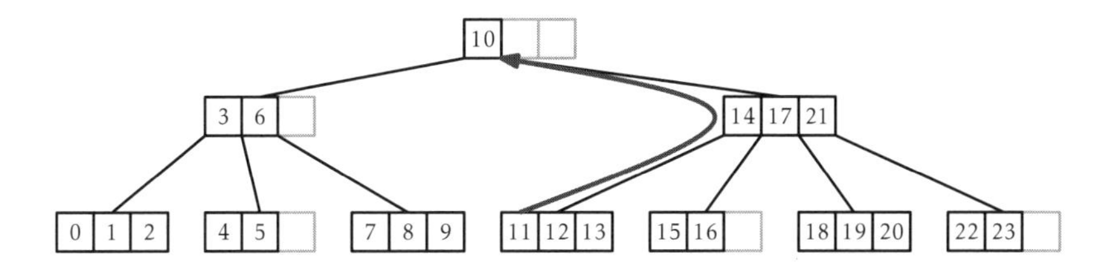

⇓

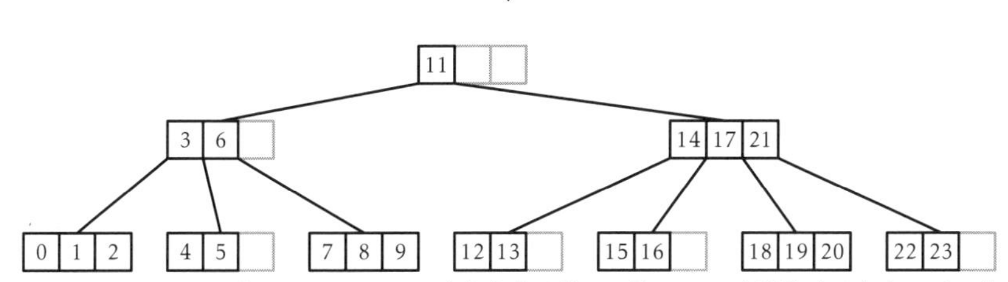

▶ 図14.8　BTreeにおいてremove(x)を実行する様子。値 $x = 10$ を削除するとき、その値を $x' = 11$ で上書きし、値11を含む葉を削除する

を格納するBTreeの最小値である。続いて、x′の値でu.keys[i]のxを置き換える。図14.8にこの処理の様子を示す。

removeRecursive(x,ui)は、上記で説明したアルゴリズムの再帰的な実装である。

BTree

```
T removeSmallest(int ui) {
  Node* u = bs.readBlock(ui);
  if (u->isLeaf())
    return u->remove(0);
  T y = removeSmallest(u->children[0]);
  checkUnderflow(u, 0);
  return y;
}
bool removeRecursive(T x, int ui) {
  if (ui < 0) return false;  // 見つからなかった
  Node* u = bs.readBlock(ui);
  int i = findIt(u->keys, x);
  if (i < 0) { // 見つけた
    i = -(i+1);
    if (u->isLeaf()) {
      u->remove(i);
    } else {
      u->keys[i] = removeSmallest(u->children[i+1]);
      checkUnderflow(u, i+1);
    }
    return true;
  } else if (removeRecursive(x, u->children[i])) {
    checkUnderflow(u, i);
    return true;
  }
  return false;
}
```

removeRecursive(x,ui)では、uのi番めの子から値xを再帰的に削除したあと、この子が少なくとも$B-1$個のキーを持っていることを保証しなければならない。上記のコードでは、checkUnderflow(x,i)がこの処理を行っている。このメソッドは、uのi番めの子についてアンダーフローの発生を確認し、修正する。wをuのi番めの子とする。wのキーが$B-2$個しかないなら、修正の必要がある。これにはwの兄弟を利用する。uのi+1番め、またはi−1番めの子を使う。通常はuのi−1番めの子v、つまりwのすぐ左の兄弟を使う。i=0のときだけはこれがうまくいかないので、wのすぐ右の兄弟を使う。

```
void checkUnderflow(Node* u, int i) {
  if (u->children[i] < 0) return;
  if (i == 0)
    checkUnderflowZero(u, i); // u の右の兄弟を使う
  else
    checkUnderflowNonZero(u, i);
}
```
BTree

ここではi≠0の場合のみを考え、uのi番めの子で発生したアンダーフローがuの(i−1)番めの子の助けを借りて修正できることを確認する。i=0の場合も同様に処理できるので、詳細はソースコードを参照してほしい。

wにおけるアンダーフローを解決するには、wに追加するキー（場合によっては子も）を見つけてくる必要がある。そのための操作は2種類ある。

- **借用**
  wの兄弟vが持っているキーの個数が$B-1$より多ければ、wはvからキー（場合によっては子も）を借りられる。具体的には、vのキーの個数がsize(v)なら、vとwとが持っているキーの個数の合計は次のようになる。

  $$B-2+\mathtt{size}(\mathrm{v}) \geq 2B-2$$

  よって、vからwにキーを移し、vとwのいずれもが$B-1$個以上のキーを持つ状態にできる。この操作の様子を図14.9に示す。

- **併合**
  vのキーの個数が$B-1$個だけしかないとき、vにはキーを渡す余裕がないので、もっと思い切った操作が必要になる。それは、図14.10に示すように、vとwの**併合**である。併合は分割とは逆の操作である。合計で$2B-3$個のキーを持つ2つのノードを併合し、$2B-2$個のキーを持つ1つのノードにする（併合されたノードでキーの個数が1つ増えるのは、vとwを併合すると両者の親uの子の数が1つ減るので、uが保有するキーの1つを併合されたノードに受け渡す必要があるからである）。

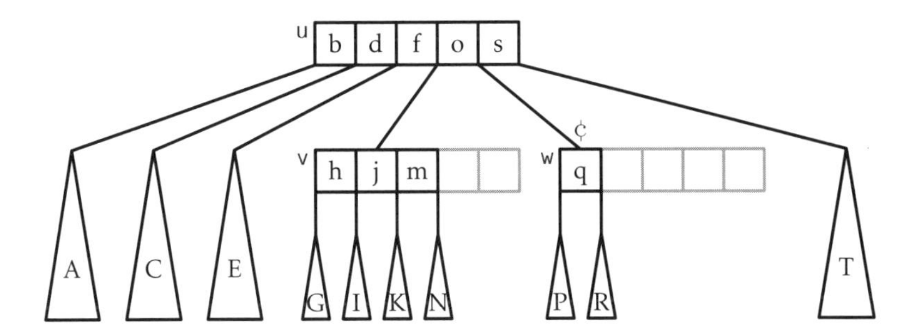

shiftRL(v,w)

⇓

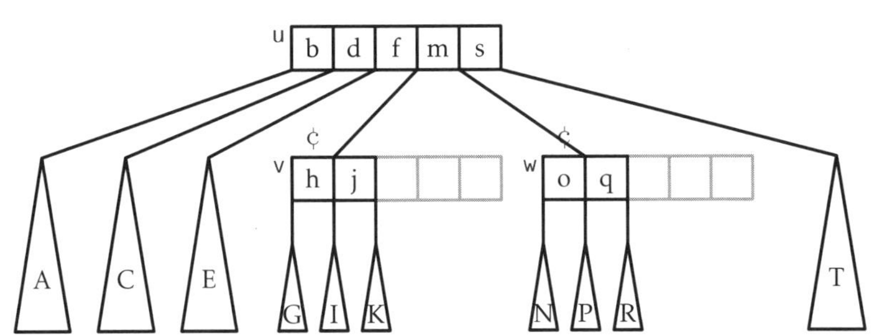

▶ 図14.9 vのキーの個数が$B-1$個より多いとき、wはvからキーを借りられる

BTree
```
void checkUnderflowZero(Node *u, int i) {
  Node *w = bs.readBlock(u->children[i]);
  if (w->size() < B-1) {  // w でアンダーフローが発生
    Node *v = bs.readBlock(u->children[i+1]);
    if (v->size() > B) { // w は v から借用できる
      shiftRL(u, i, v, w);
    } else { // v は w を併合する
      merge(u, i, w, v);
      u->children[i] = w->id;
    }
  }
}
void checkUnderflowNonZero(Node *u, int i) {
  Node *w = bs.readBlock(u->children[i]);
  if (w->size() < B-1) {  // w でアンダーフローが発生
    Node *v = bs.readBlock(u->children[i-1]);
    if (v->size() > B) {  // w は v から借用できる
      shiftLR(u, i-1, v, w);
    } else { // v は w を併合する
      merge(u, i-1, v, w);
    }
  }
}
```

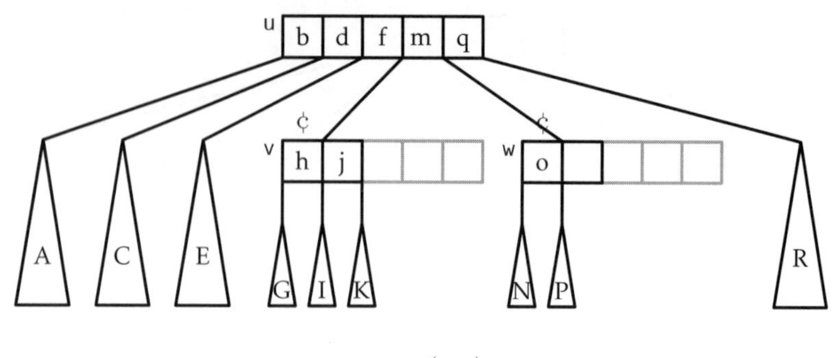

merge(v,w)
⇓

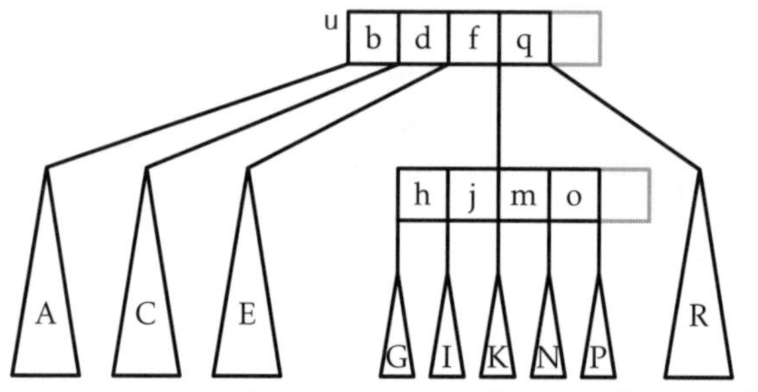

▶ 図14.10　$B=3$ である B 木の兄弟 v と w を併合する

まとめると、B 木における remove(x) では、根から葉まである経路を辿り、x′ を葉 u から削除して、そのあとで 0 回以上の併合を u とその祖先に対して実行し、高々 1 回の借用をする。併合や借用では 3 つのノードしか修正せず、操作の回数は $O(\log_B \mathtt{n})$ なので、外部メモリモデルにおける remove(x) の全体としての実行時間は $O(\log_B \mathtt{n})$ である。ただし、ワード RAM モデルでは併合やノードの借用に $O(B)$ だけの時間がかかるので、remove(x) の実行時間は $O(B\log_B \mathtt{n})$ である（それ以上のことは現時点ではわからない）。

14.2.4　B 木の償却解析

ここまでに、次の事実を見てきた。

1. 外部メモリモデルでは、B 木における find(x)、add(x)、remove(x) の実行時間はそれぞれ $O(\log_B \mathtt{n})$ である
2. ワード RAM モデルでは、find(x) の実行時間は $O(\log \mathtt{n})$ であり、add(x) および remove(x) の実行時間は $O(B\log \mathtt{n})$ である

次の補題により、B木における分割および併合操作の回数に関するこれまでの見積もりが過剰であったことがわかる。

補題 14.1：

空のB木から始めて、add(x) および remove(x) からなるm個の操作の列を順に実行するとき、分割、併合、借用は合わせて高々$3m/2$回しか実行されない。

証明： $B = 2$という特別な場合については、すでに9.3節で証明の概要を示した。この補題を証明するには、次のような性質のもとで出納法を使えばよい。

1. 分割、併合、借用の際に、預金2を支払う（失う）
2. add(x) または remove(x) の際には、最大で預金3が得られる

最大で得られる預金が$3m$であり、分割、併合、借用されるたびに支払う預金が2なので、最大で$3m/2$回の分割、併合、借用が実行されることになる。図14.5、図14.9、図14.10では、預金を¢で表した。

証明では、預金の値を追うために、次の**預金不変条件（credit invariant）**を考える。

- $B-1$個のキーを持つ任意の根でないノードは預金を1だけ持つ
- $2B-1$個のキーを持つノードは預金を3だけ持つ
- B以上$2B-2$以下のキーを持つノードは預金を持たない

そのうえで、毎回の add(x) および remove(x) の操作で預金不変条件を保持できること、証明の冒頭で提示した性質1と2を満たせることを示せばよい。

追加の場合

add(x) では併合や借用が発生しないので、分割だけを考えれば十分である。

すでに$2B-1$個のキーを持つノード u にキーを追加すると、分割が発生する。この場合、u は2つのノード u′ と u″ に分割され、それぞれは$B-1$個およびB個のキーを持つ。直前には u が$2B-1$個のキーを持っていたので、預金は3あった。そのうちの2は分割のために支払われ、残りの1は$B-1$個のキーを持つ u′ に渡されるので、預金不変条件は保持される。よって、いかなる分割においても、預金不変条件を保ちながら、その分割のための預金を支払える。

それ以外に、add(x) の実行中にノードに対して発生する操作は、分割が起こるとして、それらの分割がすべて終わったあとで実行される。発生する操作は、新たなキーをあるノード u′ に追加する処理に関係するものだ。それ以前に u′ の子の数が$2B-2$個だったならば、子の数が$2B-1$になるので、u′ は預金3を得ることになる。add(x) メソッドによって放出される預金はこれだけである。

● **削除の場合**

remove(x) の際には、0回以上の併合と、それに続く借用が1回発生する可能性がある。併合が発生するのは、remove(x) を呼ぶ前に2つのノードvとwが共に$B-1$個のキーを持っていて、この2つのノードが$2B-2$個のキーを持つ1つのノードに併合されるという状況である。そのため、併合のたびに、併合に使われる預金2が支払われている。

併合のあとには、借用が高々1回発生する。それ以降は、併合も借用も発生しない。借用が起こるのは、$B-1$個のキーを持つ葉vからキーを削除する場合に限られる。このときvは預金1を持っており、この預金が借用のコストとして使われる。しかし、借用のコストは2なので、預金が1足らない。支払いを完了するには、預金があと1必要である。

この時点で作り出した預金が1あるので、預金不変条件が保持されていることを示す必要がある。最悪の場合、vの兄弟wが借用の前にちょうどB個のキーを持っていて、直後にはvとwが両方とも$B-1$個のキーを持つことになる。これは、操作が完了するとき、vとwが預金を1持っている必要があることを意味する。この場合には、vとwに渡すために、追加で2の預金を作る必要がある。借用はremove(x) の処理において高々1回発生するので、必要に応じて最大で3の預金を作ることになる。

remove(x) において借用が発生しないのは、操作の前にB個以上のキーを持っていたノードからキーを削除して終了した場合である。最悪の場合、キーを削除されたノードは操作の前にちょうどB個のキーを持っていて、そのため操作後のキーの個数が$B-1$になっているので、作った預金から1を与えなければならない。

削除が借用で終わるにせよ、そうでないにせよ、預金不変条件を保持して併合と借用のコストを支払うためには、remove(x) の呼び出しに際して高々3の預金を作る必要がある。以上より補題が示された。 □

補題 14.1の目的は、ワードRAMモデルにおいてadd(x) およびremove(x) からなるm個の操作の列を順に実行するとき、分割、併合、借用にかかる時間が合わせて$O(Bm)$であることを示すことにあった。つまり、これらの操作の償却コストは$O(B)$であり、ワードRAMモデルにおけるadd(x) およびremove(x) の償却コストは$O(B+\log \mathrm{n})$である。この結果を次の2つの定理にまとめる。

定理 14.1：

［外部メモリモデルにおけるB木］BTreeはSSetインターフェースを実装する。BTreeはadd(x)、remove(x)、find(x) をサポートし、外部メモリモデルではいずれの実行時間も$O(\log_B \mathrm{n})$である。

定理 14.2：

［ワードRAMモデルにおけるB木］BTreeはSSetインターフェースを実装する。BTreeはadd(x)、remove(x)、find(x) をサポートする。ワードRAMモデルでは、分割、併合、借用のコストを無視すると、いずれの実行時間も$O(\log_B \mathrm{n})$である。さらに、

> 空の`BTree`に対して`add(x)`および`remove(x)`からなるm個の操作の列を順に実行するとき、分割、併合、借用のためにかかる時間は合わせて$O(Bm)$である。

14.3 ディスカッションと練習問題

外部メモリモデルを提案したのはAggarwalとVitterである[4]。このモデルは**I/Oモデル**や**ディスクアクセスモデル**と呼ばれることもある。

B木は、内部メモリを使った探索における二分探索木を、外部メモリの場合に拡張したものである。B木は、McCreightが1970年に提案した[9]。それから10年を待たずして、Comerによるサーベイ（論文のタイトルは"The Ubiquitous B-Tree"）が出版され、その中でB木は「このデータ構造はいたるところで使われている」と紹介された[15]。

二分探索木と同様に、B木には多くの種類がある。例えば、B^+木、B^*木、counted B木などである。B木は、多くのファイルシステムにおける基本的なデータ構造として、本当にいたるところで使われている。例えば、AppleのHFS+、MicrosoftのNTFS、LinuxのExt4などがある。すべてのメジャーなデータベースシステムもB木の例である。クラウドコンピューティングで使われているキーバリューストアにも利用例がある。Graefeによる近年のサーベイ[36]では、200ページ以上にわたって、B木の現代における応用やデータ構造の変種、最適化などが述べられている。

B木は`SSet`インターフェースを実装する。`USet`インターフェースだけが必要なら、B木の代わりに外部メモリハッシュ法を使うこともできるだろう。外部メモリハッシュ法も広く研究されている。例えばJensenとPaghの論文[43]を見てほしい。外部メモリハッシュ法では、$O(1)$の期待実行時間で、外部メモリモデルにおいて`USet`の操作を実行できる。しかし、いくつかの理由から、多くのアプリケーションでは`USet`の操作だけが必要だとしてもB木を使っている。

B木がよく利用される理由のひとつに、$O(\log_B n)$という実行時間の上界から受ける印象よりも実際の性能がよい場合が少なくないという点が挙げられる。外部メモリモデルでは、Bの値はふつうかなり大きく、数百あるいは数千である。そのため、B木におけるデータのうち99%、あるいは99.9%は葉に保存されている。大きなメモリを持つデータベースシステムでは、内部ノードはすべてのデータのうちの1%、あるいは0.1%程度なので、すべてRAMにキャッシュできるかもしれない。この場合、B木の検索ではRAM上にある内部ノードをすべて非常に高速に処理でき、外部メモリに1回だけアクセスして葉が得られる。

問 14.1： 図14.2のB木に1.5、7.5を順に追加するときの様子を描け。

問 14.2： 図14.2のB木から3、4を順に削除するときの様子を描け。

問 14.3： n個のキーを格納するB木の内部ノードの数の最大値を求めよ。（これはnとBの関数である。）

問 14.4： この章の冒頭で、B木の内部メモリとして必要なのは$O(B+\log_B n)$だけであると述べた。しかし、この章で示した実装では、実はより多くのメモリが必要である。

1. この章で示したadd(x)およびremove(x)の実装では、$B\log_B n$に比例する内部メモリを使うことを示せ。
2. これを$O(B+\log_B n)$に減らすための修正方法を説明せよ。

問 14.5： 補題14.1の証明で使った預金の様子を、図14.6と図14.7の木に描け。また、追加の預金3で分割、併合、借用のコストを支払い、預金不変条件を保持できることを確認せよ。

問 14.6： B木を修正し、ノードの子の数がB以上$3B$以下（したがってキーの数は$B-1$以上$3B-1$以下）のデータ構造を設計せよ。また、この新しいB木では、m回の操作を順に実行する際に$O(m/B)$回だけ分割、併合、借用を実行することを示せ。（ヒント：これを実現するには、場合によっては併合が必要になる前に2つのノードを併合して、より積極的に併合処理を実施する必要があるだろう。）

問 14.7： この練習問題では、B木の分割と併合を修正して最大で3つのノードを一度に考慮することで、分割、借用、併合処理の漸近的な実行回数を減らす。

1. 一杯になったノードをuとし、uのすぐ右の兄弟をvとする。uのノードが溢れるのを解消する方法は2通りある。
   (a) uのキーをいくつかvに渡す
   (b) uを分割し、uとvのキーを平等にuとv、それに新しいノードwで分け合う

   この操作のあと、ある定数$\alpha>0$について、関連する（最大3つの）ノードはいずれも$B+\alpha B$個以上$2B-\alpha B$個以下のキーを持つようにできることを示せ
2. ノードuはアンダーフローしているものとし、vおよびwをuの兄弟とする。uのアンダーフローを解消する方法は2通りある。
   (a) u、v、wの間でキーを分配し直す
   (b) u、v、wを併合して2つのノードにする。それぞれが持っていたキーを2つのノードに分配し直す

   この操作のあと、ある定数$\alpha>0$について、関連する（最大3つの）ノードはいずれも$B+\alpha B$個以上$2B-\alpha B$個以下のキーを持つようにできることを示せ
3. 以上の修正によって、m回の操作を実行する間に発生する併合、借用、分割の回数が$O(m/B)$になることを示せ。

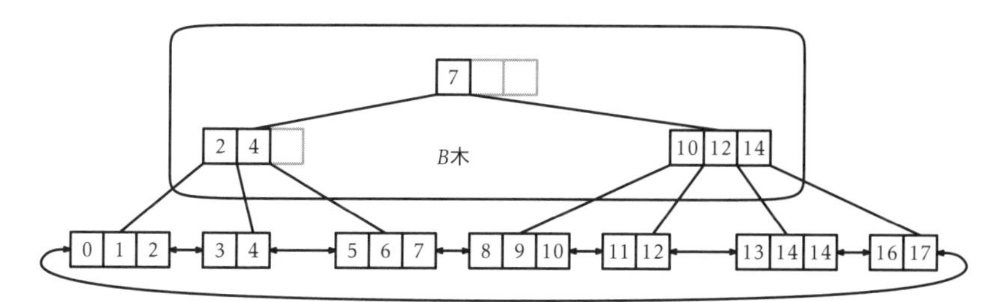

▶ 図14.11 B^+木は、双方向連結リストの上にB木が乗ったデータ構造である

問 14.8： 図14.11に示したB^+木では、すべてのキーを葉に格納し、すべての葉を双方向連結リストとして格納する。これまで通り、葉にはそれぞれ$B-1$個以上$2B-1$個以下のキーを格納する。葉よりも上側の部分は通常のB木であり、その内部ノードには、葉のリストのうち末尾を除いた最大の値が格納されている。

1. B^+木における add(x)、remove(x)、find(x) の高速な実装を説明せよ。
2. findRange(x,y) の効率的な実装方法を説明せよ。これは、B^+木に含まれる x より大きく y より小さい値をすべて報告するメソッドである。
3. find(x)、add(x)、remove(x)、findRange(x,y) を持つクラス BPlusTree を実装せよ。
4. B^+木では、B木の部分とリストの部分の両方に同じキーを格納するため、キーの重複がある。Bの値が大きいとき、この重複が深刻な問題にならない理由を説明せよ。

参考文献

[1] Free eBooks by Project Gutenberg. URL: http://www.gutenberg.org/ [cited 2011-10-12].

[2] IEEE Standard for Floating-Point Arithmetic. Technical report, Microprocessor Standards Committee of the IEEE Computer Society, 3 Park Avenue, New York, NY 10016-5997, USA, August 2008. doi:10.1109/IEEESTD.2008.4610935.

[3] G. Adelson-Velskii and E. Landis. An algorithm for the organization of information. *Soviet Mathematics Doklady*, 3(1259-1262):4, 1962.

[4] A. Aggarwal and J. S. Vitter. The input/output complexity of sorting and related problems. *Communications of the ACM*, 31(9):1116–1127, 1988.

[5] A. Andersson. Improving partial rebuilding by using simple balance criteria. In F. K. H. A. Dehne, J.-R. Sack, and N. Santoro, editors, *Algorithms and Data Structures, Workshop WADS '89, Ottawa, Canada, August 17–19, 1989, Proceedings*, volume 382 of *Lecture Notes in Computer Science*, pages 393–402. Springer, 1989.

[6] A. Andersson. Balanced search trees made simple. In F. K. H. A. Dehne, J.-R. Sack, N. Santoro, and S. Whitesides, editors, *Algorithms and Data Structures, Third Workshop, WADS '93, Montréal, Canada, August 11–13, 1993, Proceedings*, volume 709 of *Lecture Notes in Computer Science*, pages 60–71. Springer, 1993.

[7] A. Andersson. General balanced trees. *Journal of Algorithms*, 30(1):1–18, 1999.

[8] A. Bagchi, A. L. Buchsbaum, and M. T. Goodrich. Biased skip lists. In P. Bose and P. Morin, editors, *Algorithms and Computation, 13th International Symposium, ISAAC 2002 Vancouver, BC, Canada, November 21–23, 2002, Proceedings*, volume 2518 of *Lecture Notes in Computer Science*, pages 1–13. Springer, 2002.

[9] R. Bayer and E. M. McCreight. Organization and maintenance of large ordered indexes. In *SIGFIDET Workshop*, pages 107–141. ACM, 1970.

[10] Bibliography on hashing. URL: http://liinwww.ira.uka.de/bibliography/Theory/hash.html [cited 2011-07-20].

[11] J. Black, S. Halevi, H. Krawczyk, T. Krovetz, and P. Rogaway. UMAC: Fast and secure message authentication. In M. J. Wiener, editor, *Advances in*

Cryptology - CRYPTO '99, 19th Annual International Cryptology Conference, Santa Barbara, California, USA, August 15–19, 1999, Proceedings, volume 1666 of *Lecture Notes in Computer Science*, pages 79–79. Springer, 1999.

[12] P. Bose, K. Douïeb, and S. Langerman. Dynamic optimality for skip lists and b-trees. In S.-H. Teng, editor, *Proceedings of the Nineteenth Annual ACM-SIAM Symposium on Discrete Algorithms, SODA 2008, San Francisco, California, USA, January 20–22, 2008*, pages 1106–1114. SIAM, 2008.

[13] A. Brodnik, S. Carlsson, E. D. Demaine, J. I. Munro, and R. Sedgewick. Resizable arrays in optimal time and space. In Dehne et al. [18], pages 37–48.

[14] J. Carter and M. Wegman. Universal classes of hash functions. *Journal of computer and system sciences*, 18(2):143–154, 1979.

[15] D. Comer. The ubiquitous B-tree. *ACM Computing Surveys*, 11(2):121–137, 1979.

[16] C. Crane. Linear lists and priority queues as balanced binary trees. Technical Report STAN-CS-72-259, Computer Science Department, Stanford University, 1972.

[17] S. Crosby and D. Wallach. Denial of service via algorithmic complexity attacks. In *Proceedings of the 12th USENIX Security Symposium*, pages 29–44, 2003.

[18] F. K. H. A. Dehne, A. Gupta, J.-R. Sack, and R. Tamassia, editors. *Algorithms and Data Structures, 6th International Workshop, WADS '99, Vancouver, British Columbia, Canada, August 11–14, 1999, Proceedings*, volume 1663 of *Lecture Notes in Computer Science*. Springer, 1999.

[19] L. Devroye. Applications of the theory of records in the study of random trees. *Acta Informatica*, 26(1):123–130, 1988.

[20] P. Dietz and J. Zhang. Lower bounds for monotonic list labeling. In J. R. Gilbert and R. G. Karlsson, editors, *SWAT 90, 2nd Scandinavian Workshop on Algorithm Theory, Bergen, Norway, July 11–14, 1990, Proceedings*, volume 447 of *Lecture Notes in Computer Science*, pages 173–180. Springer, 1990.

[21] M. Dietzfelbinger. Universal hashing and k-wise independent random variables via integer arithmetic without primes. In C. Puech and R. Reischuk, editors, *STACS 96, 13th Annual Symposium on Theoretical Aspects of Computer Science, Grenoble, France, February 22–24, 1996, Proceedings*, volume 1046 of *Lecture Notes in Computer Science*, pages 567–580. Springer, 1996.

[22] M. Dietzfelbinger, J. Gil, Y. Matias, and N. Pippenger. Polynomial hash func-

tions are reliable. In W. Kuich, editor, *Automata, Languages and Programming, 19th International Colloquium, ICALP92, Vienna, Austria, July 13-17, 1992, Proceedings*, volume 623 of *Lecture Notes in Computer Science*, pages 235–246. Springer, 1992.

[23] M. Dietzfelbinger, T. Hagerup, J. Katajainen, and M. Penttonen. A reliable randomized algorithm for the closest-pair problem. *Journal of Algorithms*, 25(1):19–51, 1997.

[24] M. Dietzfelbinger, A. R. Karlin, K. Mehlhorn, F. M. auf der Heide, H. Rohnert, and R. E. Tarjan. Dynamic perfect hashing: Upper and lower bounds. *SIAM J. Comput.*, 23(4):738–761, 1994.

[25] A. Elmasry. Pairing heaps with $O(\log\log n)$ decrease cost. In *Proceedings of the twentieth Annual ACM-SIAM Symposium on Discrete Algorithms*, pages 471–476. Society for Industrial and Applied Mathematics, 2009.

[26] F. Ergun, S. C. Sahinalp, J. Sharp, and R. Sinha. Biased dictionaries with fast insert/deletes. In *Proceedings of the thirty-third annual ACM symposium on Theory of computing*, pages 483–491, New York, NY, USA, 2001. ACM.

[27] M. Eytzinger. *Thesaurus principum hac aetate in Europa viventium (Cologne)*. 1590. In commentaries, 'Eytzinger' may appear in variant forms, including: Aitsingeri, Aitsingero, Aitsingerum, Eyzingern.

[28] R. W. Floyd. Algorithm 245: Treesort 3. *Communications of the ACM*, 7(12):701, 1964.

[29] M. Fredman, R. Sedgewick, D. Sleator, and R. Tarjan. The pairing heap: A new form of self-adjusting heap. *Algorithmica*, 1(1):111–129, 1986.

[30] M. Fredman and R. Tarjan. Fibonacci heaps and their uses in improved network optimization algorithms. *Journal of the ACM*, 34(3):596–615, 1987.

[31] M. L. Fredman, J. Komlós, and E. Szemerédi. Storing a sparse table with 0 (1) worst case access time. *Journal of the ACM*, 31(3):538–544, 1984.

[32] M. L. Fredman and D. E. Willard. Surpassing the information theoretic bound with fusion trees. *Journal of computer and system sciences*, 47(3):424–436, 1993.

[33] I. Galperin and R. Rivest. Scapegoat trees. In *Proceedings of the fourth annual ACM-SIAM Symposium on Discrete algorithms*, pages 165–174. Society for Industrial and Applied Mathematics, 1993.

[34] A. Gambin and A. Malinowski. Randomized meldable priority queues. In *SOFSEM' 98: Theory and Practice of Informatics*, pages 344–349. Springer,

1998.

[35] M. T. Goodrich and J. G. Kloss. Tiered vectors: Efficient dynamic arrays for rank-based sequences. In Dehne et al. [18], pages 205–216.

[36] G. Graefe. Modern b-tree techniques. *Foundations and Trends in Databases*, 3(4):203–402, 2010.

[37] R. L. Graham, D. E. Knuth, and O. Patashnik. *Concrete Mathematics*. Addison-Wesley, 2nd edition, 1994.

[38] L. Guibas and R. Sedgewick. A dichromatic framework for balanced trees. In *19th Annual Symposium on Foundations of Computer Science, Ann Arbor, Michigan, 16–18 October 1978, Proceedings*, pages 8–21. IEEE Computer Society, 1978.

[39] C. A. R. Hoare. Algorithm 64: Quicksort. *Communications of the ACM*, 4(7):321, 1961.

[40] J. E. Hopcroft and R. E. Tarjan. Algorithm 447: Efficient algorithms for graph manipulation. *Communications of the ACM*, 16(6):372–378, 1973.

[41] J. E. Hopcroft and R. E. Tarjan. Efficient planarity testing. *Journal of the ACM*, 21(4):549–568, 1974.

[42] HP-UX process management white paper, version 1.3, 1997. URL: `http://h21007.www2.hp.com/portal/download/files/prot/files/STK/pdfs/proc_mgt.pdf` [cited 2011-07-20].

[43] M. S. Jensen and R. Pagh. Optimality in external memory hashing. *Algorithmica*, 52(3):403–411, 2008.

[44] P. Kirschenhofer, C. Martinez, and H. Prodinger. Analysis of an optimized search algorithm for skip lists. *Theoretical Computer Science*, 144:199–220, 1995.

[45] P. Kirschenhofer and H. Prodinger. The path length of random skip lists. *Acta Informatica*, 31:775–792, 1994.

[46] D. Knuth. *Fundamental Algorithms*, volume 1 of *The Art of Computer Programming*. Addison-Wesley, third edition, 1997.

[47] D. Knuth. *Seminumerical Algorithms*, volume 2 of *The Art of Computer Programming*. Addison-Wesley, third edition, 1997.

[48] D. Knuth. *Sorting and Searching*, volume 3 of *The Art of Computer Programming*. Addison-Wesley, second edition, 1997.

[49] C. Y. Lee. An algorithm for path connection and its applications. *IRE Transaction on Electronic Computers*, EC-10(3):346–365, 1961.

[50] E. Lehman, F. T. Leighton, and A. R. Meyer. *Mathematics for Computer Science*. 2018. URL: http://courses.csail.mit.edu/6.042 [cited 2018-09-17].

[51] C. Martínez and S. Roura. Randomized binary search trees. *Journal of the ACM*, 45(2):288–323, 1998.

[52] E. F. Moore. The shortest path through a maze. In *Proceedings of the International Symposium on the Theory of Switching*, pages 285–292, 1959.

[53] J. I. Munro, T. Papadakis, and R. Sedgewick. Deterministic skip lists. In *Proceedings of the third annual ACM-SIAM symposium on Discrete algorithms (SODA'92)*, pages 367–375, Philadelphia, PA, USA, 1992. Society for Industrial and Applied Mathematics.

[54] Oracle. *The Collections Framework*. URL: http://download.oracle.com/javase/1.5.0/docs/guide/collections/ [cited 2011-07-19].

[55] R. Pagh and F. Rodler. Cuckoo hashing. *Journal of Algorithms*, 51(2):122–144, 2004.

[56] T. Papadakis, J. I. Munro, and P. V. Poblete. Average search and update costs in skip lists. *BIT*, 32:316–332, 1992.

[57] M. Pătraşcu and M. Thorup. Randomization does not help searching predecessors. In N. Bansal, K. Pruhs, and C. Stein, editors, *Proceedings of the Eighteenth Annual ACM-SIAM Symposium on Discrete Algorithms, SODA 2007, New Orleans, Louisiana, USA, January 7-9, 2007*, pages 555–564. SIAM, 2007.

[58] M. Pătraşcu and M. Thorup. The power of simple tabulation hashing. *Journal of the ACM*, 59(3):14, 2012.

[59] W. Pugh. A skip list cookbook. Technical report, Institute for Advanced Computer Studies, Department of Computer Science, University of Maryland, College Park, 1989. URL: ftp://ftp.cs.umd.edu/pub/skipLists/cookbook.pdf [cited 2011-07-20].

[60] W. Pugh. Skip lists: A probabilistic alternative to balanced trees. *Communications of the ACM*, 33(6):668–676, 1990.

[61] Redis. URL: http://redis.io/ [cited 2011-07-20].

[62] B. Reed. The height of a random binary search tree. *Journal of the ACM*, 50(3):306–332, 2003.

[63] S. M. Ross. *Probability Models for Computer Science*. Academic Press, Inc., Orlando, FL, USA, 2001.

[64] R. Sedgewick. Left-leaning red-black trees, September 2008. URL: http://www.cs.princeton.edu/~rs/talks/LLRB/LLRB.pdf [cited 2011-07-21].

[65] R. Seidel and C. Aragon. Randomized search trees. *Algorithmica*, 16(4):464-497, 1996.

[66] H. H. Seward. Information sorting in the application of electronic digital computers to business operations. Master's thesis, Massachusetts Institute of Technology, Digital Computer Laboratory, 1954.

[67] Z. Shao, J. H. Reppy, and A. W. Appel. Unrolling lists. In *Proceedings of the 1994 ACM conference LISP and Functional Programming (LFP'94)*, pages 185-195, New York, 1994. ACM.

[68] P. Sinha. A memory-efficient doubly linked list. *Linux Journal*, 129, 2005. URL: http://www.linuxjournal.com/article/6828 [cited 2013-06-05].

[69] SkipDB. URL: http://dekorte.com/projects/opensource/SkipDB/ [cited 2011-07-20].

[70] D. Sleator and R. Tarjan. Self-adjusting binary trees. In *Proceedings of the 15th Annual ACM Symposium on Theory of Computing, 25-27 April, 1983, Boston, Massachusetts, USA*, pages 235-245. ACM, ACM, 1983.

[71] S. P. Thompson. *Calculus Made Easy*. MacMillan, Toronto, 1914. Project Gutenberg EBook 33283. URL: http://www.gutenberg.org/ebooks/33283 [cited 2012-06-14].

[72] P. van Emde Boas. Preserving order in a forest in less than logarithmic time and linear space. *Inf. Process. Lett.*, 6(3):80-82, 1977.

[73] J. Vuillemin. A data structure for manipulating priority queues. *Communications of the ACM*, 21(4):309-315, 1978.

[74] J. Vuillemin. A unifying look at data structures. *Communications of the ACM*, 23(4):229-239, 1980.

[75] D. E. Willard. Log-logarithmic worst-case range queries are possible in space $\Theta(N)$. *Inf. Process. Lett.*, 17(2):81-84, 1983.

[76] J. Williams. Algorithm 232: Heapsort. *Communications of the ACM*, 7(6):347-348, 1964.

索引

記号・数字

A

B

C

D

E

F

オ

カ

キ

ク

ケ

コ

サ

シ

ハ

ヒ

フ

ヘ

ホ

マ

ミ

ム

モ

ユ

■ 著者紹介

Pat Morin

Carleton大学コンピュータサイエンス学部教授。Carleton大学で博士（コンピュータサイエンス）を取得。近年の研究領域は計算幾何学やデータ構造、分散計算など。2012年にOpen Data Structuresプロジェクトを開始した。好きなデータ構造はスキップリスト。

■ 訳者紹介

堀江 慧（ほりえ さとる）

東京大学教養学部の授業にて本書と出会う。東京大学総合文化研究科修士課程修了。好きなデータ構造はBloom Filter。好きな分野は並列分散処理や組み合わせ最適化。好きな言語は、最近だとGolangやErlang、CUDA。コンピュータにハードな計算を投げつけて、その間代わりに自分はダラダラしてあげるのが好き。あとは人の書いたプログラムの不要な部分を削るのが好き。

陣内 佑（じんない ゆう）

ブラウン大学博士課程学生。東京大学大学院総合文化研究科修士課程を修了し、理化学研究所革新知能統合研究センター勤務を経て、ブラウン大学博士課程へ。学部より現在まで人工知能と機械学習の研究開発に従事。好きなデータ構造は二分木。好きな言語はC++。

田中 康隆（たなか やすたか）

東京大学教養学部の授業にて本書と出会う。コロンビア大学計算機科学科修士課程修了。好きなデータ構造はBounded Priority Queue。好きな言語はRとPython。現在は米国カリフォルニア州フェイスブック本社勤務のエンジニアとして、ビッグデータと日々格闘している。

技術書出版社の立ち上げに際して

コンピュータとネットワーク技術の普及は情報の流通を変え、出版社の役割にも再定義が求められています。誰もが技術情報を執筆して公開できる時代、自らが技術の当事者として技術書出版を問い直したいとの思いから、株式会社時雨堂をはじめとする数多くの技術者の方々の支援をうけてラムダノート株式会社を立ち上げました。当社の一冊一冊が、技術者の糧となれば幸いです。

鹿野桂一郎

みんなのデータ構造

Printed in Japan ／ ISBN 978-4-908686-06-1

2018年 7 月20日　第 1 版第 1 刷 発行
2021年 4 月 6 日　第 1 版第 3 刷 発行

著　者 Pat Morin
訳　者 堀江慧・陣内佑・田中康隆
発行者 鹿野桂一郎
編　集 高尾智絵
制　作 鹿野桂一郎
装　丁 轟木亜紀子（トップスタジオ）
印　刷 平河工業社
製　本 平河工業社

発　行 ラムダノート株式会社
lambdanote.com
所在地 東京都荒川区西日暮里 2-22-1
連絡先 info@lambdanote.com